杂草种子

袁淑珍 编著

中国农业出版社
北 京

前言 Preface

杂草是一类特殊的植物，是伴随着人类的生产和活动而产生，杂草既有野生植物的特性，又有栽培植物的某些习性。种子和果实是植物的主要繁殖器官，也是杂草赖以传播扩散的主要器官。随着经济全球化进程的提高，世界各地植物的相互引种和贸易等越来越频繁，极易引起外来杂草通过人类活动而远距离传播，且人为传播是外来杂草籽实远距离传播的主要因素。

杂草的识别是杂草生物学和生态学研究的基础，特别是杂草防治的重要基础。杂草检疫是杂草防治中不可缺少的重要一环，是人类同自然灾害长期斗争的结果。绿色开花植物分类的主要依据是花、果实和种子，但在杂草检疫工作中，通常截获的多是果实和种子两大类，因此，杂草籽实的鉴定在植物检疫工作中有着重要实际意义。此外，杂草籽实的鉴定在植物种质资源的保护与利用、中药材种子和果实等种质资源的鉴定、杂草发生的预测预报中也有一定意义。

本书从口岸进出口植物检疫中杂草籽实检疫鉴定实际工作需要出发，共收录杂草籽实 52 科 359 种，包括一般性杂草和检疫性杂草，以及部分花卉等植物。本书展示了采用 UVC 共聚焦成像系统拍照的植物籽实彩色图片，色彩真实、图像清晰直观，对每种植物籽实的外部形态特征、分布附以简要的文字描述，并进行科、属、种的检索分类。本书可供植物检疫、农业生产和杂草教学科研等相关人员使用，亦可作为科普之作推荐给广大读者。

本书中的植物科、属、种都按照拉丁学名字母顺序排列。本书中的植物中文名和拉丁名均参考了 The Plant List、the World Flora Online（WFO）、《中国植物志》、Flora of China、《内蒙古植物志》等专著，其中植物拉丁学名有修订的以最新发表的修订论文或专著名称为准，但为方便籽实的识别，个别近似种如紫茎泽兰、飞机草、假臭草放在同一属下，并列出正异名。

本书在杂草籽实采集与收集过程中得到了原内蒙古出入境检验检疫局、呼和浩特海关、原二连浩特出入境检验检疫局、二连海关、中国农业科学院草原研究所，以及内蒙古师范大学能乃扎布，佛山海关李凯兵，舟山海关杨赛军、陈锋，上海海关印丽萍、薛华杰，宁波海关徐瑛，福州海关于文涛、虞赟，满洲里海关刘玮琦，青岛海关邵秀玲，湛江海关袁俊杰，内蒙古大学赵利清，中国检验检疫科学研究院徐晗等各级领导、专家和学者给予的支持和帮助；在编写过程中，得到原二连浩特出入境检验检疫局和二连海关的领导和同事们给予的关心和支持，并得到了张志峰、张永宏、张景连、魏宇虹、李菁雯、陈少博、杨帆、王帅、冀宇飞、常鸿、王巧玲、张峰、张欣、荆文魁、王伊琴等的帮助；在出版过程中，得到内蒙古科技应用项目（20140323）、原国家质检总局和海关总署科技项目资助；在加班加点工作过程中得到家人的理解和支持，在此一并表示诚挚谢意。

由于编者水平有限，书中疏漏之处在所难免，敬请读者批评指正。

编　者

2021 年 11 月

目录 Content

第一章 概 述

第一节 杂草的概念

杂草（weed）来源于自然环境中，多为一年生或多年生草本植物，也有灌木、藤本及蕨类等植物。作为杂草的许多植物，在人类出现之前就已经产生了。在60万年前的地下沉积物中就发现了杂草植物繁缕、扁蓄等化石；但杂草又是一类特殊的植物，它是伴随着人工生境的产生而出现的，既不同于自然植被植物，也不同于栽培作物；杂草既有野生植物的特性，又有栽培作物的某些习性。杂草的演化发展史是与人类出现和发展史紧密相连的，杂草是长期适应气候、土壤、耕作栽培制度及社会因素等与栽培作物竞争的结果。

杂草有着广义和狭义概念。广义上，从人类的主观意志和杂草对人类的有害性角度讲，杂草是生长在不需要它的地方的任何植物；如苜蓿地中的无芒雀麦是杂草，油菜田里混杂的小麦是杂草。狭义上，从杂草本身特性讲，杂草是能够在人类试图维持某种植被状态的生境中不断自然延续其种族，并影响到这种人工植被状态维持的一类植物。简言之，杂草是能够长期在人工生境中自然繁衍其种族的非有目的栽培的植物。

第二节 杂草的危害

杂草种类繁多，由于纬度、海拔、地区、气候与土壤条件、作物栽培方式等的不同，杂草的分布与危害也存在明显的差异。杂草与野生植物的生境条件不同，与栽培植物的抗逆能力不同，杂草与作物的长期共生和适应，在人类活动与自然环境的双重选择下产生高度的进化，形成了适应环境的特殊能力，如生物量大、抗逆性强、生长迅速、竞争能力强，具有多种多样的生物特性，包括形态结构的多型性、生活史的多型性、营养方式的多样性等，使杂草具有独特的适应性、持续性和危害性。杂草可从不同的方面影响农业生产，从而危害农作物的生长、发育并降低农作物的产量和品质，如与作物竞争水分、养分、光照、生长空间以及他感作用等抑制农作物的生长发育；杂草也是许多危险性植物病虫害的寄主及传播者，例如刺萼龙葵是一些真菌类、细菌类、病毒类、马铃薯甲虫以及线虫类的重要寄主；除小麦外，包括黑麦草属等几十种禾本科杂草是小麦矮化腥黑穗病菌（*Tilletia controversa* Kiihn.）的寄主；宽叶臂形草［*Brachiaria platyphylla*（Munro ex C. Wright）Nash］也是草地贪夜蛾的寄主之一。有些杂草含有毒有害物和（或）坚硬针刺等，可危害人畜健康安全，影响畜牧业的发展，例如误食含有毒物质的毒麦（*Lolium temulentum* L.）、曼陀罗、（*Datura stramonium* L.）、银毛龙葵（*Solanum elaeagnifoli-*

um Cav.）、狼毒（*Stellera chamaejasme* L.）等杂草可引起中毒甚至死亡；长有钩刺或针刺的如黄星蓟（*Centaurea solstitialis* L.）、长刺蒺藜草［*Cenchrus pauciflorus*（*Hack.*）Fern.］、宽叶高加利（*Caucalis latifolia* L.）等杂草可刺伤家畜皮肤、口腔和肠胃等器官及引起其他疾病，甚至死亡；如毒莴苣（*Lactuca seriola* L.）等杂草可导致呼吸道疾病（慢性肺气肿）；如豚草属（*Ambrosia*）花粉可引起人体发生变态反应，即“枯草热”病；有的杂草带有强烈气味，可造成牛羊的肉和奶具不良气味，影响肉和奶的品质，如大戟属（*Euphorbia*）、皱匕果芥（*Rapistrum rugosum* L.）、猪殃殃属（*Galium*），菥蓂属（*Thlaspi*）、变异黄耆（*Astragalus variabilis* Bunge ex Maxim.）等；再如有苞刺的苍耳属（*Xanthium*）、硬毛刺苞果（*Acanthospermum hispidum* DC.）等杂草可降低动物皮毛的品质。此外，杂草还可影响人类的生产活动，增加生产成本，以及危害生态环境，破坏生物多样性等。世界各国每年因遭受杂草危害产生的损失巨大，据报道，每年因杂草危害造成世界农作物减产约9.7%，全世界达2亿吨。我国是受杂草危害最严重的国家之一，每年因杂草危害造成作物产量损失约10%，粮食减产达6 000万吨。

杂草虽有危害性，但也有可利用价值，如作为药材、野菜、饲料、基因资源等。杂草作为一种植物资源，在人类的生产生活、生态环境保护、生物多样性保育和科学研究等方面具有重要的作用。因此，综合全面衡量杂草，掌握其利弊，合理开发、科学管理，因地制宜地制定科学有效的防治策略，综合协调运用各种防治措施，减低杂草产生的危害并控制在人们能够承受的范围之内，达到经济、生态和社会效益的统一。

第三节　杂草的分类

杂草的识别是对杂草的生物学、生态学研究，是杂草防除和控制的重要基础。杂草分类方法较多，在生产实践和工作中，常根据工作需要从不同的角度出发对杂草进行分类。可根据杂草的植物系统学、生物学特性、形态学特征、生态学特性等对杂草进行分类。如根据植物系统学，采用植物分类学的经典方法，根据植物系统演化和亲缘关系的理论，将杂草按门、纲、目、科、属、种进行分类，可分为五大类：藻类植物类、苔藓植物类、蕨类植物类、裸子植物类和被子植物类，常见的杂草绝大部分属于被子植物类。如根据杂草生物学特性，可分为异养型杂草和自养型杂草，根据杂草生活史的长短自养型杂草可再分为多年生、两年生和一年生杂草；根据杂草的生长习性可再分为草本类、藤本类、木本类杂草。如根据杂草形态学特征分类，可分为三大类，即禾草类杂草、莎草类杂草和阔叶草类杂草。如根据生态学特性分类，农田环境中水分含量的不同，可将农田杂草分为旱田杂草和水田杂草两大类，而水田杂草则可再分为湿生型、沼生型、沉水型和浮水型的杂草。在生产实践中，人们还常按杂草发生地、危害类型、危害程度及管理程度等对其进行分类，如麦田杂草、稻田杂草、果园杂草、草坪杂草、毒草、外来杂草、恶性杂草、检疫性杂草等。

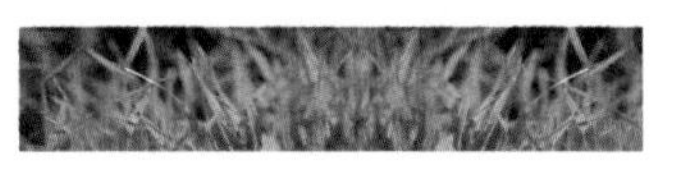

第四节 外来杂草和杂草检疫

在自然条件下，杂草有多种传播方式，可以依靠自身的特殊结构和机能进行传播，或借助风力、水力、动物的取食与活动而传播。随着国际贸易和交往的日益加强，人为传播是外来杂草远距离传播的主要因素，其主要有两方面来源：一种是在原产地就是杂草，通过进口农产品、交通工具、人员携带等传播方式或人类的活动而无意被引入；另一种是在原产地被视为有用植物，人们为了某种需要，如作为观赏植物、饲草和固沙植物等而有意引入，这给外来有害生物入侵创造了条件。这些外来杂草如果逃逸为野生，可在自然分布区以外的自然或半自然生态系统中建立种群。根据外来杂草的危害性等可将其分为恶性杂草、区域性恶性杂草、常见杂草和分布局限的一般性杂草 4 种类型。外来杂草特别是外来恶性杂草，一旦定植并迅速扩散蔓延，则难以根除。在人类生产和经济活动中，如不控制外来危险性有害杂草的传播，将会给当地的农林牧业生产、生态环境、交通运输和社会经济等带来威胁或造成难以估量的损失，危害人畜健康和安全。如豚草（*Ambrosia artemisiifolia* L.）原产地为美国西南部及墨西哥北部的索诺兰沙漠地区，现已传播至欧洲、美洲、亚洲 30 多个国家和地区，是一种被世界公认的恶性入侵杂草。假高粱［*Sorghum halepense*（L.）Pers.］原产于地中海地区，现已经传入美洲、欧洲、亚洲、大洋洲和非洲，也是美国大豆田间危害最重的杂草。长芒苋（*Amaranthus palmeri* S. Watson）原产于美国西部至墨西哥北部，现已分布在瑞士、瑞典、日本、澳大利亚、德国、法国、丹麦、挪威、芬兰、英国等国，并严重危害生态环境。赤萼龙葵（*Solanum rostratum* Dunal）原产于新热带区北美洲和美国西南部，现已传播至亚洲、欧洲、非洲和大洋洲的多个国家或地区，也已传入我国并正迅速蔓延。其含有的茄碱可对牛、马、羊产生毒害，严重威胁着我国畜牧业生产。因此，在国际贸易中做好杂草检疫工作有着重要的意义。

杂草检疫（weed quarantine）是植物检疫（plant quarantine）工作的一个重要组成部分，是指依据国家制定的植物检疫法，运用一定的仪器设备和技术，科学地对输入或输出本地区（本国）的动、植物或动、植物产品中夹带的有潜在性危害的，有毒、有害杂草或杂草的繁殖体（主要是籽实）进行检疫监督处理的过程。检疫性有害杂草包括目前尚未发生，但对受威胁地区具有潜在经济重要性的有害杂草；或虽已发生，但分布不广且受到官方控制的有害杂草。如更新至 2021 年 4 月的《中华人民共和国进境植物检疫性有害生物名录》中的生物种类共 446 种属，其中包括毒麦、假高粱、节节麦、刺亦模、长芒苋、疣果匙荠等杂草有 42 种属。通过杂草检疫，一方面能预防那些本地区或本国尚未发生或虽有发生但分布不广的杂草或正在大力防治的危险性、有毒、有害杂草的个体或繁殖体从境外或地区外输入或再次输入，保证本国或本地区的生产、经济活动安全顺利进行。另一方面也能防止本地区或本国的危险性、有毒、有害杂草个体或繁殖体传出境外或其他地区，维护本地区或本国的贸易信誉，促进国家间、地区间的合作与交流。因此，杂草检疫是防治外来杂草入侵的首要环节，也是杂草防治的重要措施。

第五节　果实与种子形态结构特征

种子植物包括裸子植物和被子植物两大类群。裸子植物的胚珠外面无子房壁，种子没有果皮包被，是裸露的状态，只是被变态大孢子叶发育的假种皮所包被，有种子而没有真正果实。被子植物的雌蕊经过传粉受精，由子房或花的其他部分（如花托、花萼等）参与发育而成的器官为果实，一般包括果皮和种子两部分，其中，果皮又可分为外果皮、中果皮和内果皮。果实的类型繁多，依据不同，分类方法也多种多样。根据果实的来源、结构和果皮的形状、色泽以及各层果皮的发育状况等性质的不同，常作为植物分类的依据之一。果实根据其来源可分为单果、聚合果、聚花果三大类；通常根据成熟果实的果皮是脱水干燥或肉质多汁、果皮开裂与否等，单果可分为肉果和干果；依据构成雄蕊心皮的数目、离合状况以及果皮的质地等，肉果可分为浆果、核果、柑果、梨果、瓠果；干果又可分为裂果和闭果，其中裂果又可分为蓇葖果、荚果、长角果、短角果、蒴果，闭果又可分为瘦果、颖果、囊果、翅果、坚果、小坚果、双悬果、分果（图 1－1）。

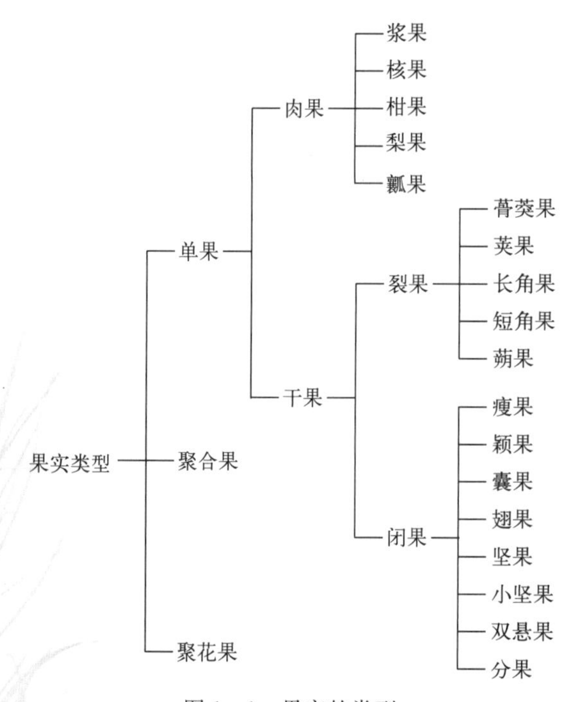

图 1－1　果实的类型

种子是裸子植物、被子植物特有的繁殖体，由胚珠经过传粉受精后形成的结构。大多数双子叶植物的种子由种皮和胚构成；大多数单子叶植物种子除了种皮和胚以外，还有胚乳。胚是种子中最主要的部分，萌发后长成新的个体。胚乳含有营养物质，不同植物胚乳中所含养分各不相同。种子因种类的不同而异，甚至差异很大，如有的种子可以达几千克

重，有的只有约 0.11 毫克，有的甚至像灰尘，如列当千粒重仅在 0.002 9～0.004 9 克；有的种子表面光滑发亮，有的粗糙暗淡；有的表皮坚硬，有的薄如纸质或膜质等。种子形态鉴定的主要依据有种子的大小、形状、颜色、雕纹（斑纹、网纹、条纹等）、种皮（质地、光泽、突起、皱纹、棱脊、穴、沟、刺、毛、翅、芒）、胚（排列方式，子叶数目和形状，折叠情况，胚的形状、大小、位置、比例等）、胚乳（有无、多少、颜色及储藏物质的种类）、种皮上的痕迹（种脐、种孔、种脊、合点、种阜）、胚乳与外胚乳的大小和比例等特征。

第六节　杂草种子（果实）的鉴定方法

种子（果实）是植物的主要繁殖器官，也是杂草传播的主要器官。在杂草检疫工作中，尤其是进口粮谷类杂草检疫中，通常截获的多是植物的果实和种子两大类，因此，杂草种子（果实）的快速、准确鉴定在植物检疫中有着重要实际意义。此外，杂草种子（果实）的鉴定在植物种质资源的保护与利用、中药材种子和果实等种质资源的鉴定、杂草发生的预测预报中也有一定实践意义。

植物种子（果实）的鉴别是一个细致而又复杂的过程，需要参考多个细节特征综合起来加以判断，不能“断章取义”。在鉴定工作中，会遇到一类是植物学上真正的种子，即由胚珠受精后发育成熟的个体；另一类是外形似种子但实为植物学上的果实，如矢车菊属的瘦果、大紫草的小坚果等。由于杂草种子（果实）体积大小、种子成熟程度差异、地理环境及自身变异、多形性或机械损伤等会影响种子的形态特征，单纯依据其外部形态等不易鉴定，需要借助于一定的设备或技术方法才能准确地鉴别。杂草种子（果实）的鉴别技术历史悠久，鉴定方法随社会和科技发展而不断改善与提高，从最初单纯的外观形态研究已发展到现在 DNA 水平研究。目前，实验室对杂草“种子”的鉴定方法主要有形态学鉴定、细胞学鉴定、生物化学鉴定、分子水平鉴定等；各种方法既有其优点，又有其局限性。形态学鉴定观察直接且操作简单，是较为传统的、常规的种类鉴定技术，之后发展的各种鉴定方法是在此基础上的多方面完善和补充。一般杂草种子（果实）的鉴定可从以下几个方面进行。

1. 外部形态

常规的种子（果实）鉴定，一般是根据种子（果实）的外表形态特征等性状进行鉴别。鉴别内容包括种子（果实）的形状、大小、色泽、纹路、种脐的部位、毛茸、冠毛及其他各种附属物的有无和特征等，可借助放大镜、体视显微镜，甚至扫描电镜来进行观察其形态和微形态特征，对照分类检索表进行鉴定。

2. 解剖结构

当仅依据杂草种子（果实）的外形尚不能准确判别类型时，可采用解剖和切片的方法，通过观察其内部的形态、结构、颜色、胚乳的有无与质地，胚的大小、位置，子叶的数目等进行比较鉴别。

3. 萌芽和种植

对一些通过外形和解剖仍难以区分的杂草种子（果实）还可促使其萌芽形成幼苗，根据幼苗的形态特征加以鉴定，如幼苗萌发方式，子叶的数量、形态、大小，色泽，上、下胚轴的大小形态、色泽、斑纹和表皮毛等附属物的有无及特征，第一、第二片真叶的形态、大小，叶柄的有无、长短、颜色及附属物的有无及幼苗的根系类型等。如果将杂草种子（果实）萌芽形成幼苗后还不足以准确鉴别，还可将幼苗播种在专用的隔离检疫苗圃内进行栽培观察，待开花后，结合花从整个植株的形态特征进行鉴定。通常这也是最可靠和准确的鉴定方法，但其最大的缺点是耗时较长。

4. 理化测定

有时还可结合水湿法或散发的气味等进行鉴定。

某些杂草种子（果实）经水浸泡后，会释放出特定的物质，用于鉴别。例如，白芥吸水后表面产生黏液而与油菜籽等不同。用75%的乳酸溶液处理芸薹属种子，会显现特殊的光泽等。如伞形科一些杂草种子（果实）含有一些独特化学成分而形成特殊的香辛气味。

第七节　杂草种子（果实）分科检索表

本书使用二歧式检索表来编制“杂草种子（果实）分科检索表”。本检索表的应用范围，仅限于本书内所描述的种类。首先根据种子（果实）的植物学形态特征区分为果实和种子两大类，再分别根据种子或果实的各部分不同的形态特征等进行逐步分级描述，直至对应的科。待确定科后，再按各科的分属检索表而分级到属，再由属而分级到种。有的科限于所涉及的种类较少，省去了分属检索表，对同一科内种类直接编排检索表分级到种。

1. 根据籽实形态结构及其附属物等植物学特征，如具果皮包被，具宿存花被、苞片或稃片、颖片及总苞或花柱残基或痕迹、冠毛、刚毛以及果柄等，可确认为果实类……………………………（一）果实类
1. 籽实非上述形态结构，根据其形态结构及其表面特征，如有种脐、种孔、种脊、合点、种阜或种瘤等，可确认为真正的种子，而非果实类………………………………………………………（二）种子类

（一）果实类

1. 籽实有非果皮的肉质或膜质苞片不完全包被着，非真正果实 ………………………………… 麻黄科
1. 非上述形态结构，为真正果实，果实为荚果、角果、胞果、坚果、瘦果、核果、浆果等不开裂果实或横断成节，或为双悬果、小坚果、蓇葖果、蒴果，成熟时心皮裂离，但不散出种子…………………… 2
2. 果实裸露，或有宿存的萼片……………………………………………………………………………… 3
2. 果实外有包被物或有宿存花萼 ……………………………………………………………………… 19
3. 果实为荚果、角果、瘦果、核果、蓇葖果或坚果……………………………………………………… 4
3. 果实为双悬果、二裂果、分果或分离成多个小坚果 ……………………………………………… 12
4. 果实为荚果、角果，常被横断成节……………………………………………………………………… 5
4. 果实为瘦果、核果、蓇葖果或小坚果，果皮较硬，常为骨质或木质或果皮较软，为革质…………… 6
5. 果实为荚果，呈卵形、椭圆形或螺旋形，表面具网纹、条纹或钩状刺 ……………………… 豆科

5. 果实为角果，呈卵形、肾形、椭圆形、圆柱形、线形或种子间常缢缩，呈念珠状，表面平滑或具纵纹 …………………………………………………………………………………… 十字花科
6. 果皮较硬，常为骨质或木质 …………………………………………………………… 7
6. 果皮较软，为革质 ………………………………………………………………………… 10
7. 果实为瘦果，通常被宿存萼所包，两面形或三棱形 ……………………………… 蓼科
7. 果实不为萼所包 …………………………………………………………………………… 8
8. 果实为瘦果，近球形，扁平，表面常有花纹或斑纹 ……………………………… 大麻科
8. 果实扁而宽或为长形 ……………………………………………………………………… 9
9. 果实为瘦果或蓇葖果，瘦果扁平，宽而短，花柱残存为喙状，表面平滑或突起，或具长刺 …… 毛茛科
9. 果实为瘦果或坚果 ………………………………………………………………………… 10
10. 果实三棱形或两面形，平凸或双凸，果皮光滑有光泽 ………………………… 莎草科
10. 果实为瘦果，有或无冠毛，或有时为总苞形成的囊所紧包，表面具钩刺 ……… 菊科
11. 果实为瘦果，倒圆锥形或四棱形，表面具粗纵棱，顶端密生钩状毛，或总苞为不易脱落的宿存萼所包，或瘦果裸露 ………………………………………………………………… 蔷薇科
11. 果实为瘦果，外形宽、较短，背面有1～2条浅沟，或背腹有翅，花柱残痕极短小 …………… 泽泻科
12. 果实为双悬果或二裂果 …………………………………………………………………… 13
12. 果实为分果或小坚果 ……………………………………………………………………… 14
13. 果实为双悬果，椭圆形或卵圆形，背面常有纵脊棱，棱上具刺或缺如 …………… 伞形科
13. 果实为二裂果，近圆形或半球形，表面有刺状突起 ……………………………… 茜草科
14. 果实为5个或5个以上心皮发育而成，成熟后心皮分离为分果 ………………… 15
14. 果实为小坚果 ……………………………………………………………………………… 17
15. 果实为5分果构成 ………………………………………………………………………… 16
15. 果实为5个以上分果构成，各分果的背面厚，腹面薄，背面及两侧面具隆起的网纹 ………… 锦葵科
16. 各分果顶端具螺旋状或卷曲的长喙，胚折叠，无胚乳 ………………………… 牻牛儿苗科
16. 各分果顶端不具螺旋状长喙，果皮木质化，坚硬，表面凹凸不平，分果的背面上、下两端生有坚硬的棘刺 ………………………………………………………………………… 蒺藜科
17. 小坚果较大，果皮坚硬，表面具凹凸不平的瓷釉状隆起物 ……………………… 紫草科
17. 小坚果小，果皮软，表面无瓷釉状隆起 ………………………………………………… 18
18. 小坚果圆柱形，背面钝圆，具少数粗隆纹，腹面中央有1细隆线，两侧平直，斜面上密被白色颗粒状突起物 ……………………………………………………………………… 马鞭草科
18. 小坚果呈三棱状或近三棱状圆形、椭圆形、阔卵形等，表面不平坦或有花纹，无颗粒状突起物 …… ………………………………………………………………………………… 唇形科
19. 宿存花被片连合成萼筒，蒴果或瘦果包藏其中 ……………………………………… 20
19. 宿存花被片或苞片分离，或基部连合，存在于籽实的基部或半包或全包 ……… 22
20. 萼筒内仅包藏含1粒种子的瘦果1枚，萼筒倒卵圆锥形，被疏柔毛，顶端有数层钩刺 ….. 蔷薇科（龙牙草）
20. 萼筒非上述形态，且包藏有含几粒种子的蒴果1枚或坚果1枚 ………………… 21
21. 萼筒内包裹1枚坚果，内部坚硬呈木质，分数室，每室内含种子1粒 ………… 番杏科（番杏）
21. 萼筒内包藏有5个小坚果组成的蒴果1枚，顶端相连或分离，花萼裂片多少为膜质或干膜质，稀全为草质，常有色彩 ……………………………………………………………… 白花丹科
22. 果实为颖果（稀为囊果），通常为易于分离的内外稃所包或裸露，或为刺状总苞所包 ……… 禾本科
22. 果实为胞果、瘦果、坚果或核果 ………………………………………………………… 23

23. 果实为胞果……………………………………………………………………………………………………… 24
23. 果实为瘦果、坚果或核果…………………………………………………………………………………… 26
24. 胞果成熟后多数开裂，种子呈双凸透镜形或矩圆状，常为黑色，有显著光泽…………………… 苋科
24. 胞果成熟后不开裂………………………………………………………………………………………… 25
25. 胞果干燥或肉质，通常被宿存的小苞片和花被包围，种子球形，种皮膜质……………………… 落葵科
25. 胞果常为宿存萼所包，种子扁圆形至扁椭圆形或圆锥形，乌暗无光泽………………………………… 藜科
26. 果实为瘦果，有时为肉质核果状，常包被于宿存的花被内。种子具直生的胚；胚乳常为油质或缺；子叶肉质………………………………………………………………………………………………… 荨麻科
26. 果实为坚果或核果，具肉质外果皮和脆骨质或硬骨质内果皮，种子1枚，无种皮，圆柱状…… 檀香科

（二）种子类

1. 种子细小，长0.9毫米以下……………………………………………………………………………… 2
1. 种子长0.9毫米以上……………………………………………………………………………………… 3
2. 种子细小如粉尘，长0.3～0.35毫米，种皮具凹点或网状纹理，极少具沟状纹理，胚乳肉质 ……… 列当科
2. 种子长0.4毫米以上，卵圆状圆柱形，表面具翼齿状脊棱所围绕的不规则粗大的网状凹穴 ………………………………………………………………………………………………… 玄参科（金鱼草属）
3. 种子椭圆形、阔椭圆形、半阔椭圆形或半阔卵形，表面粗糙，凹凸不平，具脊和网纹及凹穴，侧面有1圆形胚盖，其下有1腔室，种子腹面平直，种脐条状或点状，富含胚乳 …………………… 鸭跖草科
3. 种子非上述形状特征………………………………………………………………………………………… 4
4. 种子表面有明显的种脐、种孔、种脊、合点、种瘤等……………………………………………………… 5
4. 上述结构特征不很明显或不全具有………………………………………………………………………… 8
5. 种子顶端具较平的合点区，下部具种脐，棱状种脊位于两者之间，胚乳丰富，……………………… 6
5. 种子中下部具种脐，种脐下方具种瘤，种脊位于两者之间或穿过种瘤，无胚乳或极薄或微小……… 7
6. 种子长，倒卵形，长为宽的2倍以上，种皮坚硬，有光泽，常有油质体，胚直立 …………… 堇菜科
6. 种子倒卵形，长为宽的2倍以下，或为椭圆形、矩圆形或三面体状，胚直立或弯曲 ………… 大戟科
7. 种脊位于种脐和种瘤之间，种子倒圆锥形，表面光滑，或阔椭圆形、阔卵形、矩圆形、圆柱形，表面具网纹，具微小胚乳或无胚乳，子叶折叠 ………………………………………………… 牻牛儿苗科
7. 种脊或位于种脐和种瘤之间，或位于种瘤之下，或穿过种瘤，种子近凸透镜状，圆形、圆球形、肾形、棱形、方形、倒卵形等，表面光滑或绒毡质，具杂斑或凹穴，无网纹，种皮革质或有时膜质，胚大 ……………………………………………………………………………………………………… 豆科
8. 种子球形、圆形、扁形或其他形状，表面光滑或具网纹或颗粒状突起，胚直叠、横叠或对折，无胚乳……………………………………………………………………………………………………… 十字花科
8. 种子非上述形状特征………………………………………………………………………………………… 9
9. 种子扁圆形、倒卵形、卵形、近圆形或近肾形，双凸透镜状，表面平滑无毛，胚环状或螺旋状，直径1.5毫米以下 ………………………………………………………………………………………………… 10
9. 种子非上述形状特征 ………………………………………………………………………………………… 11
10. 种子有强光泽，边缘具周边或锐脊，呈环带状……………………………………………………… 苋科
10. 种子边缘圆钝，不呈环带状……………………………………………………………………………… 藜科
11. 种子三面体状，卵形、扁球形、矩圆形等，表面光滑稍有光泽或粗糙无光呈颗粒质、毛毡质、皮糠

质、粗麻质或棉絮质等；种脐位于腹面下部，较大，圆形或马蹄形深陷，胚大，环状或盘旋状，子叶折叠状或皱状；或胚线形螺蜷，无子叶或退化为细小的鳞片状……………………………… 旋花科

11. 种子非上述形状特征…………………………………………………………………………………… 12
12. 种子扁平或略扁………………………………………………………………………………………… 13
12. 种子不扁平，呈肾形、椭圆形、圆球形、三角形、马蹄形、多面体形或不规则形等………………… 22
13. 种子略扁，表面具刺状、瘤状、小颗粒状或短线纹突起…………………………………………… 14
13. 种子表面不具刺状、瘤状、小颗粒状或短线纹突起………………………………………………… 15
14. 种子较大至小型，肾形、卵形、圆盾形或圆形，表面有瘤状突起，常排列为整齐的同心圆，如有短刺状附属物，则排列不规则（稀表面近平滑或种皮为海绵质），种脐通常位于种子凹陷处，稀盾状着生，种脐上无宿存种柄，胚环形或半圆形，胚乳粉质……………………………………………… 石竹科
14. 种子较小，肾形或球形，种阜有或无，种子表面瘤状突起不整齐，种脐上有宿存种柄，胚环绕，胚乳大多丰富…………………………………………………………………………………………… 马齿苋科
15. 种子扁钝三角形，长宽均约4毫米，边缘具宽翅，种皮脆骨质 ……………… 马兜铃科（马兜铃）
15. 种子非三角形……………………………………………………………………………………………… 16
16. 种子扁圆形或扁肾形……………………………………………………………………………………… 17
16. 种子椭圆形、长椭圆形、卵形、卵圆形、长卵形、倒卵形、椭圆状卵圆形………………………… 18
17. 种子四周具膜质宽翅，顶端具缺刻，翅上具放射状脉纹，无胚乳 ……………………… 紫葳科（角蒿）
17. 种子边缘不具膜质翅，有时表面凹凸不平，或有蜂窝状凹陷，胚弯曲呈钩状、环状或螺旋状卷曲，胚乳丰富、肉质…………………………………………………………………………………………… 茄科
18. 种子一面较平，另一面稍凸，椭圆状卵圆形或卵圆形，背部中央及两侧边缘具突起的黄色纵棱，棱间及腹面均呈锈黄色，横列碎片状细密突起………………………………………………………… 麻黄科
18. 种子非上述形状特征……………………………………………………………………………………… 19
19. 种子倒卵形，背腹压扁（稀多棱柱形）或极扁，一般边缘具宽翼，一端平截或斜截，上着生有绢质种毛，易脱落，胚直立，子叶扁平……………………………………………………………………… 萝藦科
19. 种子边缘无很宽翼，一端也无绢质种毛…………………………………………………………………… 20
20. 种子表面无光泽，种皮骨质、硬革质或膜质，有各种纹饰，子叶2片、肥厚，无胚乳……… 葫芦科
20. 种子表面有光泽，胚直……………………………………………………………………………………… 21
21. 种子显著扁平，倒卵形，表面光滑，呈褐色，基部钝尖，弯向一侧，种子具微弱发育的胚…… 亚麻科
21. 种子有棱或无棱，基部较平、稍平或近平截或有突尖，胚直，具胚乳……………………………… 桔梗科
22. 种子呈肾形、椭圆形、圆球形、三角形、马蹄形等较为规则形状……………………………………… 23
22. 种子呈多面体形或不规则形等形状………………………………………………………………………… 31
23. 种子表面具刺、瘤、颗粒状突起，细疣状突起或雕刻状细皱纹……………………………………… 24
23. 种子表面不具上述突起，表面光滑或粗糙，具脊、皱纹、凹穴、网纹、浅沟等……………………… 26
24. 种子肾形，常具开张的爪，背部有细疣状突起或雕刻状细皱纹，有时光滑 …… 山柑科（白花菜属）
24. 种子非肾形………………………………………………………………………………………………… 25
25. 种子纺锤形、三棱形、三角形，稍弯，黑褐色，有小瘤状突起………………………………… 骆驼蓬科
25. 种子长圆状圆筒形，两端截形，黑色，具颗粒状小瘤 ……………………… 夹竹桃科（长春花属）
26. 种子表面被白色圆点或短条状黄色伏毛…………………………………………………………………… 27
26. 种子不具上述特征………………………………………………………………………………………… 28
27. 种子卵状椭圆形，棕褐色，表面粗糙，具金黄色短条状伏毛 ……………………… 凤仙花科（凤仙花）
27. 种子倒卵形至卵圆形，暗红褐色，表面绒毡质，密被白色圆点 ……………………………… 木棉科（木棉）

28. 种子盾状着生，卵形、椭圆形、长圆形或纺锤形，腹面隆起、平坦或内凹呈船形，无毛；胚直伸，稀弯曲，肉质胚乳位于中央…………………………………………………………………… 车前科
28. 种子非上述形状特征…………………………………………………………………………………… 29
29. 种子细小，球形、卵圆形或近肾形；种皮平滑、蜂窝状或具网纹；种脊有时具鸡冠状种阜；胚微小，胚乳油质，子叶不分裂或分裂………………………………………………………………… 罂粟科
29. 种子非上述形状特征…………………………………………………………………………………… 30
30. 种子肾形或马蹄铁形，有网状纹，种皮有线状浅沟和细皱纹，种脐位于中部，条形，黑色透明，种瘤黄白色 ………………………………………………………………………… 芸香科（拟芸香属）
30. 种子常呈肾形或倒卵形，种皮坚硬，表面被绒毛或缺，种脐明显，子叶扁平，折叠状或回旋状，含少量胚乳………………………………………………………………………………………… 锦葵科
31. 种子形状不规则，背面圆形，另有二面或三面平坦、呈三棱或四棱状，黑色无光泽，外形似小煤块，表面有皱纹，种子具丰富的胚乳，胚小…………………………………………………………… 百合科
31. 种子非上述形状特征…………………………………………………………………………………… 32
32. 种子形状不规则，金字塔形、半圆筒形或多面形，表面具乳突，海绵质粗糙、横长网纹或颗粒质粗糙，无胚乳……………………………………………………………………………………… 柳叶菜科
32. 种子半圆形或为不规则的多面体，少为圆形，扁平，红褐色至暗褐色，表面光滑或皱缩，具皱褶或砾质粗糙………………………………………………………………………………………… 鸢尾科

第二章　各科杂草种子分述

第一节　番杏科 Aizoaceae

果实为蒴果，胞背开裂，有时也为胞间开裂或横裂，稀为坚果或核果，常具宿存花萼。胚弯曲或环形，围绕着粉质胚乳，常有假种皮。

番杏属 *tetragonia*

番杏 *tetragonia tetragonioides* （Pall. ）Kuntze

果实为坚果，被宿存花萼所包，土黄色，乌暗；陀螺形，长、宽均为 5.8～6.5 毫米。顶端圆突，周缘有 4～5 个角状突起，果体下端的腔室内充满泡沫状的髓，外果皮松软，内果皮木质化，坚硬，内分数室，每室 1 粒种子。种子倒卵形，长 2～3 毫米，宽约 1.4 毫米，一端较尖，呈喙状，另一端钝圆。种皮膜质，棕色，表面平滑，有光泽。种子有胚乳，胚体弯曲呈镰刀形，围绕着白色粉质胚乳（图 2－1）。

分布：我国江苏、浙江、福建、台湾、广东和云南等地区；非洲、东亚、南美洲及澳大利亚。

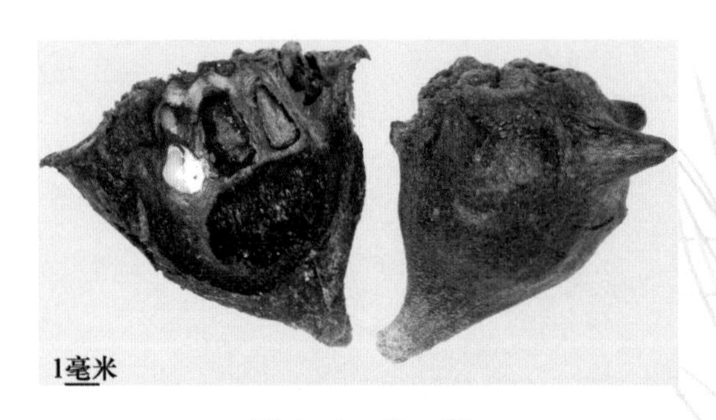

图 2－1　番　杏

第二节　泽泻科 Alismataceae

瘦果两侧压扁，边缘延伸成翅，极薄，或为小坚果，略显胀圆，果实内含 1 粒弯曲的种子，种皮膜质，胚呈马蹄形，无胚乳。

分 种 检 索 表

1. 瘦果椭圆形，背厚腹薄，扁平面黄色，边缘无翅，中部透出暗色种子 ……………………………… 泽泻
1. 瘦果倒三角形，极扁平，边缘具宽翅，果皮薄，中部突出棒状对折的种子 …………………… 慈姑

一、泽泻属 *Alisma*

泽泻 *Alisma plantago-aquatica* L.

瘦果椭圆形，两侧扁平；扁平面黄色，背部顶端或全部为黑褐色；长 2 毫米，宽 1.2 毫米。背具 1 条纵沟，背部较厚，向腹部渐薄，横剖面呈刀刃状，上半部具宿存花柱；两平面中部具丝状纵纹，有光泽，色暗（图 2-2）。

分布：我国各地区；欧洲、亚洲、北美洲、大洋洲。

图 2-2 泽 泻

二、慈姑属 *Sagittaria*

野慈姑 *Sagittaria trifolia* L.

瘦果长倒三角形，扁平，周围具膜质宽翅；深褐色，翅浅黄色；长 4 毫米，宽 3 毫米。表面具细纵纹，腹侧顶端具向上伸出的花柱基。果皮很薄，种子极易剥出。种子倒三角形，长约 2 毫米，宽约 1 毫米，微弯，深褐色，种皮具纵纹，极薄，可透出棒状对折的胚，胚根顶端具黑色的种脐（图 2-3）。

分布：我国南北各地区，以及亚洲其他国家、欧洲和北美洲。

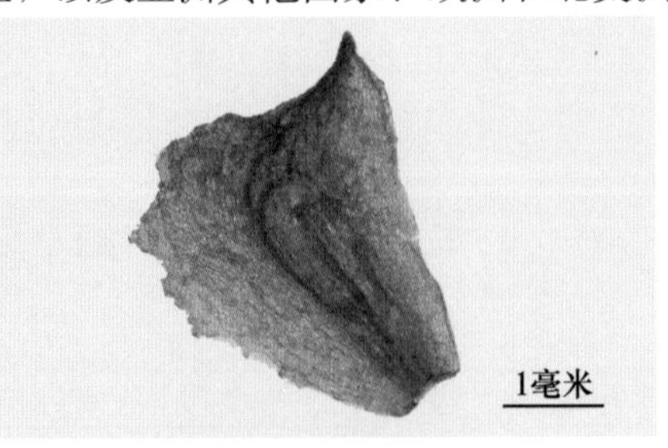

图 2-3 野慈姑

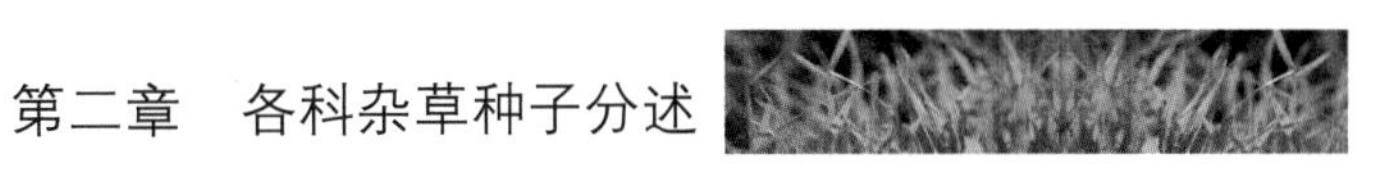

第三节　苋科 Amaranthaceae

果实为胞果，稀为浆果或蒴果，包于花被内，成熟时开裂或不开裂，果实内含种子1至数粒。种子常为两面凸透镜状或圆柱状，种皮光滑或粗糙，具光泽。种子胚环状或马蹄形，胚乳丰富，粉质。

分属检索表

1. 小苞片为刺状 ………………………………………………………………………… 牛膝属
1. 小苞片不为刺状………………………………………………………………………………… 2
2. 花被片背面有密生白绵毛 …………………………………………………………… 千日红属
2. 花被片背面无绵毛………………………………………………………………………………… 3
3. 胞果内有种子数粒 ………………………………………………………………………… 青葙属
3. 胞果内有种子1粒，胞果近圆形、卵圆形，扁平，两面中央外凸呈透镜状 ………………… 苋属

一、牛膝属 *Achyranthes*

分种检索表

1. 花被片较软，刺状小苞片基部有卵形小裂片 ……………………………………………… 牛膝
1. 花被片较硬，刺状小苞片基部有膜质翅 …………………………………………………… 土牛膝

1. 土牛膝 *Achyranthes aspera* L.

胞果为宿存花被所包，花被片5，披针形；外有1对贴生的小苞片，先端呈刺状，略向外弯，基部具膜翅，短于花被片；花被与小苞片呈淡黄褐色，质地较硬。胞果长圆柱状，长2.5～3.0毫米，直径约1.2毫米；浅棕色至深棕色；顶端平截，中央有1细长的易折断的残存花柱，基部钝圆；胞果不开裂，内含种子1粒。种子长约2毫米，棕色，光滑，内含1环状胚，胚乳丰富，白色粉质（图2-4）。

分布：我国四川、云南、贵州、福建、广东和广西，以及越南、印度、菲律宾、马来西亚和柬埔寨。

图2-4　土牛膝

2. 牛膝 *Achyranthes bidentata* Bl.

胞果包在5枚稍不等长的宿存花被筒内，外侧基部着生2条长刺状小苞片，其顶端略向外弯，苞片基部各有2个紧贴花被的卵状裂片。花被基部向内横生一乳头状突起。胞果矩圆柱状，略呈五面体；黄褐色至棕褐色；长2～2.5毫米，宽1毫米。顶端平截，具残存细柱状花柱；基部平截，稍外凸。果皮膜质，浅褐色，光滑，不开裂，内含1粒种子。种子与果实同形，种皮薄，黄褐色，内含1环状胚，围绕着丰富的白色粉质胚乳（图2-5）。

分布：我国大部分地区，以及朝鲜、越南、日本、俄罗斯、印度、菲律宾、马来西亚及非洲。

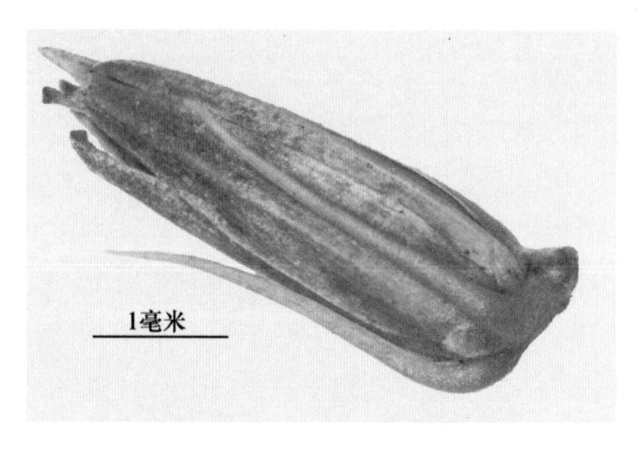

图2-5　牛　膝

二、苋属 *Amaranthus*

分种检索表

1. 种子正面呈圆形、近圆形，侧面呈纺锤形或双凸透镜形……………………………… 2
1. 种子正面呈宽卵形、椭圆形，有时近圆形……………………………………………… 9
2. 种子长1.05～1.40毫米 ……………………………………………………………… 3
2. 种子长0.68～1.05毫米 ……………………………………………………………… 7
3. 种子基部凹缺，种脐不突出，具环状边，长1.10～1.15毫米……………………… 凹头苋
3. 种子基部无明显凹缺，或凹缺很小，具环状边………………………………………… 4
4. 种子黑色、黑褐色，正面近圆形、宽卵形，长1.10～1.15毫米，环状边较宽，中央隆起区呈双凸透镜状，具小凹缺 ……………………………………………………………… 苋
4. 种子黑色、深褐色、红褐色、乳白色，有时中央区白色边缘红色，正面近圆形，种子长1.05～1.40毫米……………………………………………………………………………… 5
5. 种子红褐色、乳白色，或中央区白色、边缘红色，长1.15～1.18毫米……………… 尾穗苋
5. 种子黑色、深褐色、红褐色，长1.05～1.40毫米 …………………………………… 6
6. 种子红褐色，长1.25～1.34毫米，种脐黑色，明显突出，具环状边…………………… 千穗谷
6. 种子黑色，长1.05～1.25毫米，长宽比1.03，环状边略窄 ……………………… 北美苋
7. 种子黑色、深褐色，长0.85～1.05毫米 ……………………………………………… 8
7. 种子黑色，近圆形，长0.75～0.83毫米，环状边不明显，表面近粗糙，光泽不明显………… 皱果苋
8. 种子黑色，近圆形、扁圆形，长0.90～1.00毫米，具环状边，环状边与中央隆起部分过渡区具较明

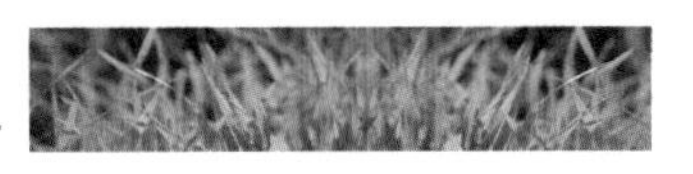

显的同心环状皱纹 …………………………………………………………………………………… 白苋
8. 种子黑色、深褐色，近圆形、宽卵形，长 0.95～1.05 毫米，种脐突出，具环状边 …………… 繁穗苋
9. 种子黑色，宽卵形、近圆形，长 0.95～1.02 毫米，种子基部一侧呈斜切状 ……………………… 刺苋
9. 种子黑色、深褐色、棕褐色，宽卵形、近圆形，长 0.95～1.15 毫米，种脐突出或不突出，基部略歪斜 ……………………………………………………………………………………………………… 10
10. 种子深褐色、褐色，宽卵形，长 0.90～1.12 毫米，宽 0.81～1.03 毫米，种脐不突出，上下两侧凹陷，表面具复网纹状纹理 ………………………………………………………………………… 长芒苋
10. 种子黑色、深褐色、褐色，宽卵形，长 0.95～1.15 毫米，种脐基部突出 …………………… 反枝苋

1. 白苋 *Amaranthus albus* L.

胞果长约 1.5 毫米，宽椭圆形，扁平，皱缩并具瘤状突起。种子近圆形，略扁，双凸透镜状，具环状边，边缘棱角粗糙，环状边与中央隆起部分过渡区具较明显的同心环状皱纹，直径长 0.9～1.0 毫米，黑褐色，有光泽，表面布满细颗粒状密纹，中央密纹颗粒较小，环带上颗粒稍大。种脐位于小凹缺内。凹缺浅，两侧较平（图 2-6）。

分布：原产于北美洲。现分布于北美洲、欧洲、亚洲等；我国黑龙江、辽宁、内蒙古、河北、北京、天津、河南、陕西、新疆。

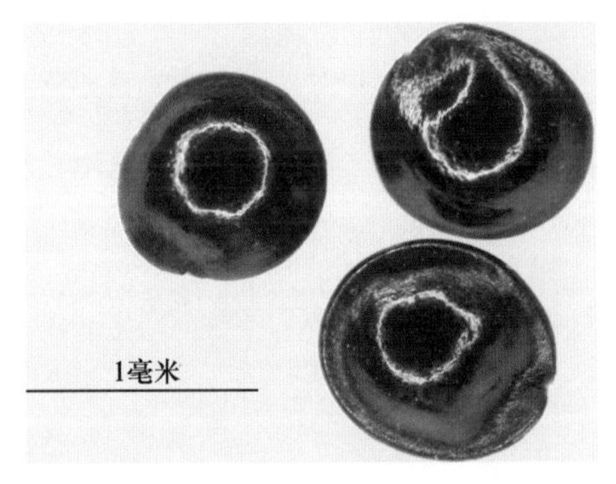

图 2-6　白　苋

2. 北美苋 *Amaranthus blitoide* S. Wat.

胞果近球形，略扁，长约 2 毫米，光滑，短于花被，常具微红色开裂的果盖。种子近圆形，双凸透镜状，具环状边，边缘略粗糙，黑色，具光泽。种子长 1.05～1.25 毫米，宽 1.05～1.28 毫米。环状边略窄。种脐不突出，位于基端小凹缺内（图 2-7）。

分布：原产于北美洲。现分布于北美洲、欧洲、亚洲等；我国内蒙古、辽宁、北京、山东。

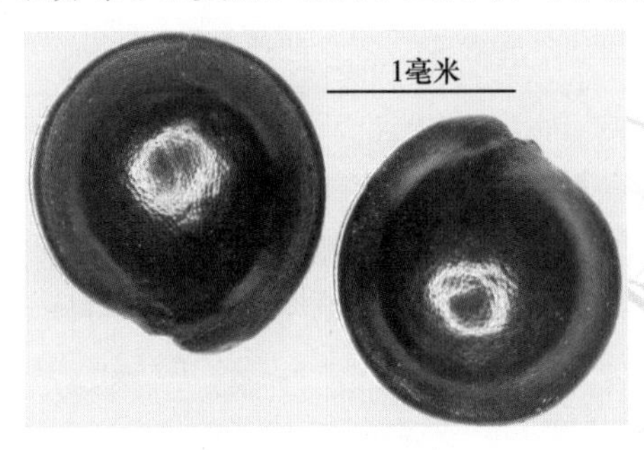

图 2-7　北美苋

3. 凹头苋 *Amaranthus blitum* L.

胞果略呈扁球状，近球形至倒卵形，长 1.2～3.0 毫米，不开裂，光滑至微皱，长于花被片。种子近圆形，略扁，双凸透镜状；黑色或黑褐色，有光泽；直径 1.10～1.15 毫米，表面具细颗粒状密条纹；边缘渐薄呈带状环，环上具垂周排列的短条纹，环状边尖锐。种脐位于基部凹缺处（图 2-8）。

分布：原产于欧亚温带地区。世界范围广泛分布，我国各地有分布。

图 2-8　凹头苋

4. 尾穗苋 *Amaranthus caudatus* L.

胞果近球形，直径 3 毫米，上半部红色，超出花被片。种子近球形，直径 1.15～1.18 毫米，乳白色、中央白色，边缘红色、红褐色、淡棕黄色，种子边缘较厚呈带状环，基部无明显凹缺或凹缺很小（图 2-9）。

分布：原产于南美洲安第斯山区。世界各地均有栽培或分布；我国南北多地有栽培或逸生。

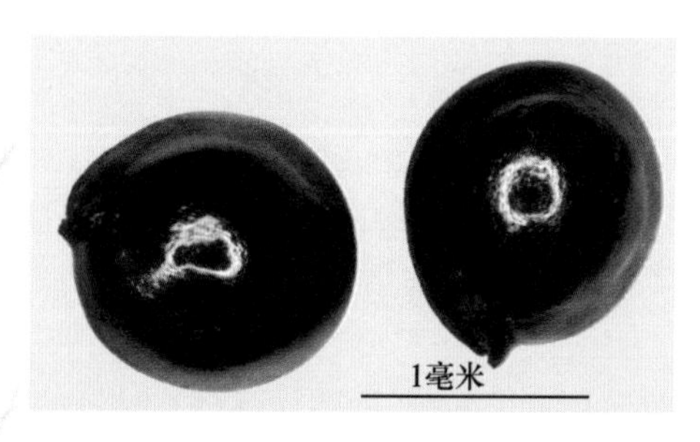

图 2-9　尾穗苋

5. 繁穗苋 *Amaranthus cruentus* L.

胞果扁卵形，长 2～3 毫米，平滑或皱缩，规则周裂。种子阔倒卵状圆形，略扁，双凸透镜状；黑褐色，有光泽；长 0.95～1.05 毫米，宽 0.9 毫米。表面具颗粒状规则网纹，边缘渐薄呈环带状，带上具同心网纹，排列紧密，多为平行四边形，网眼中部隆起，网脊较直，而近中央区形状不规则，网脊略弯，网眼中部隆起不明显。种脐位于基端凹陷处。凹陷较深，两侧稍突出，呈鱼嘴状（图 2-10）。

分布：原产于墨西哥。世界各地多引种栽培，并有逸生。

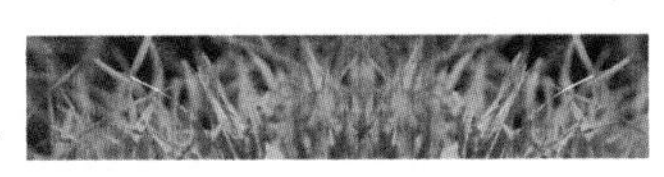

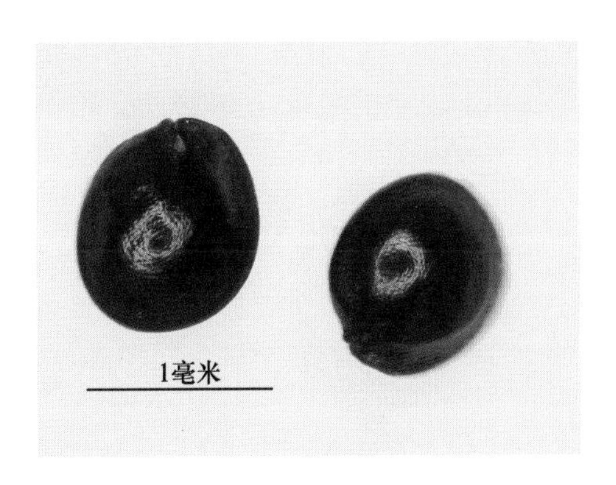

图 2-10　繁穗苋

6. 千穗谷 *Amaranthus hypochondriacus* L.

胞果近菱状卵形，长 3～4 毫米，规则开裂，具增粗的花柱基部。种子近球形，直径 1.25～1.34 毫米，白色、红褐色，边缘明显，具环状边。种脐黑色，明显突出（图 2-11）。

分布：我国河北、云南、四川、内蒙古等，以及北美。

图 2-11　千穗谷

7. 长芒苋 *Amaranthus palmeri* S. Watson

胞果不具纵棱，倒卵形至近球形，长 1.5～2.0 毫米，壁薄，近平滑或不规则皱缩，不开裂、不规则开裂或周裂。种子近圆形或宽卵形，环状边显著宽厚，长 0.90～1.12 毫米，宽 0.81～1.03 毫米，深红褐色至深褐色，具光泽，种皮表面网纹状，多为平行四边形，网纹内为网纹状。种脐不突出，基部微凹，具光泽（图 2-12）。

分布：原产于美国和墨西哥。现分布于阿根廷、埃及、塞内加尔、马里、德国、荷兰、挪威、西班牙、瑞典、瑞士、英国、奥地利、法国、丹麦、以色列、日本和澳大利亚；我国北京有发现。

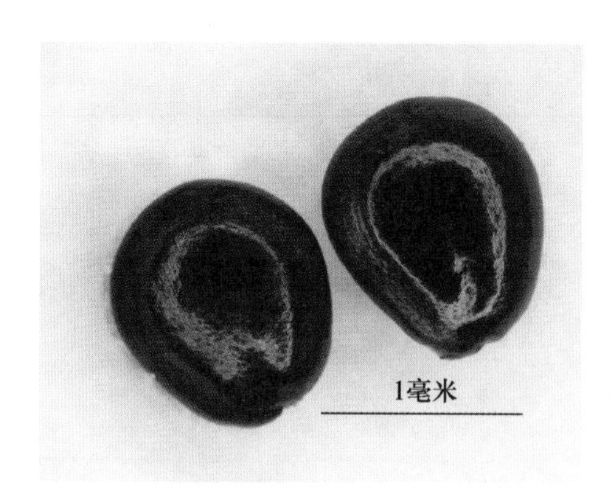

图 2－12　长芒苋

8. 反枝苋 *Amaranthus retroflexus* L.

胞果扁卵形，长约 1.5 毫米，微皱缩，周裂。种子阔倒卵状圆形，双凸透镜状；黑色或黑褐色；长 0.95～1.15 毫米，宽 0.98～1.03 毫米。表面光滑，有光泽。边缘渐薄形成光泽较弱的带状环。种皮表面具网纹，形状规则，排列整齐，边缘区网眼凸出明显，在同心环上近念珠状排列，网壁下陷形成的网沟较宽。基部边缘具小凹缺，凹缺上缘明显外突。种脐位于基端凹缺内，种脐凸出明显（图 2－13）。

分布：我国东北、华北、西北和华东，以及世界各地。

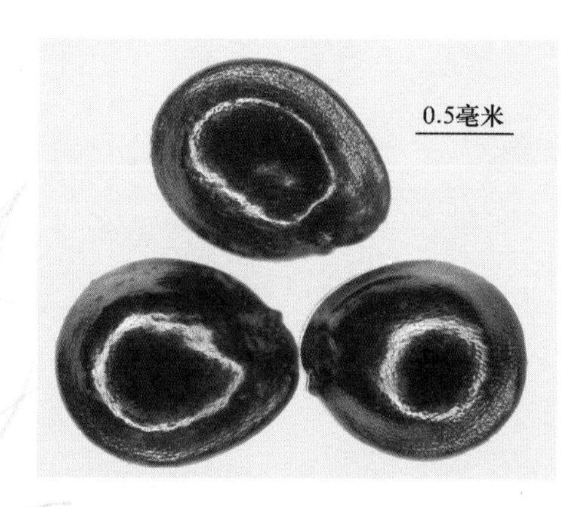

图 2－13　反枝苋

9. 刺苋 *Amaranthus spinosus* L.

胞果近球形，长 1.0～1.2 毫米，膜质，不规则开裂、周裂或不裂。种子阔倒卵状圆形，略扁，双凸透镜状；褐色，有光泽；长 0.90～1.02 毫米，宽 0.81～0.88 毫米。表面光滑无毛，边缘渐薄呈带状环，环上有细颗粒状同心条纹，环外缘棱状。种子基部一侧斜生，种脐位于基端小缺凹处（图 2－14）。

分布：原产于北美洲和中美洲。现除南极洲外几乎全球分布；我国大部分地区有分布。

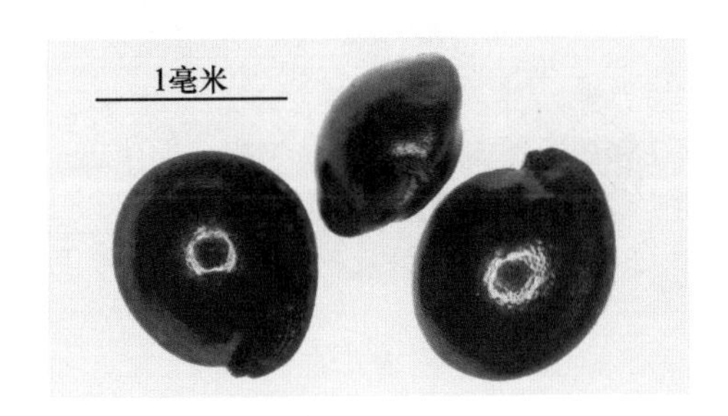

图2-14　刺　苋

10. 苋 *Amaranthus tricolor* L.

胞果卵状椭圆形，长椭圆状，微绿色，长2.0～2.5毫米，周裂。种子近圆形或宽卵形，双凸透镜状，黑色、黑褐色，具光泽，长1.10～1.15毫米，宽1.05～1.10毫米。表面光滑，边缘渐薄呈较宽环带，有同心排列的细颗粒状条纹。种脐不突出。位于基部边缘的小凹缺内（图2-15）。

分布：原产于南亚。现分布于亚洲地区，澳大利亚、巴布亚新几内亚、喀麦隆、墨西哥、美国、古巴、法国、德国、荷兰、西班牙、俄罗斯、乌克兰；我国大部分地区有栽培，常有逸生。

图2-15　苋

11. 皱果苋 *Amaranthus viridis* L.

胞果基部具宿存花被，花被片短于果实，3片，长圆形或倒阔披针形，先端尖，向内弯曲，背部中脉呈绿色。胞果扁圆形，略扁，直径约2毫米，不开裂，果皮皱缩。种子扁圆形或近圆形，长0.75～0.83毫米，宽0.90～0.98毫米，种皮黑色，暗淡无光，具稀疏分布的岛状小突起，边缘较薄，呈一窄环状，无网脊，基部微凹。种脐微小，呈褐色，位于下端凹陷处（图2-16）。

分布：世界广泛分布；我国大部分地区有分布。

图 2-16　皱果苋

三、青葙属 *Celosia*

青葙（野鸡冠花）*Celosia argentea* L.

胞果完全包藏于宿存花被内，花被片 5，短圆状披针形，白色干膜质，半透明，背部中间有 1 条绿色中脉隆起。胞果阔卵形，长 3.0～3.5 毫米，宽约 2.3 毫米。果皮膜质，表面平滑，成熟时开裂，内含数粒种子。种子双凸透镜状圆形或肾状圆形，两侧扁，直径长约 1.3 毫米。种皮黑色，表面光滑，具强光泽，表面具微颗粒状突起，边缘无带状周边，但有锐脊，种脐明显，位于种子基部缺口处，微突。种皮质硬，内含 1 黄白色环状胚，围绕着丰富的白色胚乳（图 2-17）。

分布：原产于热带美洲。现分布于我国河北、山东、河南、陕西，长江流域及其以南地区；朝鲜、日本、印度、俄罗斯、菲律宾及非洲等。

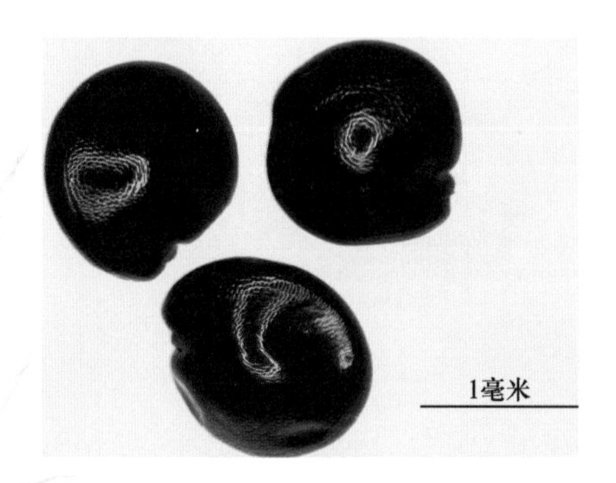

图 2-17　青葙（野鸡冠花）

四、千日红属 *Gomphrena*

千日红 *Gomphrena globosa* L.

胞果被密生白色绵毛的宿存花被所包，外部有 2 片干膜质透明的小苞片，苞片背部具

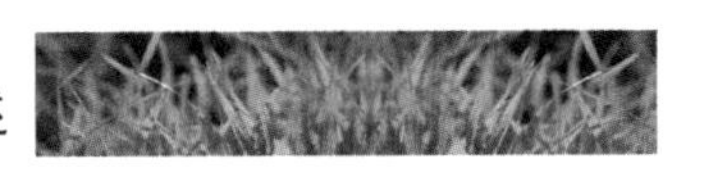

窄翅。胞果矩圆形或近球形，直径约 1.6 毫米，果皮薄膜质，不开裂，内含 1 粒种子。种子扁球状卵形或卵圆形，径长约 1.5 毫米，两面较扁，表面有光泽，种皮淡红褐色。种脐位于种子基部凹陷处，内含 1 环状胚，围绕着丰富的白色粉质胚乳（图 2－18）。

分布：原产于热带美洲。现我国各地有种植。

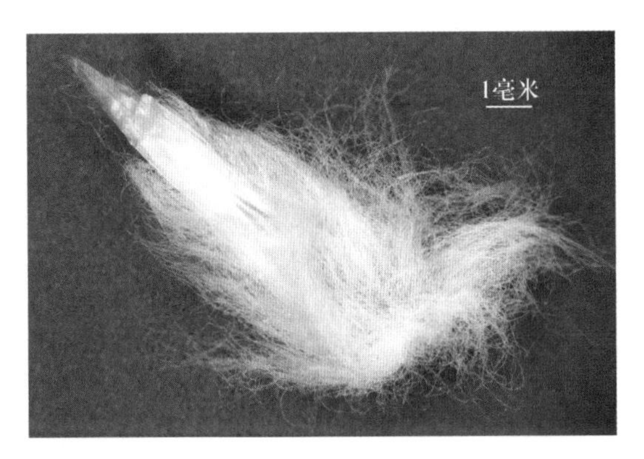

图 2－18　千日红

第四节　夹竹桃科 Apocynaceae

果实为浆果、核果、蒴果或蓇葖果；种子通常一端被毛，稀两端被毛或仅有膜翅或毛翅均缺。通常有直胚及胚乳。

长春花属 *Catharanthus*

长春花 *Catharanthus roseus*（L.）G. Don

种子长圆状圆筒形，两端平截或斜截（稀圆钝），黑色；长 2.0～2.5 毫米，宽约 1.1 毫米。表面极粗糙，具颗粒状小瘤；背面圆，具线状突起；腹面较平，具多行平行排列的条状突起，中部具纵沟状种脐，见图 2－19。

分布：原产于非洲东部。我国西南、中南及华东各地有栽培。

图 2－19　长春花

第五节　马兜铃科 Aristolochiaceae

蒴果蓇葖果状，长角果状或为浆果状；种子多数，常藏于内果皮中，通常长圆状倒卵形、倒圆锥形、椭圆形、钝三角形，扁平或背面凸而腹面凹入，种皮脆骨质或稍坚硬，平滑、具皱纹或疣状突起，种脊海绵状增厚或翅状，胚乳丰富，胚小。

马兜铃属 *Aristolochia*

北马兜铃 *Aristolochia contorta* Bunge

种子呈倒三角状心形、梯形或扇形，淡棕色，长宽均 3～5 毫米，扁平而薄，具小疣点，外种皮向外延展形成膜质种翅，不透明，宽 2～4 毫米，淡棕色。种仁心形，深棕色，多呈椭圆形或扁心形，种脊细长，合点横生，稍下凹。种脐三角状，尖端线状。果皮薄而脆，具特异香气，味微苦（图 2－20）。

分布：我国辽宁、吉林、黑龙江、内蒙古、河北、河南、山东、山西、陕西、甘肃和湖北；朝鲜、日本和俄罗斯等。

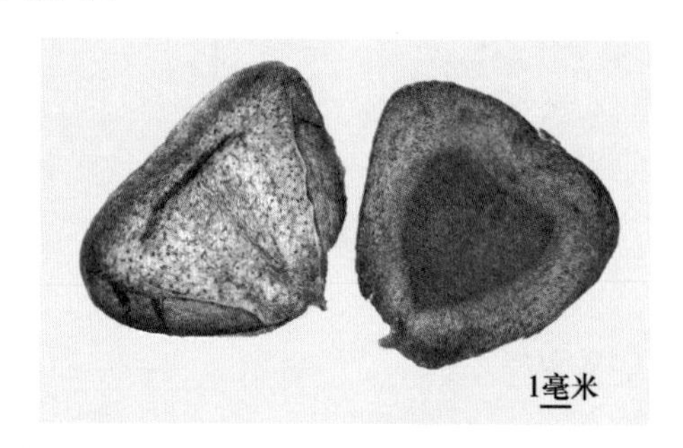

图 2－20　北马兜铃

第六节　萝藦科 Asclepiadaceae

该科果实为双蓇葖果或因 1 个不育而单生，一般呈纺锤形或线形，果皮粗糙或具瘤状突起，果内含种子多数；种子多扁平，卵形至长卵形，顶端有一束白绢质种毛，毛易脱落。

分属检索表

1. 种子极扁平……………………………………………………………………………… 2
1. 种子非极扁平，背部拱凸，腹面稍平 ………………………………………………… 钉头果属
2. 种子极扁平，长倒卵形，顶端具齿，表面被蜡质短条和黄色絮状物 ………………… 萝藦属

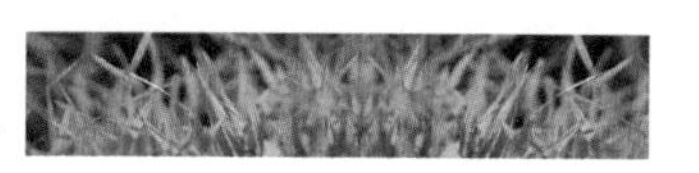

2. 种子极扁平，顶端全缘或具齿，但表面不被蜡质短条和黄色絮状物……………………………………… 3
3. 种子顶端全缘，边缘具宽而薄的翅，翅常内卷，长小于5毫米 ……………………………… 马利筋属
3. 顶端全缘或具齿，矩圆状倒卵形、矩圆状椭圆形、倒卵状矩圆形或阔倒卵形，长6毫米以上……………………………………………………………………………………………………… 鹅绒藤属

一、马利筋属 *Asclepias*

马利筋（连生贵子）*Asclepias curassavica* L.

种子长倒卵形，扁平；棕褐色；长约6毫米，宽2.5～3.5毫米。表面粗糙，具细颗粒和稀疏短皱纹；背面隆起如舟底；腹面凹入，周边翘起，常内卷，中央具1条纵棱，自基部发出到种子中部或3/4处消失，棱上部有纤细分枝；顶端圆，基端平截。种脐位于基端腹面一侧，不明显（图2-21）。

分布：原产于热带美洲。我国南北各地栽培或为野生。

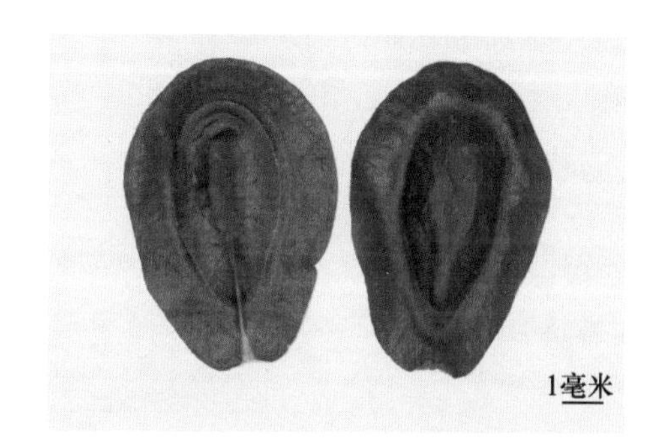

图2-21　马利筋（连生贵子）

二、鹅绒藤属 *Cynanchum*

分种检索表

1. 种子矩圆状倒卵形，长8毫米以上，顶端齿大小不等 ……………………………………… 白首乌
1. 种子长6毫米左右，顶端齿整齐……………………………………………………………………… 2
2. 种子矩圆状椭圆形或倒卵状矩圆形，顶端齿呈小突状，腹棱长为种子的4/5，基部具明显白色种脐……………………………………………………………………………………………………… 3
2. 种子阔倒卵形，顶端齿较大、齿浅，腹棱长为种子的2/3 ………………………………… 地梢瓜
3. 种子腹面凹入，腹棱红棕色，中部以上分枝多而清晰 …………………………………… 鹅绒藤
3. 种子腹面较平，腹棱灰褐色，中部以上分枝少而不清晰 ……………………………… 戟叶鹅绒藤

1. 白首乌 *Cynanchum bungei* Decne.

种子矩圆状倒卵形，背腹压扁；棕褐色至灰棕色；长约10毫米，宽约5毫米。表面绒毡质，散布灰白点状小突。背面拱凸，无棱或中部有1短棱；腹面凹入，下半部有棱。顶端钝圆，边缘具大小不整齐的齿；基端平截，周缘具厚翅，顶端和基部翅宽（图2-22）。

分布：我国辽宁、河北、河南、山东、山西、甘肃、内蒙古及朝鲜。

图 2－22　白首乌

2. 鹅绒藤 *Cynanchum chinense* R. Br.

种子矩圆状椭圆形，极扁平；棕褐色；长 6 毫米，宽 3 毫米。表面粗糙，具粒状和短线状小突起；边缘具宽而厚的翅，斜向腹面；背面微凸；腹面凹入，中央具细纵棱，棱中部以上有明显分枝，长为种子的 4/5，红棕色；顶端稍圆或较平，具疏齿；基部平截，具白绢质种子毛（易落）。种脐位于种子基部，白色短条形（图 2－23）。

分布：我国东北、华北、西北、华东和华中。

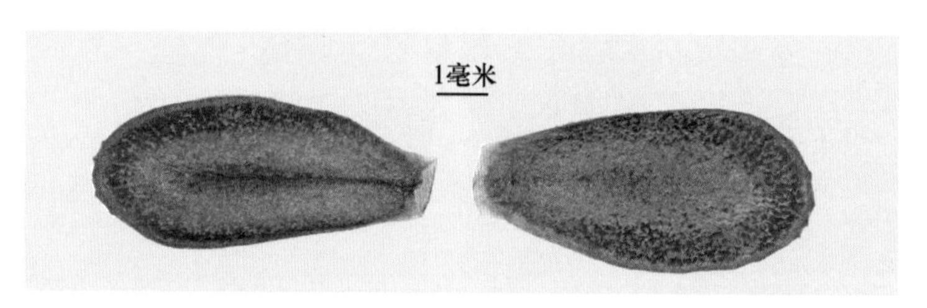

图 2－23　鹅绒藤

3. 戟叶鹅绒藤 *Cynanchum sibiricum* Willd.

种子椭圆形至倒卵形、矩圆形，极扁平；深褐色；长 6 毫米，宽 3 毫米。表面粗糙，具粒状和短线状小突起；边缘具宽而厚的翅，向腹面倾向；背面微凸；腹面较平或稍凹，自基部向上有 1 长为种子 4/5 的纵棱，棱中部以上具不很清晰的树状分枝；顶端圆，微具梳齿；基部平截。种脐位于腹面纵棱基部，白色，短条形（图 2－24）。

分布：我国新疆、内蒙古及俄罗斯。

图 2－24　戟叶鹅绒藤

4. 地梢瓜 *Cynanchum thesioides*（Freyn）K. Schum.

种子阔倒卵形，极扁，基部平截；红褐色；长 6～8 毫米，宽 4 毫米。表面具不规则网纹，细颗粒状，粗糙。边缘具内翘宽翅，两端的翅尤宽；腹面中央凹陷，色深，自基部向上着生 1 纵棱，占种子长度的 2/3。顶端钝圆，具不规则浅齿。种脐位于种子基部，不明显（图 2－25）。

分布：我国东北、华北、西北、华东、华中等地区，以及蒙古国、朝鲜和俄罗斯。

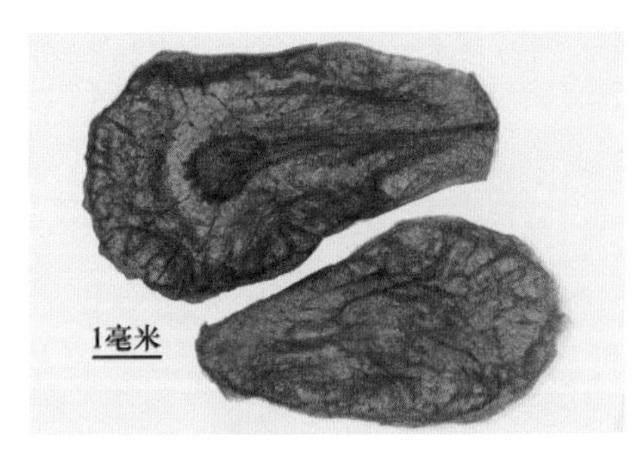

图 2－25　地梢瓜

三、钉头果属 *Gomphocarpus*

钉头果 *Gomphocarpus fruticosus*（L.）W. T. Aiton

种子长卵状矩圆形，似鞋状，顶端钝圆，基部平截，中间稍宽大；红褐色；长 6 毫米，宽 3 毫米；表面粗糙，具线状突起，连成网络状，延伸包裹至腹面形成 1U 形突起棱；背面拱凸，腹面较平，腹面具线状突起连成网纹。种脐短柱状位于基部，黄白色（图 2－26）。

分布：原产于非洲。我国华北、云南、台湾，以及欧洲各地有栽培。

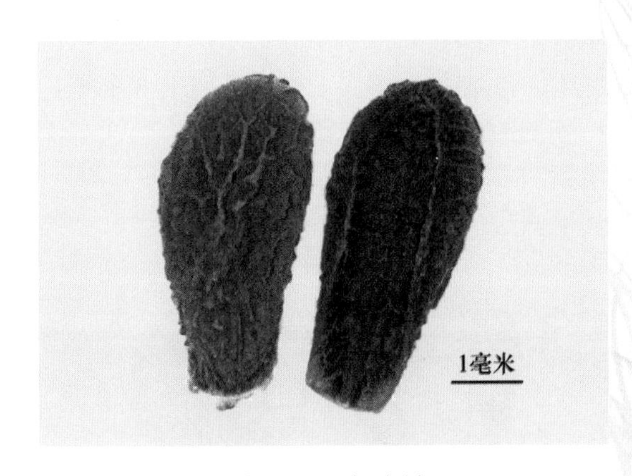

图 2－26　钉头果

四、萝藦属 *Metaplexis*

萝藦 *Metaplexis japonica*（Thunb.）Makino

种子长倒卵形，极扁；深褐色或红褐色；长 6 毫米，宽 3.5 毫米。表面细颗粒状粗糙，被蜡质短条和黄色絮状物；边缘具倾向腹面的宽翅；背面隆起，与翅缘界限分明；腹面平，中部具纵棱，纵棱长度为种子长的 2/3。顶端圆，翅边缘具大齿；基部截形，底部具白绢质种子毛（易落），种子基部无明显种脐（图 2－27）。

分布：我国大部分地区，以及日本、朝鲜、俄罗斯远东地区。

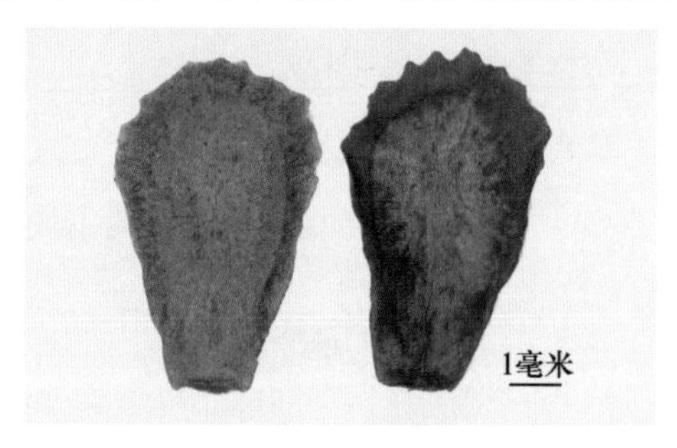

图 2－27　萝　藦

第七节　凤仙花科 Balsaminaceae

果实为假浆果或少肉质，4～5 裂片弹裂的蒴果，成熟时以弹力裂开弹射出种子，种皮光滑或具小瘤状突起，无胚乳。

凤仙花属 *Impatiens*

凤仙花 *Impatiens balsamina* L.

种子卵状椭圆形，略扁，棕褐色；长 3.5 毫米，宽近 3 毫米；表面颗粒状粗糙，有时被有金黄色短条状伏毛；顶端钝圆，向下稍宽。种脐位于腹侧下端，略突出，圆形。靠种脐处有 1 深色斑块。斑块往上直到顶部有 1 细沟（图 2－28）。

分布：我国各地及其他国家。

图 2－28　凤仙花

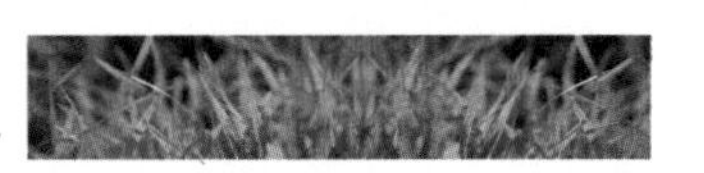

第八节　落葵科 Basellaceae

胞果干燥或肉质，通常被肉质的小苞片和花被包围，不开裂；内含种子 1 粒，种子球形，种皮膜质，胚乳丰富，围以螺旋状、半圆状或马蹄状胚。

落葵属 *Basella*

落葵（木耳菜）*Basella alba* L.

果实球形，红色至深红色，黑色或紫黑色；直径 5～6 毫米。表面为肉质苞片和 5 枚紧贴果实的萼片所包被，干燥后具许多不规则皱褶。顶端圆，中间稍隆起；基部具黄白色果脐，果脐近方形，中间稍凹（图 2－29）。

分布：非洲、美洲、亚洲，我国各地均有栽培。

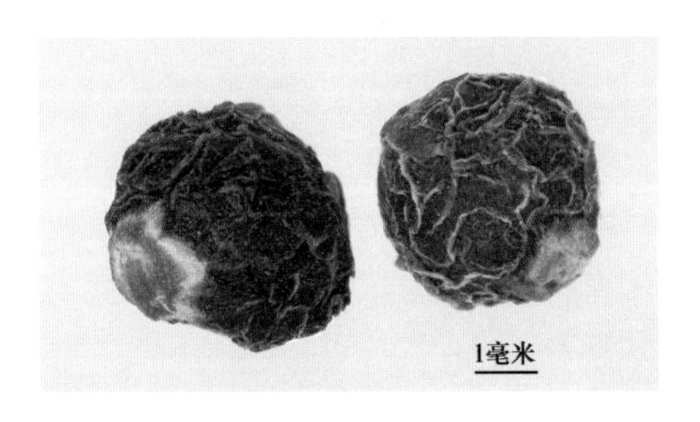

图 2－29　落葵（木耳菜）

第九节　紫葳科 Bignoniaceae

蒴果室间开裂或室背开裂，形状各异，光滑或具刺，通常下垂，稀为肉质不开裂。种子数多，扁平，通常具膜质翅或丝毛，无胚乳。

角蒿属 *Incarvillea*

角蒿 *Incarvillea sinensis* Lam.

种子倒卵形，扁平；黄褐色至棕褐色；带翅长为 4～5 毫米，宽 3～3.5 毫米。表面具脉纹，有光泽。周缘宽翅薄而透明，黄白色，具放射纹，翅缘全缘或呈波状。背面稍拱起；腹面内弯，中央具 1 条褐色线。种脐位于基端种翅缺刻处（图 2－30）。

分布：我国多地，以及蒙古国、俄罗斯。

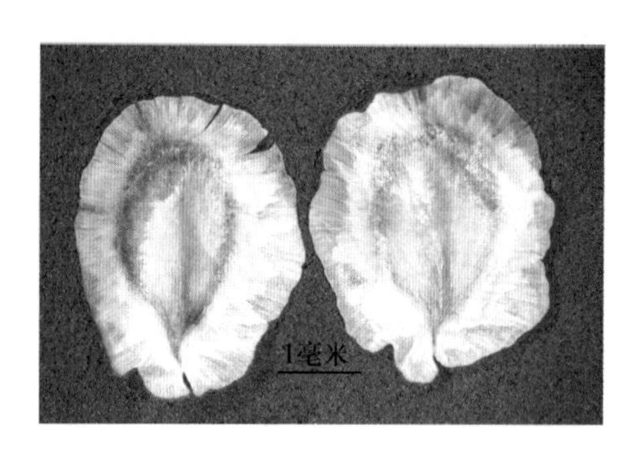

图 2-30　角　蒿

第十节　木棉科 Bombacaceae

蒴果室背开裂或不开裂；种子常为内果皮的丝状绒毛所包围。

木棉属 *Bombax*

木棉 *Bombax ceiba* L.

种子倒卵形至卵圆形；暗红褐色；长 5～6 毫米，宽 3.5～4.5 毫米。表面绒毡质，密被白色圆点；背面圆形拱起，腹面略平，中央具 1 纵脊，脊上端为略凸的合点区。顶端圆，基端尖。种脐位于基端，突出，圆形或菱形，周围具白环，中央具白点（图 2-31）。

分布：我国西南和华南等，以及印度、斯里兰卡、马来西亚、印度尼西亚、菲律宾、澳大利亚等。

图 2-31　木　棉

第十一节　紫草科 Boraginaceae

该科植物的种子实为小坚果，稀为核果或浆果，大多表面粗糙，具瓷釉质瘤突、粗皱或锚状棘刺，只有少部分表面光滑。果内含 1 粒种子，种皮膜质，内无胚乳或甚少，

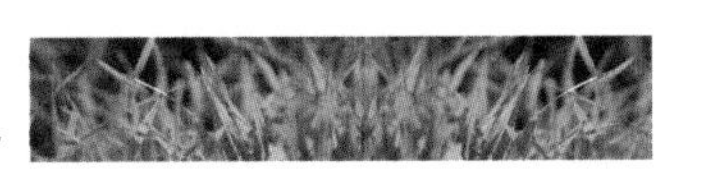

胚体直或弯曲。

分 属 检 索 表

1. 果为坚硬核果，成熟后有明显木栓质的中果皮 …… 紫丹属
1. 果为小坚果，形状不同上述 …… 2
2. 小坚果表面有锚状棘刺 …… 3
2. 小坚果表面无锚状棘刺，表面光滑具凹穴或粗糙具粗皱、瘤突或棱脊 …… 4
3. 小坚果长卵形或楔形，表面灰褐色，沿背面边缘或侧面有1～3行锚状棘刺 …… 鹤虱属
3. 小坚果卵圆形，两面扁平，表面灰黄褐色，密布较短的锚状棘刺 …… 琉璃草属
4. 小坚果果脐周边具高耸且厚的衣领环 …… 5
4. 小坚果果脐周边无高耸且厚的衣领环 …… 6
5. 果脐位于小坚果基部 …… 琉璃苣属
5. 果脐位于小坚果腹面 …… 牛舌草属
6. 果脐位于小坚果腹面，小坚果腹面基部具短柄 …… 紫筒草属
6. 果脐位于小坚果基部 …… 7
7. 果脐呈近圆形，中央向外突出 …… 紫草属
7. 果脐近三角形 …… 8
8. 果脐中央内凹，平而浅 …… 蓝蓟属
8. 果脐中央向外突出，具小凸起 …… 软紫草属

一、牛舌草属 *Anchusa*

小花牛舌草 *Anchusa officinalis* L.

小坚果背面观呈卵形，侧面观呈短角状，腹面观呈毡鞋状；暗灰色至灰褐色；长3～4毫米，宽2.0～2.3毫米。表面粗糙，密被小瘤和不规则条形突起；背面圆形隆起，具1条偏斜细棱；腹面上端具细纵棱，下部为1巨大的果脐。果脐大、宽椭圆形或圆形。周边高耸呈厚的衣领环，并具放射状凸出纹，内部深凹入，近白色（图2-32）。

分布：原产于欧洲。我国有栽培。

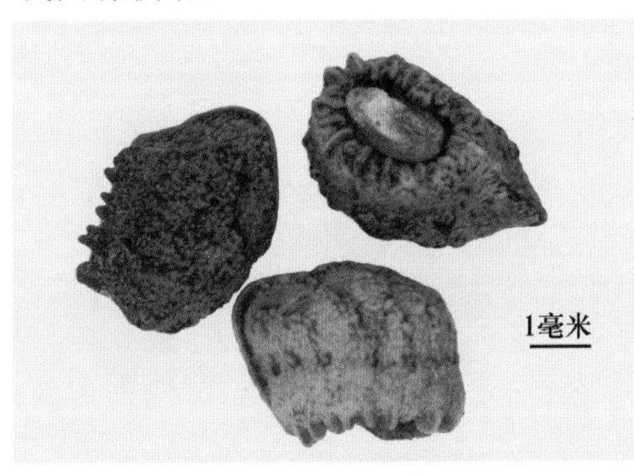

图2-32　小花牛舌草

二、软紫草属 *Arnebia*

黄花软紫草 *Arnebia guttata* Bunge.

小坚果三角状卵形，长 2.5～3.0 毫米，淡黄褐色；密生疣状突起，背面凸，稍有皱纹，近先端处龙骨状，腹面中线隆起，着生面居腹面基部，平或微凹，较粗糙，中央具 1 明显的突起（图 2－33）。

分布：我国西藏、新疆、甘肃、宁夏、内蒙古、河北，以及印度、巴基斯坦、阿富汗、俄罗斯、蒙古国等。

图 2－33　黄花软紫草

三、琉璃苣属 *Borago*

琉璃苣 *Borago officinalis* L.

小坚果 7～10 毫米，椭圆状长倒卵形，呈套袋状，棕黑色；表面极粗糙，具明显突起的琉璃质颗粒，呈条状或不规则皱纹；背面圆隆，腹面中央具 1 条纵脊纹，果顶钝尖。果脐位于基端，大而明显，近圆形，周边高耸呈厚的衣领环，具条状粗皱纹，内部深凹入（图 2－34）。

分布：原产于东地中海沿岸及小亚细亚。现欧洲和北美广泛栽培。

图 2－34　琉璃苣

四、琉璃草属 *Cynoglossum*

大果琉璃草 *Cynoglossum divaricatum* Steph. ex Lehm.

小坚果倒卵圆形；长 4.8～6.5 毫米，宽 3.5～4.8 毫米，厚 1.1～1.4 毫米；灰黄褐色，两面扁平，表面粗糙，密布较短的锚状棘刺，刺中空；基部宽圆而厚，顶端渐窄较薄，至锐尖；背面观卵圆形，腹面近基端有 1 长卵形的凹陷区。果脐位于腹面基部的凹陷处，三角状倒卵形，底平无刺突，浅凹陷。种子胚直行，黄色，种子无胚乳（图 2-35）。

分布：我国华北、东北、新疆、甘肃、陕西，以及蒙古国、俄罗斯。

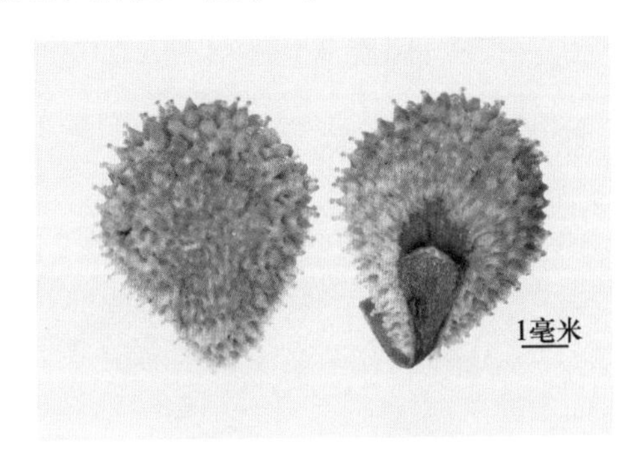

图 2-35 大果琉璃草

五、蓝蓟属 *Echium*

蓝蓟 *Echium vulgare* L.

小坚果三角状卵形，三面体状；灰褐色或近黑褐色；长约 2.5 毫米，宽约 1.8 毫米。表面粗糙，有微皱纹，瘤状突起不强烈，分布稀疏。背面弓曲，具中脊；腹面中央呈龙骨状隆起，形成两个侧平面；顶端渐细呈角状；下部宽大，基端平截，平截面上具大型果脐。果脐周缘向外显著扩展形成宽边，基底较宽，近腹侧有 1 圆形小穴，周缘起棱（图 2-36）。

分布：我国新疆、华北，以及欧洲、亚洲西部、北美洲和大洋洲。

图 2-36 蓝 蓟

六、鹤虱属 *Lappula*

鹤虱 *Lappula myosotis* Moench

小坚果长 2.0～2.8 毫米，宽、厚均约 1.5 毫米（不包括棘刺的长度），灰褐色；长圆卵形或楔形，下半部宽，由下至上渐狭；基部圆形，顶端锐尖。背面钝圆，周缘着生锚状棘刺 2 圈，棘刺长约 1 毫米，通常内圈棘刺较长，13～14 个；外圈棘刺较短，15～16 个；棘刺中空，易折断。腹面圆凸，中央具 1 纵脊，由果实基部直达顶端，表面粗糙，除棘刺外，密被琉璃质近白色的颗粒质突起。果脐位于腹面纵脊的基端处。果实内含种子 1 粒，种皮薄膜质，棕褐色，胚宽卵形，富含油质，种子无胚乳（图 2－37）。

分布：我国华北、西北、内蒙古等地；欧洲中部和东部、北美洲、阿富汗、巴基斯坦、俄罗斯、蒙古国。

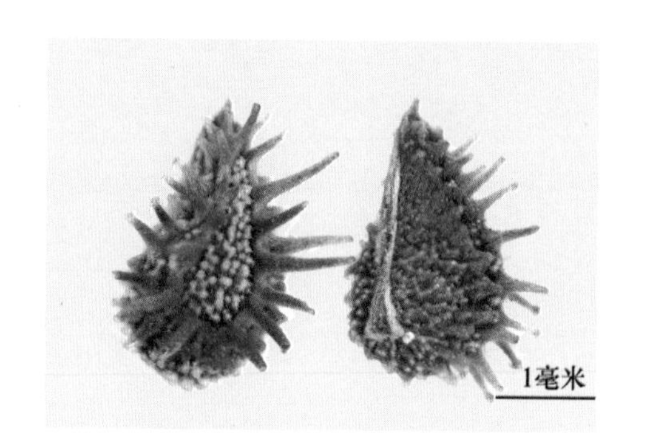

图 2－37　鹤　虱

七、紫草属 *Lithospermum*

分 种 检 索 表

1. 小坚果小，表面具大小不同的琉璃质瘤状突起及小凹穴 ………………………………………… 麦家公
1. 小坚果大，表面平滑，有较强光泽，白色或稍带褐色 …………………………………………… 紫草

1. 麦家公 *lithospermum arvense* L.

小坚果近于牛角状，三面体；淡灰黄色至暗灰黄色；长 3 毫米，宽 2 毫米。表面粗糙，具纵棱瘤突及小凹穴。背面稍拱起；腹面被中间隆脊分成 2 个斜面；顶端渐窄呈牛角状；基部宽，基底向背面斜截。果脐较大，位于基底斜截面上，椭圆状三角形。果脐中央和近腹侧内角处各有 1 灰白色小圆形突起（图 2－38）。

分布：我国东北、华北、华东地区，以及日本、欧洲和北美洲。

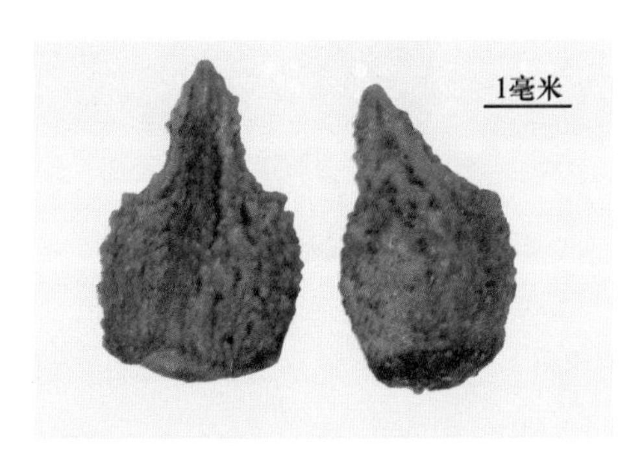

图2-38　麦家公

2. 紫草 *Lithospermum erythrorhizon* Sieb. et Zucc.

小坚果卵圆形；白色或稍带褐色；长3毫米，宽2.5毫米。表面光滑，有较强光泽。背面拱圆，中部具1条较宽的暗色纵纹；腹面圆凸，中部具1条较细的暗色纵沟纹，中部两侧具小凹点或短凹沟。果脐较大，位于腹面基端，偏向腹面，菱状椭圆形，边缘灰黑色，中央灰白色，沿边缘附近具数个圆形突起，近腹面突起大，近背面和两侧的突起小（图2-39）。

分布：我国东北、华北、华东地区，以及北半球温带地区。

图2-39　紫　草

八、紫筒草属 *Stenosolenium*

紫筒草 *Stenosolenium saxatile*（Pall.）Turcz.

小坚果三角状卵形，三面体，灰褐色或灰黑色；长2毫米，宽2毫米。表面密被大小不等的疣状突起。背面拱圆，无中脊；腹面被1条纵脊分成2个斜面，纵脊自上而下渐渐加宽，基部有短柄，呈鼻头状。果脐位于短柄的底端，凹陷成较深的穴（图2-40）。

分布：我国北方地区及蒙古国和俄罗斯。

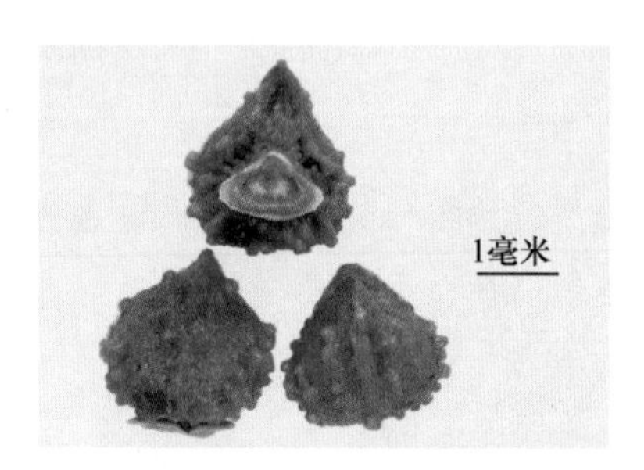

图 2-40　紫筒草

九、紫丹属 *Tournefortia*

砂引草 *Tournefortia sibirica* L.

核果坚硬，阔椭圆形或卵圆形，灰褐色；长 7～9 毫米，直径 5～8 毫米，粗糙。表面密生黄褐色伏毛，具 6 纵肋，先端凹陷，内有宿存短花柱，基部较平，具硕大圆形凹陷的果脐。成熟时分裂为 2 个各含 2 粒种子的分核（图 2-41）。

分布：我国东北、华北、西北地区，以及俄罗斯、蒙古国、朝鲜和日本等。

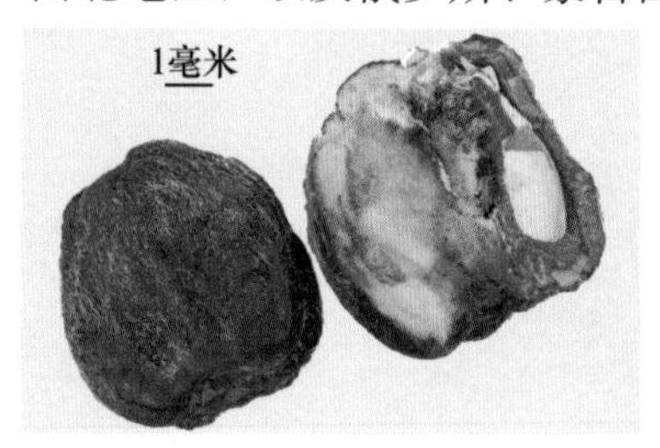

图 2-41　砂引草

第十二节　桔梗科 Campanulaceae

蒴果顶端瓣裂或在侧面孔裂或盖裂，或为不规则撕裂的干果，少为浆果。种子多数，有或无棱，胚直，具胚乳。

分种检索表

1. 种子不平整，多棱凹，边缘有锐棱，基部有突尖 ························ 桔梗
1. 种子较平，无棱凹，周缘无棱，基部无突尖，圆形凹窝状 ························ 党参

一、桔梗属 *Platycodon*

桔梗 *Platycodon grandiflorus*（Jacq.）A. DC.

种子长倒卵圆形至椭圆形，扁；黑褐色或棕色；长 2～3 毫米，宽约 1.1 毫米。表

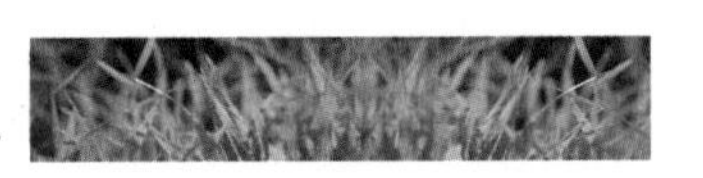

面光滑，有光泽，但不平整，多棱凹；顶端钝圆，基部有突尖；背部宽厚；腹部薄，边缘有锐棱，使种子呈三面体状。种脐位于基端，菱形或三角形，凹陷，内有残余种柄形成的突尖（图 2－42）。

分布：我国各地，以及朝鲜、日本和俄罗斯。

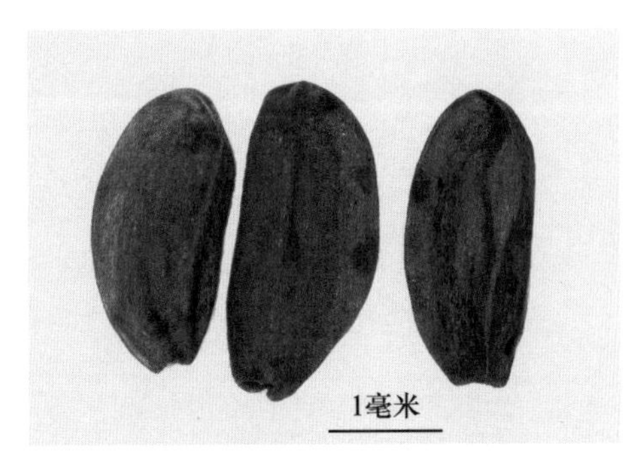

图 2－42　桔　梗

二、党参属 *Codonopsis*

1. 党参 *Codonopsis pilosula*（Franch.）Nannf.

种子卵圆形至椭圆形，略扁，稍弯曲，两端不等大，棕褐色或浅褐色；长 1.5～1.8 毫米，宽 0.6～1.2 毫米。种子表面光泽，周缘无棱。顶端钝圆，基部具 1 圆形凹窝状种脐，腹面常形成 1 条浅凹沟。种皮表面具排列整齐的条形网状纹理，网眼呈长条形或棱形，胚乳半透明（图 2－43）。

分布：中国、朝鲜、蒙古国、俄罗斯。

图 2－43　党　参

第十三节　大麻科 Cannabaceae

果实为瘦果，包藏于宿存花萼及增大的苞片中。瘦果卵状椭圆形或圆形，略扁或双凸状，表面常有花纹，果内含 1 粒种子。

分 属 检 索 表

1. 瘦果卵形或卵状椭圆形，略扁，表面光滑，具褐色斑纹和细网状脉纹或花纹…………………… 大麻属
1. 瘦果圆形，略扁，表面粗糙，每面各具3～5条低平纤细的纵棱 …………………………… 葎草属

一、大麻属 *Cannabis*

分 种 检 索 表

1. 瘦果较大，长约4.5毫米，宽约4毫米，具淡黄色网状脉纹……………………………………… 大麻
1. 瘦果较小，长3.3毫米，宽2.2毫米，表面具棕色大理石花纹 ………………………………… 野大麻

1. 大麻 *Cannabis sativa* L.

瘦果卵圆形或卵状椭圆形，稍扁；灰色或深灰色；长大于4.5毫米，宽4～5毫米。表面光滑，具淡黄色网状脉纹，由于果实常被宿存苞片所包裹，故表面常呈苞片状黑褐色不规则条斑；顶端突尖，具乳突状小尖头；瘦果基部钝，果脐外较平整，花被常脱落，果脐周缘具细锐棱。种子与果实同形，种皮膜质，内无胚乳（图2-44）。

分布：世界各地。

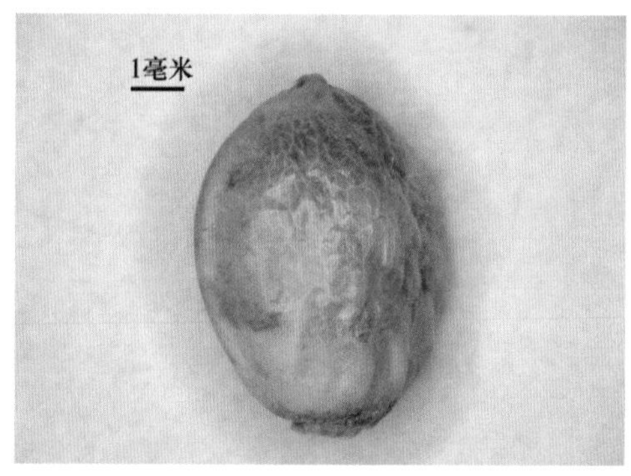

图2-44 大 麻

2. 俄罗斯大麻 *Cannabis* ruderalis *Janisch*.

瘦果较小，长3～4毫米，宽2.2毫米。瘦果表面具棕色网状脉纹。瘦果基部收缩，果脐处凹凸不平，花被常宿存（图2-45）。

分布：俄罗斯、德国、乌克兰、美国、巴基斯坦、捷克、匈牙利。

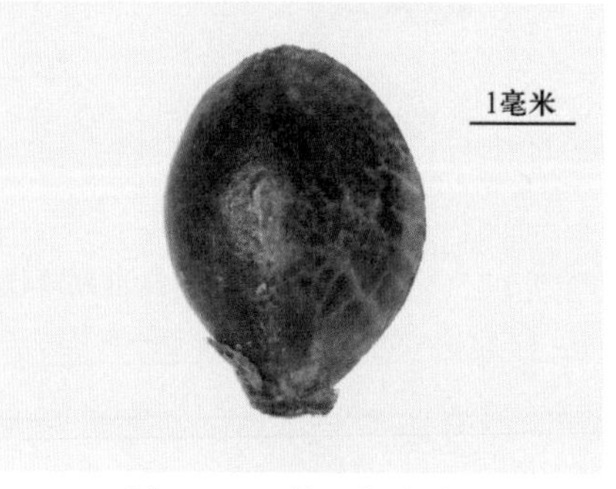

图2-45 俄罗斯大麻

二、葎草属 *Humulus*

葎草 *Humulus scandens*（Lour.）Merr.

瘦果圆形，略扁，双凸状；长、宽均为 3.0～5.5 毫米，厚约 2 毫米；周边较薄，周缘有 1 明显外突的脊棱；果皮淡黄色、红褐色至黑褐色，表面粗糙，具波状断续横纹或云斑，顶端具短柱状或丘状突起；基部具略突出的圆形果脐，果实内含种子 1 粒；种子与果实同形，种皮膜质，内含 1 螺旋状胚，无胚乳（图 2-46）。

分布：我国除新疆、青海外的各地区，以及日本、朝鲜、俄罗斯和美国。

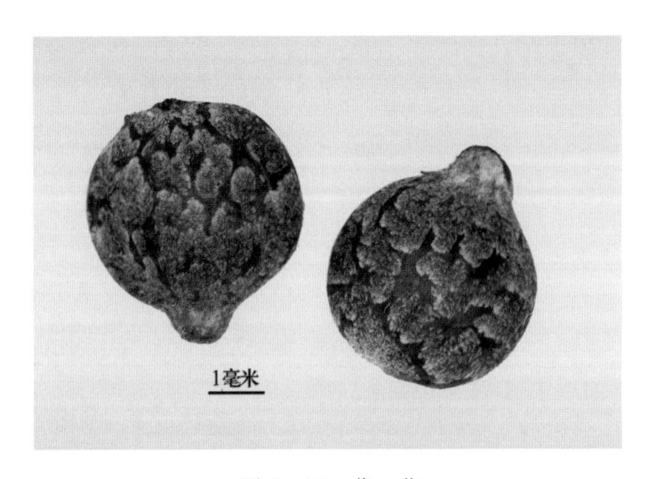

图 2-46　葎　草

第十四节　山柑科 Capparaceae

果实为有坚韧外果皮的浆果或瓣裂蒴果，球形或伸长，有时近念珠状；种子 1 至多数，肾形至多角形，种皮平滑或有各种雕刻状花纹；胚弯曲，胚乳少量或不存在。

白花菜属 *Cleome*

醉蝶花（西洋白花菜）*Cleome spinosa* Jacq.

种子螺旋状圆形，两侧略扁；深褐色至黑褐色；直径 2 毫米。表面粗糙，多隆起皱褶，皱褶略呈网状，周围近平滑而无皱纹，背面拱圆，腹面凹缺，两侧较平，常具同心纹。种脐位于腹面缺口内，黑褐色（图 2-47）。

分布：热带美洲，我国各地区均有栽培。

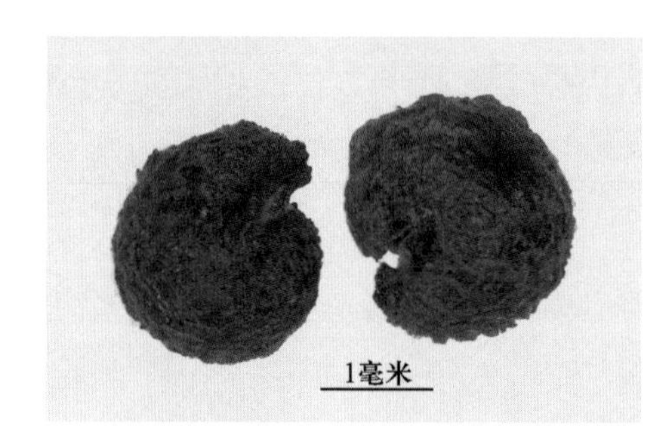

图 2-47 醉蝶花

第十五节 石竹科 Caryophyllaceae

果实为蒴果，顶端齿裂或瓣裂，稀为浆果状。不规则开裂或为瘦果；种子多数或少数，稀 1 粒，肾形、扁圆形及球形，具刺状或小颗粒突起，或具同心圆排列的瘤状突起。

分 属 检 索 表

1. 种子极扁，片状，种脐位于腹面，通过种脐有 1 脊状突起……………… 石竹属
1. 种子肾形或其他形状……………… 2
2. 种子长或直径 2 毫米以上……………… 3
2. 种子长或直径不足 1.5 毫米……………… 4
3. 种子形状不规则，常为三角状肾形，表面瘤突为棘状……………… 麦仙翁属
3. 种子圆球形，表面瘤突为粒状 ……………… 王不留行属
4. 种脐位于腹面中部靠下 ……………… 石头花属
4. 种脐位于腹面中部……………… 5
5. 种子肾状圆形，周缘无脊或翼，表面具星形的瘤状突起，种子黄褐色至暗褐色，脐部呈黑褐色 ……………… 鹅肠菜属
5. 种子呈肾形或近肾形，背面显著穹隆、突起，突起的基部不呈星状隆起 ……………… 蝇子草属

一、麦仙翁属 *Agrostemma*

麦仙翁 *Agrostemma githago* L.

种子形状不规则，大部分为三角形、肾形，侧面斜下呈楔形，也有近方形、圆形，侧面较平者，灰黑色，无光泽；长 3.0～3.5 毫米，宽 2.5～3.1 毫米。表面具同心排列的短柱状棘瘤，背视为纵行排列。种脐位于腹侧，三角形种子的种脐在较窄的角端附近，圆形和方形种子的种脐在侧面，种脐圆形或窄缝状，污白色，内陷（图 2-48）。

分布：我国黑龙江、吉林和内蒙古，以及欧洲、亚洲、北非、北美、澳大利亚。

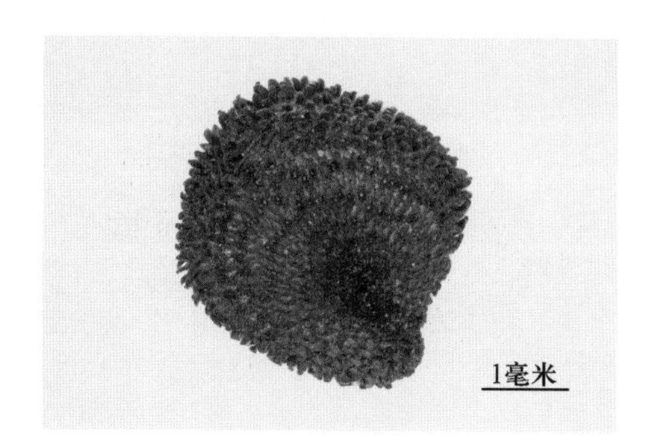

图 2-48　麦仙翁

二、石竹属 *Dianthus*

石竹 *Dianthus chinensis* L.

种子宽卵圆形或阔椭圆形；长 2.0～2.7 毫米，宽 1.5～2.0 毫米；暗褐色至黑褐色；极扁平；背腹面密被点瘤状突起，背面中部点瘤状突起呈横向排列；腹面有 1 鸡冠状的纵棱通过种脐，果顶端渐窄，有 1 喙状的突出物，基部宽，平截。种脐位于腹面的中央，点圆状，暗褐色。胚大而直生（图 2-49）。

分布：世界各国广泛栽培。

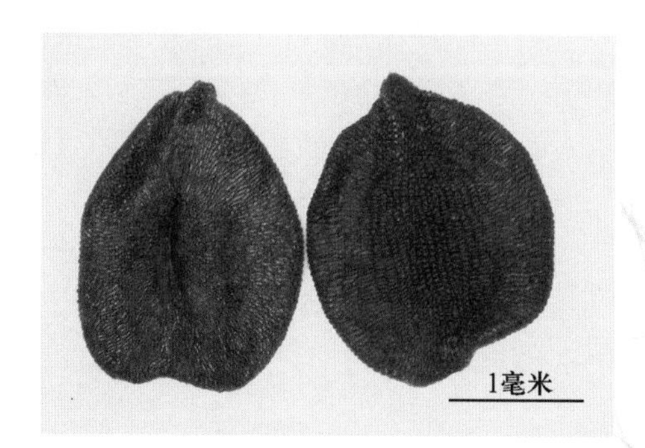

图 2-49　石　竹

三、石头花属 *Gypsophila*

缕丝花 *Gypsophila elegans* M. Bieb.

种子肾形，两侧略扁，灰褐色；长 1.2 毫米，宽 1 毫米。表面每侧具 3～4 轮同心排列的棒状瘤；背面圆形，厚，具 2 行棒状瘤；腹面较薄，于中部靠下具 1 较小凹缺，近狭缝状。种脐位于凹缺缝内上缘，与种皮同色（图 2-50）。

分布：原产于欧洲及亚洲北部。我国及欧美、东南亚地区广泛种植。

图 2－50　缕丝花

四、鹅肠菜属 *Myosoten*

鹅肠菜 *Myosoten aquaticum*（L.）Moench

种子肾状圆形，两侧扁；黄褐色至黑褐色；直径 0.8 毫米。表面具同心排列的星状突起。边缘尤为明显，两侧面星状突起小，较模糊。腹面具 1 小凹缺，种脐位于腹面凹缺内（图 2－51）。

分布：我国各地区及北半球各国和非洲北部。

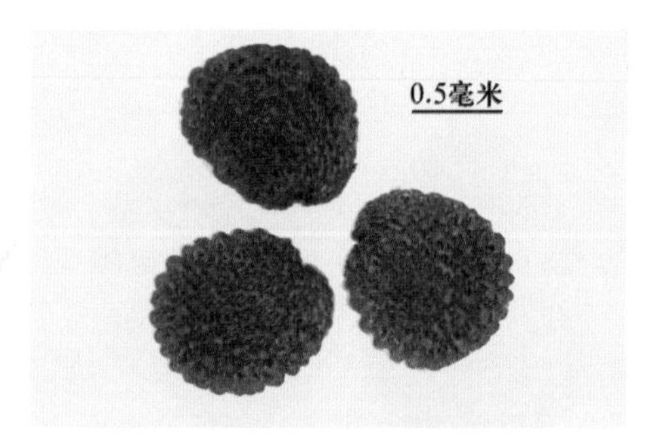

图 2－51　鹅肠菜

五、蝇子草属 *Silene*

分 种 检 索 表

1. 种子小于 1 毫米，背面钝圆 ………………………………………… 女娄菜
1. 种子大于 1 毫米，背面具棱脊 ………………………………………… 2
2. 种脐两侧有较大瘤状突起，腹侧中部微突，种脐孔状；种子表面点瘤状突起 ……………… 膀胱麦瓶草
2. 种脐两侧无瘤状突起，种脐为横裂口状，种子表面短棒状突起 ……………………… 麦瓶草

1. 女娄菜 *Silene aprica* Turcx. ex Fisch. et Mey.

种子半月状肾形或近方形，扁；灰褐色至灰黑色；长 0.7 毫米，宽 0.55 毫米。表面密布横卧短棒状瘤，瘤顶具黑点；背面稍厚，圆形，弓曲或较平，背脊平整无沟；腹面较薄，近平截，具不明显小凹缺。种脐位于凹缺内，黑色（图 2-52）。

分布：我国各地区，以及朝鲜、日本、蒙古国和俄罗斯。

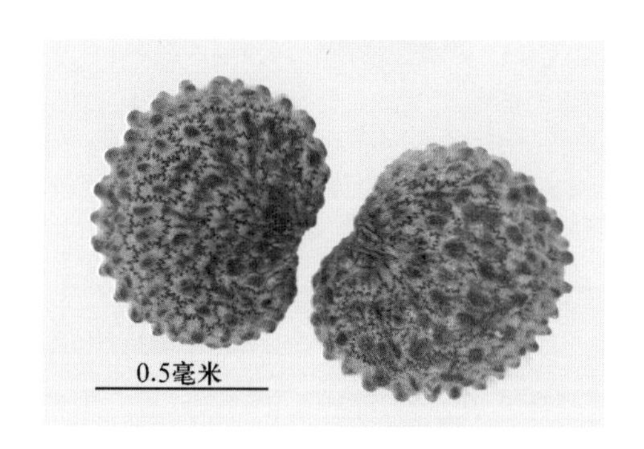

图 2-52　女娄菜

2. 麦瓶草 *Silene conoidea* L.

种子肾形，两侧扁；灰黑褐色，长 1.5 毫米，宽 1.1 毫米。表面粗糙，密被短棒状小瘤，瘤顶有黑点。两侧较平，小瘤 4～6 轮同心排列。背面弓曲，小瘤 5～6 行，平行排列，腹面稍拱，中部具横向裂口状凹陷。种脐位于腹面凹陷内（图 2-53）。

分布：我国西北、华北、江苏、湖北、云南，以及亚洲其他地区、欧洲和非洲。

图 2-53　麦瓶草

3. 膀胱麦瓶草 *Silene cucubalus* Wibel.

种子近肾形，略圆，两侧略扁；灰黑色；长 1.2～1.4 毫米，宽 1.1～1.2 毫米。表面密被点瘤状突起，小瘤顶端有黑点，基部具锯齿状边饰。背面拱圆，具 6～8 行点瘤状突起；腹面近平直，中央微突。两侧小瘤同心排列。周缘脊棱不明显。种脐位于腹面中部，孔状，脐两侧各具 1 个较大的瘤状物（图 2-54）。

分布：欧洲、亚洲。

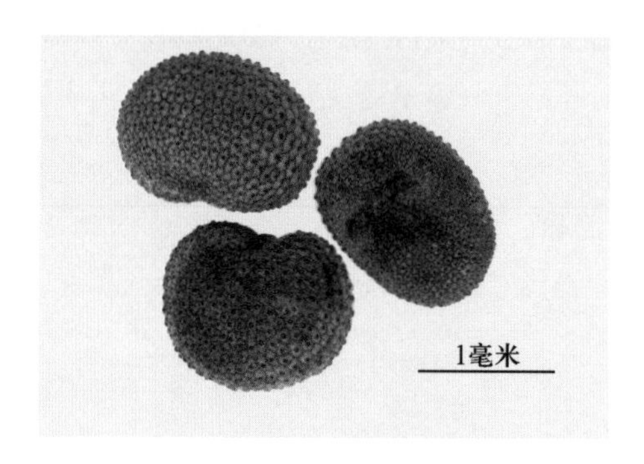

图 2-54　膀胱麦瓶草

六、麦蓝菜属 *Vaccaria*

麦蓝菜 *Vaccaria hispanica*（Miller）Rauschert

种子圆球形，略有些扁；黑色或暗红褐色，略有光泽；直径 2 毫米。表面密被粒状瘤突，种子中央有 1 条狭窄而稍平的带痕。种脐暗黄色，圆形、较小，稍凹陷（图 2-55）。

分布：我国除华南外的各地区，欧洲、亚洲温带地区及加拿大、美国、澳大利亚等。

图 2-55　麦蓝菜

第十六节　藜科 Chenopodiaceae

该科果实为胞果或坚果，常包被于花被之内，果皮膜质、肉质或革质；种子扁圆形、双凸镜形、肾形或斜卵形；表面平滑或小颗粒突起。胚环状或螺旋状，胚乳粉质、浆质或无胚乳。

分属检索表

1. 胞果和种子背腹压扁，直立于总苞或花被内，圆形、倒卵形至矩圆形 ……………………… 2
1. 胞果和种子上下压扁，横生于总苞或花被内，双凸透镜形或陀螺形 ……………………… 5
2. 胞果扁圆形，藏在 2 个直立的宿存苞片内，胞果包藏于花被内，通常不脱离苞片 ……………… 滨藜属

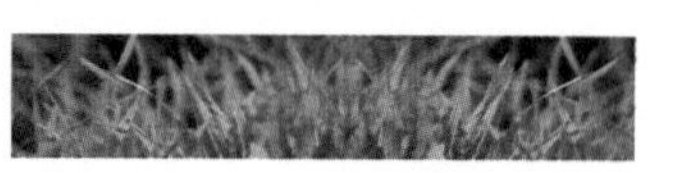

2. 胞果和种子倒卵形至矩圆形，胞果露出花被外，成熟后易脱离苞片和花被片 ………………………… 3
3. 胞果倒卵形，顶端有冠状附属物 ……………………………………………………………… 轴藜属
3. 胞果倒阔卵形至矩圆形，边缘具翅，顶端具短喙状或小叉状花柱基 ……………………………… 4
4. 胞果背、腹面微凸，喙与果核近等长；种子与果皮分离；苞片先端针刺状 ……………… 沙蓬属
4. 胞果腹面平或微凹，背面凸，喙长为果核长的 1/8～1/5；种子和果皮贴生；苞片先端锐尖，但不为针刺状 ……………………………………………………………………………………… 虫实属
5. 胞果倒卵形或双凸透镜形，宿存花被背面无翅呈隆脊状 ………………………………………… 藜属
5. 胞果横卵形或陀螺形，宿存花被上方或背面有时横生呈翅状或呈龙骨状 ……………………… 6
6. 胞果椭圆形横生 ……………………………………………………………………………………… 7
6. 胞果陀螺形，胚螺旋形 ……………………………………………………………………………… 8
7. 花被附属物翅状，有脉纹 ……………………………………………………………………… 地肤属
7. 花被附属物针刺状，无脉纹 …………………………………………………………………… 雾冰藜属
8. 胞果上的花被片附属物通常肉质，背部膨胀、增厚或延伸呈翅状或角状突起 ……………… 碱蓬属
8. 胞果上的花被片翅状附属物干膜质或革质 ………………………………………………………… 9
9. 翅状附属物从花被片的近顶端发生 ……………………………………………………………… 盐生草属
9. 翅状附属物从花被片的中部发生 ………………………………………………………………… 猪毛菜属

一、沙蓬属 *Agriophyllum*

沙蓬 *Agriophyllum squarrosum*（L.）Moq.

果实卵圆形或椭圆形，两面扁平或背部稍凸，上部边缘有翅，先端有 2 个长喙状突起，小喙先端外侧各有 1 小齿，种子扁平，近圆形，直径约 2 毫米，光滑无毛，淡黄色，有时有淡褐色斑点（图 2-56）。

分布：我国东北、华北、西北及河南、西藏等地，以及蒙古国、俄罗斯。

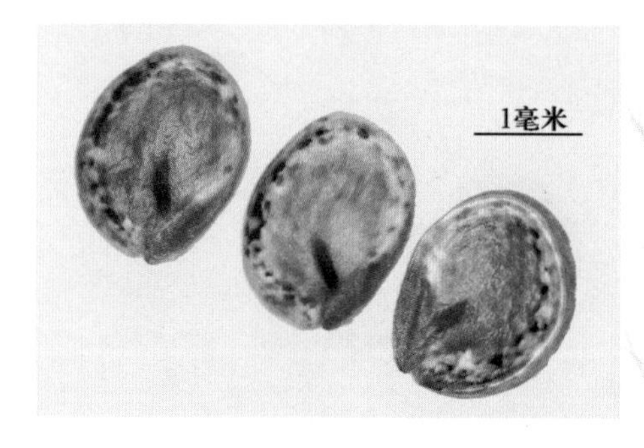

图 2-56　沙　蓬

二、滨藜属 *Atriplex*

分种检索表

1. 苞片楔状菱形，侧边闭合，形成较扁果胞，表面具明显掌状或三出网脉，有的则具刺丛，中部以上两边具齿 ………………………………………………………………………………… 中亚滨藜

1. 苞片略呈瓢形，边缘连合，形成凸起的圆形果苞，表面被棉毛，具大量较整齐的棘状突起，每苞片顶端近平，有不整齐齿 ………………………………………………………………… 西伯利亚滨藜

1. 中亚滨藜 *Atriplex centralasiatica* Iljin

果实被包在两个侧边闭合的楔状菱形苞片内。果苞扇形，扁平或略扁平；淡黄褐色；长6毫米，宽5毫米，近基部中心膨胀并木质化，表面具刺丛，有的无刺丛，可见明显的掌状或三出网脉；2苞片顶部常分离，中部以上具齿；基部楔形，具短柄。胞果圆形，扁平。种子直立，红褐色或黄褐色，直径2～3毫米（图2-57）。

分布：我国吉林、辽宁、华北、西北及西藏等地区，以及蒙古国、中亚和西伯利亚地区。

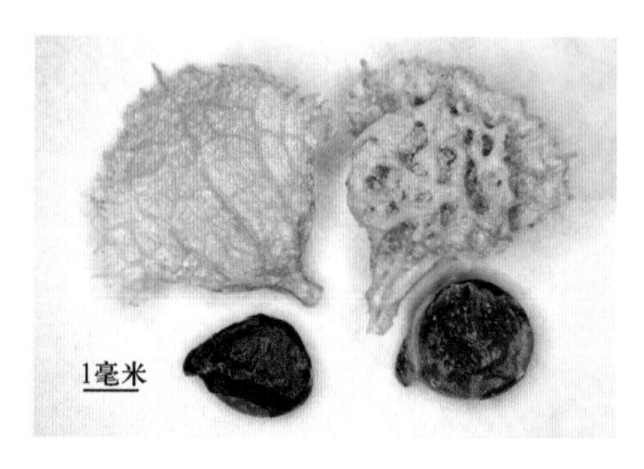

图2-57　中亚滨藜

2. 西伯利亚滨藜 *Atriplex sibirica* L.

果实包在2个边缘闭合的苞片内。胞果木质化，阔卵形或近圆形，稍扁；淡黄褐色；长4.5毫米，宽3.5毫米。表面被棉毛，具多数锐刺状尖锐突起；顶端具齿；基部楔形，有短柄。种子直立，红褐色或黄褐色，约2毫米（图2-58）。

分布：我国东北、西北和华北地区，以及蒙古国、中亚地区。

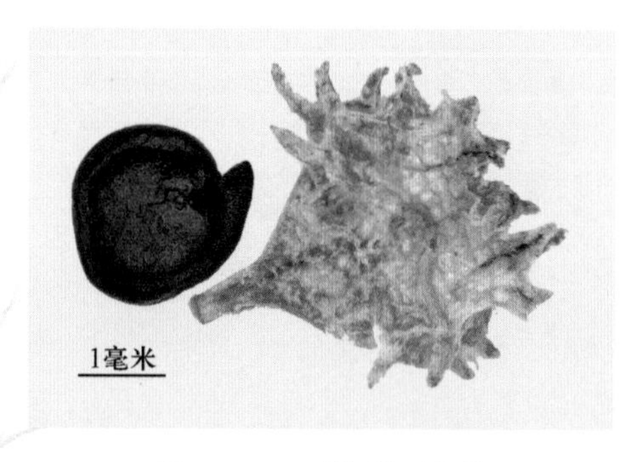

图2-58　西伯利亚滨藜

三、轴藜属 *Axyris*

轴藜 *Axyris amaranthoides* L.

胞果长椭圆形、倒卵形，侧扁；灰黄色，具紫褐色斑纹和丝质光泽；长2.5毫米，宽

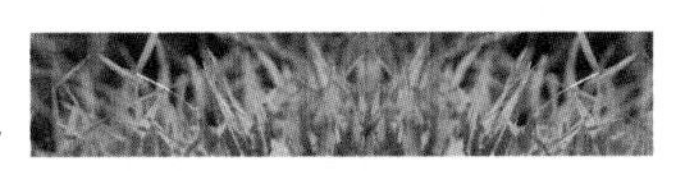

1.3毫米。表面具细纵纹和丝状短条纹；两平面边缘下陷成棱；果顶具2裂的鸡冠状附属物，膜质，苍白色；果脐位于基端。种子椭圆形，扁平，直立；胚马蹄形（图2-59）。

分布：我国东北、华北、西北，以及朝鲜、日本、蒙古国、俄罗斯和其他欧洲国家。

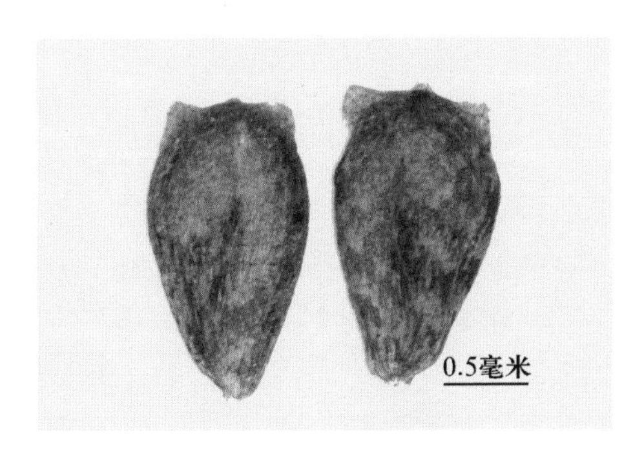

图2-59　轴　藜

四、雾冰藜属 *Bassia*

雾冰藜 *Bassia dasyphylla*（Fisch. & C. A. Mey.）Kuntze

胞果卵圆形，扁平，果皮膜质，包于宿存的花被内，花被片背部生5个锥刺状附属物，呈五角星状，附属物平直坚硬；种子近圆形，光滑，黑褐色；直径1～2毫米；胚马蹄形，胚乳较少（图2-60）。

分布：我国黑龙江、吉林、辽宁、山东、河北、山西、陕西、甘肃、内蒙古、青海、新疆和西藏，以及俄罗斯和蒙古国。

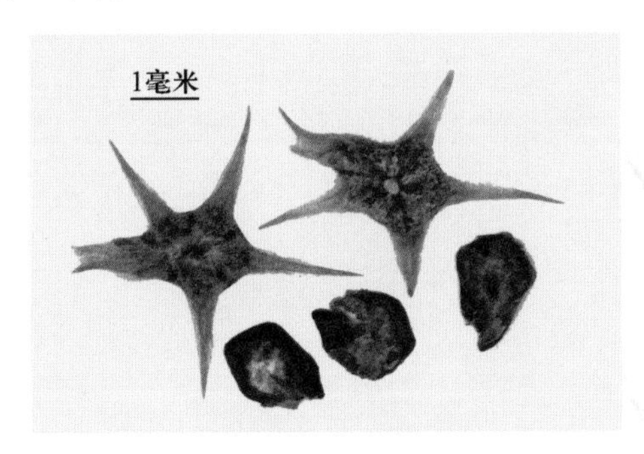

图2-60　雾冰藜

五、藜属 *Chenopodium*

分种检索表

1. 胞果不紧包于花被内，成熟后易脱离花被片，种子暗红褐色或暗褐色，周围具窄翅，底面从中心到边缘有1条白色带纹 ………………………………………………………………………… 刺藜
1. 胞果紧包于花被内，成熟后花被宿存，花被较宽大，边缘多少相覆盖，包围整个胞果 ……………… 2

2. 花被密被囊状水毛，干燥后呈白色粉末状小泡，胞果底面有时有1条黄白色宽带 ………………… 小藜
2. 花被无囊状水毛 ………………………………………………………………………………………… 3
3. 胞果直径0.7毫米，花被片表面颗粒状粗糙，种子黄褐色至红褐色 …………………………… 土荆芥
3. 胞果直径1毫米以上，种子黑色，有光泽，胞果表面具放射状点纹或斑纹，胚根稍突出 ………… 藜

1. 藜 *Chenopodium album* L.

胞果双凸透镜形；果皮灰黄色，薄，紧贴种子；直径1.3毫米。表面粗糙，具放射状点纹或斑纹。果底具5枚宽大、边缘多少相覆的花被包围全果；果顶面大部分被花被覆盖，中央具残存花柱。花被片中间有1条绿色纵脊棱，边缘膜质，白色。种子与胞果同形；黑色，有光泽；直径近胞果；表面具明显放射状点纹；边缘具薄的窄边。种脐位于基部微凹处。胚环绕于种子外缘，胚根端部稍突出，但不在种子边缘形成凹缺，而是在其内亦形成沟状凹陷（图2-61）。

分布：遍及全球温带及热带；我国各地均产。

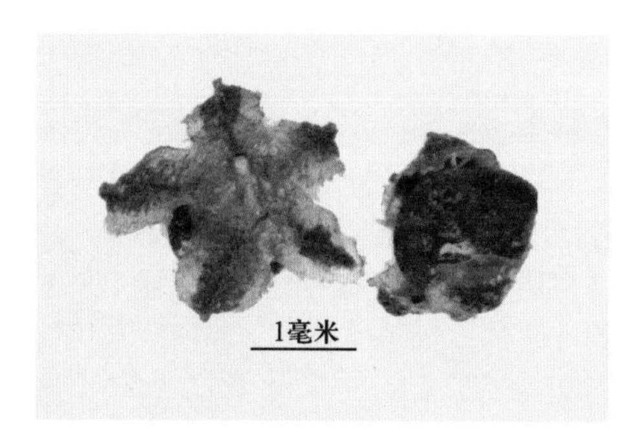

图2-61 藜

2. 土荆芥 *Chenopodium ambrosioides* L.

胞果包藏于宿存花被内，花被片4～5，表面粗糙。胞果双凸透镜形，果皮白膜质，表面有白色粉末状小颗粒。种子圆肾形，略平；黄褐色，直径0.7毫米；表面具微细凹点，种皮革质，有油漆光泽；背侧圆形，腹侧平，有1小凹缺，凹缺一侧有稍突出的胚根（图2-62）。

分布：原产于热带美洲。现广布于热带和温带地区。

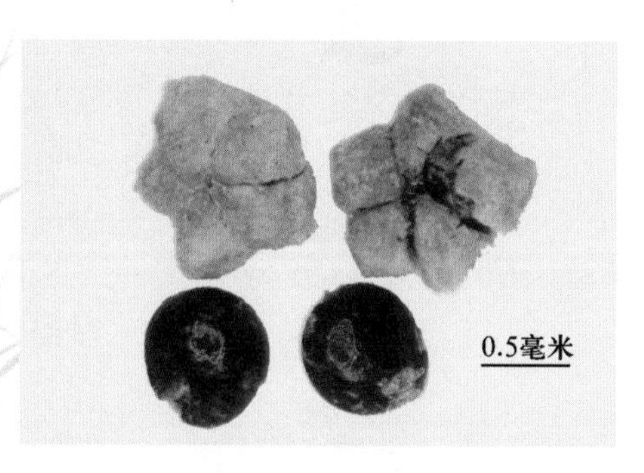

图2-62 土荆芥

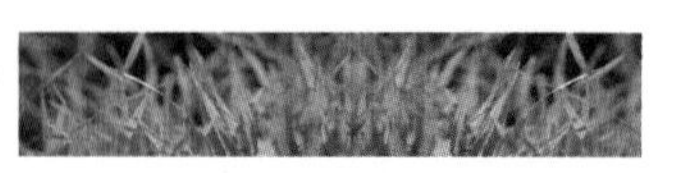

3. 刺藜 *Chenopodium aristatum* L.

胞果扁圆形，成熟后脱离花被片。种子扁圆形；棕褐色和紫褐色；直径约 0.7 毫米。表面细颗粒状，有光泽；两面凸或有一面凹，周围薄如窄翅，顶面具 2 枚短小的白色宿存花柱或脱落。种脐条形，其上常有白色屑状物覆盖（图 2－63）。

分布：我国黑龙江、吉林、辽宁、内蒙古、河北、山东、山西、河南、陕西、宁夏、甘肃、四川、青海及新疆，以及亚洲其他国家及欧洲。

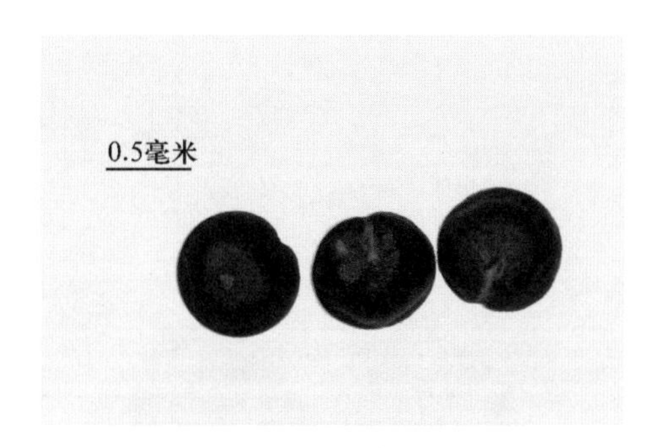

图 2－63　刺　藜

4. 小藜 *Chenopodium serotinum* L.

胞果双凸透镜形；果皮黄白色，薄，紧贴种子；直径 1.1 毫米。表面具放射状网纹。果底具 5 枚宽大、边缘多少相覆的花被包围全果，花被密被囊状水毛；果底有时可见半径向黄白色宽条纹；果顶面大部分被花被覆盖，中央具残存花柱。种子与胞果同形，黑色，有光泽，直径近胞果；表面具放射状网纹；边缘较圆。胚根不突出（图 2－64）。

分布：我国除西藏外，各地都有发生。

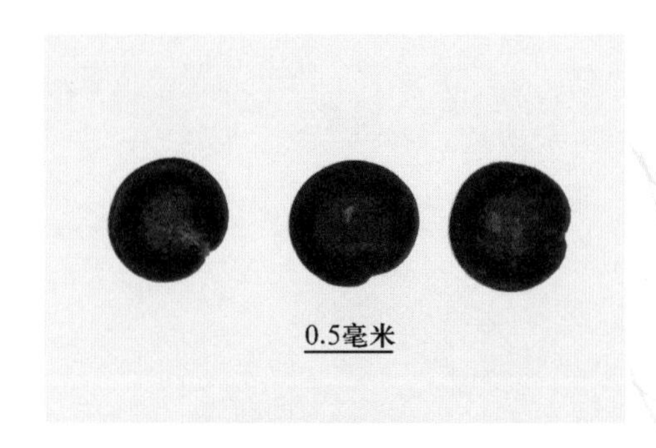

图 2－64　小　藜

六、虫实属 *Corispermum*

分 种 检 索 表

1. 胞果表面散布瘤状突起和星状毛，背拱，腹平，中有浅沟，边缘翅较窄 …………………… 毛果绳虫实
1. 胞果表面无毛，背拱，腹凹 …………………………………………………………………………… 2

2. 果实长 3 毫米以上，倒卵形或椭圆形，淡黄褐色，边缘有较宽的翅，背面凸出部分呈平坦或微凹的面 ………………………………………………………………………………………… 西伯利亚虫实
2. 果实长 3 毫米以下，广椭圆形，浅黄绿色，翅极窄，几近无翅，具光泽，有时具泡状突起 …… 蒙古虫实

1. 毛果绳虫实 *Corispermum declinatum* Hance

胞果矩圆形至倒卵状矩圆形，扁平；黄褐色至暗褐色，具暗晕；长 3.0～3.4 毫米，宽 1.5 毫米。表面散布瘤状突起和星状毛。顶端尖，基部圆楔形；背面略拱或平；腹面平，中央具浅沟。边缘具倾向腹面窄翅，窄翅边缘呈钝齿状。顶端钝圆，具喙状宿存花柱，花柱顶分二叉；基部钝圆。果脐小，位于顶端，圆形，色同果皮或稍浅（图 2－65）。

分布：我国东北、西北、华北、华东。

图 2－65　毛果绳虫实

2. 蒙古虫实 *Corispermum mongolicum* Iljin

果实较小，广椭圆形，长 1.5～3.0 毫米，宽 1.0～1.5 毫米；顶端近圆形，基部楔形，背部强烈凸起，腹面凹入；果核与果同形，灰绿色，具光泽，有时具泡状突起，无毛；果喙极短，喙尖为喙长的 1/2；翅极窄，几近无翅，浅黄绿色，全缘（图 2－66）。

分布：我国内蒙古、甘肃、宁夏、新疆等地，以及俄罗斯、蒙古国。

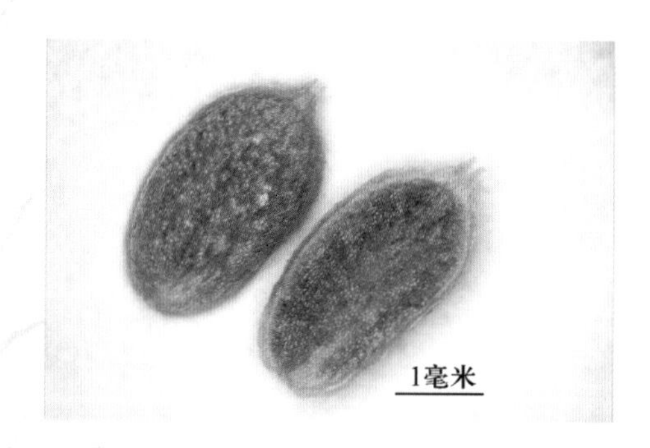

图 2－66　蒙古虫实

3. 西伯利亚虫实 *Corispermum sibiricum* Iljin

果实倒卵形或椭圆形，淡黄褐色；长 3～4 毫米，宽 2.0～2.5 毫米；背面凸，腹面微凹或略平，背面凸出部分呈平坦或微凹的面，边缘有较宽的翅，全缘。基部微凹，先端微

凹具短喙，光滑无毛（图 2－67）。

分布：我国黑龙江、内蒙古等地区，以及俄罗斯等。

图 2－67　西伯利亚虫实

七、盐生草属 *Halogeton*

盐生草 *Halogeton glomeratus*（Bieb.）C. A. Mey.

果实为胞果，果皮膜质，与种子附贴，包藏于花被内；花被披针形，膜质，背面有 1 条粗脉，果期自背面近顶部生翅；翅半圆形，膜质，大小近等，有数条明显的脉。种子直立或横生，圆形，种皮膜质或近革质；胚螺旋状，无胚乳（图 2－68）。

分布：我国甘肃西部、青海、新疆和西藏，以及蒙古国、俄罗斯等。

图 2－68　盐生草

八、地肤属 *Kochia*

地肤（扫帚菜）*Kochia scoparia*（L.）Schrad.

胞果外宿存花被片，背部具横生翅。胞果横卧卵形；上下压扁，果皮极薄，为膜质，具辐射线纹，顶面中央具圆形花柱基；底面中央具圆形果脐。种子横卵形，上下扁；橄榄褐色；长 2 毫米，宽 1.3 毫米。表面较粗糙；胚马蹄铁形（图 2－69）。

分布：我国各地区，以及蒙古国、日本、俄罗斯、欧洲和北非一些国家。

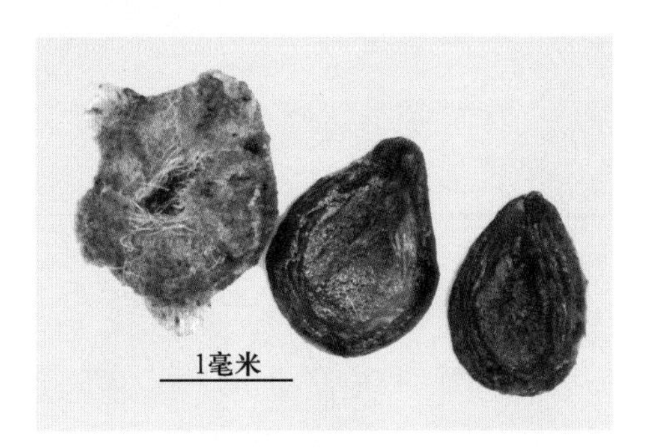

图 2-69　地肤（扫帚菜）

九、猪毛菜属 *Salsola*

分种检索表

1. 宿存花被片的背部中间 2/3 处横生窄翅或突起，顶端向上突出，并向内曲 ······················ 猪毛菜
1. 宿存花被片背部上方向外突出呈龙骨形或横生成翅·· 2
2. 宿存花被片的背部上方向外突出呈龙骨形 ·· 俄罗斯猪毛菜
2. 宿存花被片的背部上方横生呈翅状·· 3
3. 花被背面 5 枚横翅等大 ·· 刺沙蓬
3. 花被背面 5 枚横翅不等大，其中 2 枚窄条形 ·· 蒙古猪毛菜

1. 猪毛菜 *Salsola collina*

胞果外常有宿存花被；花被 5 枚，顶端尖，簇拥花柱，近顶部背面外延出窄翅或突起，突起以上花被近革质，顶端为膜质。胞果陀螺形；灰褐色至黑褐色；顶端直径 1.5 毫米，高近于 1.5 毫米。表面粗糙，具细纵纹；果顶扩展呈盘状，向下收缩，果底宽楔形。果皮内为螺旋形种子（图 2-70）。

分布：我国东北、华北、西北和西南地区，以及朝鲜、蒙古国和俄罗斯。

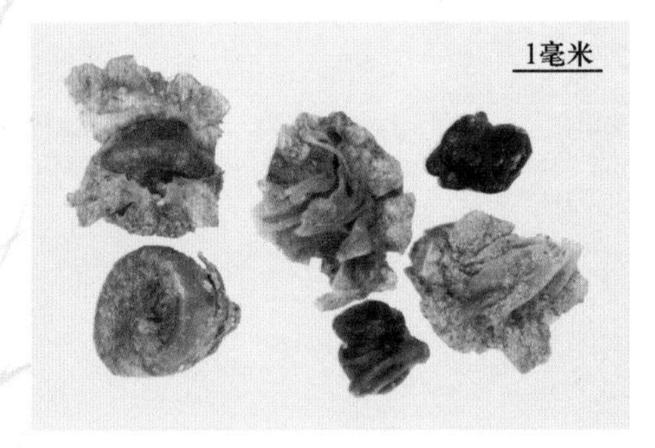

图 2-70　猪毛菜

2. 蒙古猪毛菜 *Salsola ikonnikovii* Iljin

胞果包在宿存花被内；花被 5 枚，下部聚合呈圆锥状，背面中部伸出宽大的膜质翅；翅上具扇形脉纹，3 个较大，顶部边缘具不规则的齿，2 个极狭窄相对着生，花被顶端条状披针形，聚拢，成熟后倒向一边。胞果陀螺状圆锥形，直径 2 毫米（图 2-71）。

分布：我国内蒙古及蒙古国南部。

图 2-71　蒙古猪毛菜

3. 俄罗斯猪毛菜 *Salsola kali* var. *tenuifolia* G. E. W. Meyer

胞果陀螺形；绿褐色；顶部直径 2 毫米，高约 2 毫米。表面细颗粒质；顶端扩展呈盘状，中央有 1 较短的柱头残余；基部收缩呈宽楔形。果皮内为螺旋形种子；果皮外常有宿存花被；花被 5 枚，近顶端背面外延出翅状突起，边缘具不规则的齿状波纹（图 2-72）。

分布：欧洲和北美洲。

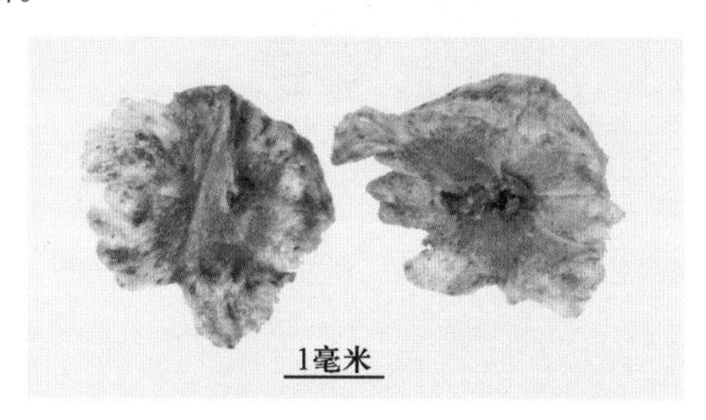

图 2-72　俄罗斯猪毛菜

4. 刺沙蓬 *Salsola ruthenica* Iljin

胞果完全包藏于宿存花被内，花被片自背面中部向外横生呈翅状，翅 3 个较大，膜质，无色或淡紫红色，有数条粗壮而稀疏的脉 ，2 个翅狭窄；花被片在翅以上部分近革质，顶端为薄膜质，胞果近球形或陀螺形，直径约 2 毫米，顶端平截，中央有 1 残存花柱。果皮膜质，黄白色。种子陀螺形，直径约 1.5 毫米（图 2-73）。

分布：我国东北、华北、西北、西藏、山东及江苏；蒙古国、俄罗斯。

图 2-73　刺沙蓬

十、碱蓬属 *Suaeda*

盐地碱蓬 *Suaeda Salsa*（L.）Pall.

胞果包于多对有隆脊的花被内，先端露出，顶端具2个条形小喙；胞果扁球形，果皮膜质，果实成熟后常常破裂而露出种子。种子横生，双凸透镜形或歪卵形，直径0.8～1.5毫米，黑色，有光泽，周边钝，表面具不清晰的网点纹（图2-74）。

分布：我国河北、青海、山西、浙江、宁夏、内蒙古、陕西、新疆、江苏、山东、甘肃和东北等地，以及欧洲、亚洲其他国家。

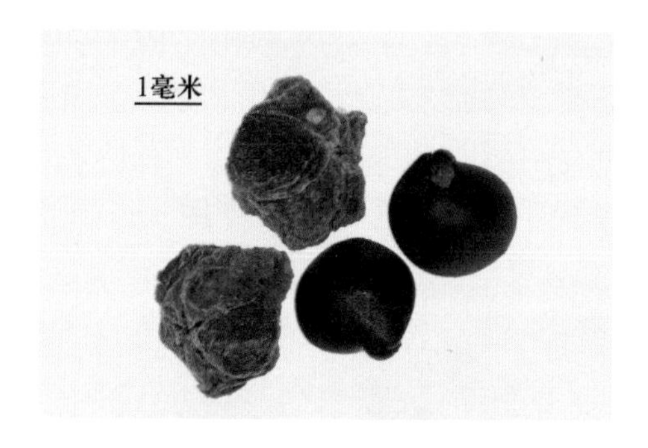

图2-74 盐地碱蓬

第十七节 鸭跖草科 Commelinaceae

果实大多为室背开裂的蒴果，稀为浆果状而不裂。种子大而多数，种子通常互相靠合，彼此相接面呈扁平状，表面多有小刺或棱角或网纹及凹穴，富含胚乳，种脐条状或点状。

鸭跖草属 *Commelina*

分种检索表

1. 种子长3.0～4.5毫米，宽3毫米，呈半阔卵形，表面皱纹及凹穴稀而深，腹面条纹黑褐色…………………………………………鸭跖草
1. 种子长1.0～3.5毫米，宽1.5～2.0毫米，呈半阔椭圆形，表面皱纹及凹穴密而浅，腹面条纹与种皮同色…………………………………………饭包草

1. 饭包草 *Commelina bengalensis* L.

种子近矩圆形，平凸状；灰褐色至土灰色；长1.5～2.2毫米，宽1.5毫米。表面极粗糙；背面稍拱起，具数个似呈弧形的横向隆起；腹面较平坦，中央具1条纵向棱状脐线，直达两端，边缘有背部延伸的沟痕。背腹交界处有1圆形凹穴，有1帽状圆形胚盖，

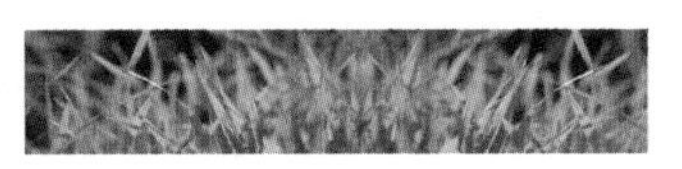

胚短圆柱状（图 2－75）。

分布：我国河北及淮河、秦岭以南各省区，以及亚洲、非洲的热带和亚热带地区。

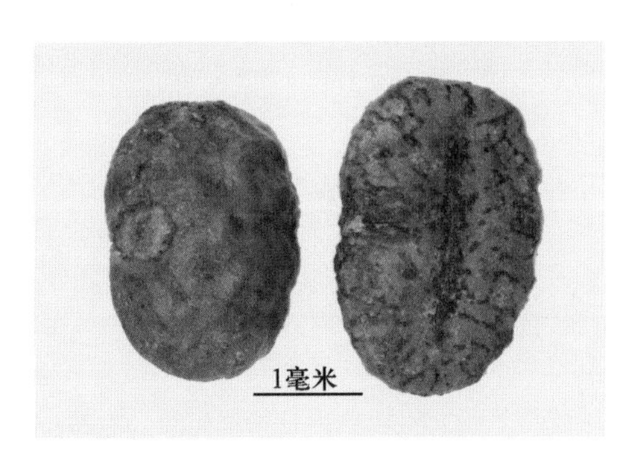

图 2－75　饭包草

2. 鸭跖草 *Commelina communis* L.

种子半脑状球形或长椭圆形，平凸状；土灰色或淡灰褐色；直径 3 毫米，或长 4.5 毫米，宽 3 毫米。表面凹凸不平，粗糙；背面隆起，凹凸较甚；腹面较平，略见凹凸，中央有略呈弧形的黑色种脐线达种子两端。种子背腹面交界处有 1 圆形凹陷，中央有 1 突起。内藏 1 短柱状胚（图 2－76）。

分布：我国部分地区以及朝鲜、日本、俄罗斯和北美洲。

图 2－76　鸭跖草

第十八节　菊科 Compositae

本科果实为瘦果，无柄，其顶端常有多种多样的冠毛（毛状、鳞片状、刺状等），成熟后脱落或宿存，顶端留下的衣领状环或低或高，或薄或厚，环中常见花柱残基。有的果顶具或长或短的喙，有的瘦果外包以总苞。果内含种子 1 粒，种子胚直生，无胚乳。

本科种子鉴别的主要依据：是否囊状总苞所包，瘦果顶端冠毛的宿存与脱落，冠毛的形状、长短、大小、质地，以及瘦果的形态特征，表面被毛质地情况、有无衣领状环、有无果喙、果脐的着生位置。形状大小等。在属级水平上，瘦果形状大小、肋和喙的有无可作为主要分类性状。在种级水平上，冠毛的层数；被毛的疏密程度、长短程度、着生位置等；表面附属物、有无光泽、有无腺点、斑纹情况、褶皱情况，棱、肋、沟的数目、深浅、粗细等；果喙的长短、颜色，有无关节等；果脐的特点等为主要分类性状。

分属检索表

1. 瘦果或宿存总苞表面有刺或刺状突起……………………………………………………………… 2
1. 瘦果或宿存总苞表面无刺或刺状突起……………………………………………………………… 5
2. 瘦果为囊状总苞所包…………………………………………………………………………………… 3
2. 瘦果不为囊状总苞所包，果顶具刺，刺上生倒钩刺，果体细长，有棱 ……………………… 鬼针草属
3. 囊状总苞表面密生或疏生胞刺………………………………………………………………………… 4
3. 囊状总苞表面无胞刺，顶端中央具 1 粗壮的锥状短喙，其周围有数个突 …………………… 豚草属
4. 囊状总苞卵球形至近球形，或纺锤形至圆柱形，顶端具 2 或单一的短喙（稀缺） …………… 苍耳属
4. 囊状总苞长倒三角形，两侧扁，顶端两侧各有 1 斜向伸出粗而直的长刺 …………………… 刺苞果属
5. 瘦果顶端的冠毛宿存，有时脱落………………………………………………………………………… 6
5. 瘦果顶端冠毛不宿存，冠毛脱落 …………………………………………………………………… 15
6. 冠毛膜片线形，边缘稀疏糙毛状，仅基部结合，瘦果倒圆锥形，密生淡黄棕色的长直毛 …… 蓝刺头属
6. 瘦果非上述形状…………………………………………………………………………………………… 7
7. 冠毛呈短鳞片状、刚毛状、糙毛状、羽状、管状或鳞片较大而膜质，上部具渐尖细的长芒………… 8
7. 冠毛呈细而狭长的扁芒状，其侧缘均有斜上的微毛 ……………………………………………… 12
8. 冠毛短小鳞片状，长约 0.2 毫米，灰白色、粗硬，瘦果表面具 5 条脊棱，有时 4 条 ………… 菊苣属
8. 冠毛羽状、管状或长鳞片状，大而明显………………………………………………………………… 9
9. 冠毛羽状长于果体，2 层，白色，瘦果表面具 15 条纵脊棱 ……………………………………… 泥胡菜属
9. 冠毛管状或鳞片状，长、大而明显 ………………………………………………………………… 10
10. 冠毛管状，长而宽大，膜质，扁状……………………………………………………………… 万寿菊属
10. 冠毛呈鳞片状……………………………………………………………………………………………… 11
11. 冠毛 5～10 枚，基部边缘膜质，上部渐尖细成长芒，芒缘有细齿，瘦果表面具 4 条纵棱 ……… 天人菊属
11. 瘦果 5 纵棱，冠毛 5 枚，基部扩展成翅，急尖或长芒状渐尖；或冠毛鳞片 10～20 个，狭窄，不等长 ………………………………………………………………………………………………… 藿香蓟属
12. 瘦果斜倒卵形，具明显的 4 棱，果脐位于基部一侧，但不凹陷…………………………………… 红花属
12. 瘦果长圆柱形或略扁，果脐位于基部一侧的凹陷内……………………………………………… 13
13. 瘦果条状五棱形，具明显的 5 条纵棱，顶端具黄色的衣领状环，冠毛宿存或脱落 ……………… 泽兰属
13. 瘦果果体略扁……………………………………………………………………………………………… 14
14. 瘦果表面密布白色茸毛，上部宽大，顶端稍收缩后平截，衣领环外突，冠毛易脱落………… 翠菊属
14. 瘦果果体略扁，瘦果表面平滑，衣领状环的边缘整齐或具细齿，冠毛宿存或脱落………… 矢车菊属
15. 瘦果顶端具喙（稀无喙），但易折断 ……………………………………………………………… 16
15. 瘦果顶端无喙……………………………………………………………………………………………… 21
16. 瘦果椭圆形，扁平，边缘薄，呈翅状……………………………………………………………… 莴苣属
16. 瘦果纺锤形或倒卵形，具棱或略扁，边缘无翅………………………………………………………… 17

17. 瘦果4棱，每面具1沟，表面具黄褐色锈状斑；瘦果狭长，有4～5棱，背面稍平，有长喙；顶端有2～4个具倒刺毛的芒刺 ……………………………………………………………………… 秋英属
17. 瘦果具多纵棱和纵沟……………………………………………………………………………… 18
18. 瘦果具纵棱10条左右，棱上具颗粒、低平瘤和小刺毛，棱间无横格；瘦果压扁，褐色，无毛，有10条尖翅肋，顶端渐尖成细喙，喙长或短，细丝状，异色。冠毛白色，2层，纤细，不等长，微粗糙，宿存或脱落……………………………………………………………………………… 苦荬菜属
18. 瘦果纵棱上具鳞片或隆起瘤……………………………………………………………………… 19
19. 瘦果倒卵形，较扁，长4毫米以下，具2边棱、2中棱，棱上具隆起瘤、鳞和扁刺 ……… 蒲公英属
19. 瘦果纺锤形，稍凸，长8毫米以上，具相间排列的5条粗棱和5条细棱，棱上具鳞片 ………………………………………………………………………………………………… 婆罗门参属
20. 果体不扁平，果体上具明显或不明显的纵纹或明显的纵脊棱 ……………………………… 21
20. 果体扁平或不扁平，具3～5棱或有时无棱 ……………………………………………………… 27
21. 瘦果卵形、倒卵形、长圆形或长圆状倒卵形……………………………………………………… 22
21. 瘦果形态不同上述，果体上具明显纵脊棱………………………………………………………… 23
22. 瘦果卵形、倒卵形或长圆状倒卵形，果壁外具明显或不明显的纵纹，无毛，稀微被疏毛……… 蒿属
22. 瘦果卵形或倒卵圆形，扁或两面稍凸，有2边肋，通常被毛或有腺……………………… 紫菀属
23. 瘦果不为长圆柱形…………………………………………………………………………………… 24
23. 瘦果细长圆柱形或圆柱状披针形，瘦果表面具明显纵脊棱数条……………………………… 26
24. 瘦果四棱柱形或倒锥状四棱形……………………………………………………………………… 25
24. 瘦果短圆柱形、长卵状圆柱形，果体自顶端至基部具明显规则排列的纵脊棱10条，顶端无衣领状环 ………………………………………………………………………………………………… 菊属
25. 瘦果长倒卵状四棱形，果体具明显外突的四棱，横切面四边形……………………………… 豨莶属
25. 瘦果长椭圆形，压扁，4棱，棱间有细脉纹，顶端有果缘，侧生着生面 ……………………… 漏芦属
26. 瘦果果体长11～14毫米，宽和厚均为1.5～1.7毫米，表面具明显纵脊棱8～12条，脊棱明显外突，较锐……………………………………………………………………………………………… 鸦葱属
26. 瘦果短于6毫米………………………………………………………………………………………… 27
27. 表面具纵脊棱7～10条，棱间有茸毛 ……………………………………………………………… 千里光属
27. 表面具纵脊棱10条，棱间无茸毛 ………………………………………………………………… 还阳参属
28. 瘦果顶端明显呈截形或斜截形……………………………………………………………………… 29
28. 瘦果顶端尖或近圆形，瘦果扁形，每面具纵脊棱3～5条 ………………………………… 苦苣菜属
29. 瘦果顶端有明显的衣领状环………………………………………………………………………… 31
29. 瘦果顶端无衣领状环………………………………………………………………………………… 32
30. 瘦果较大，长5～7毫米，宽2.6～3.7毫米，长倒卵状椭圆形，表面平滑而光亮………… 水飞蓟属
30. 瘦果较小，长小于4毫米…………………………………………………………………………… 31
31. 瘦果淡灰黄色或黄褐色，表面具多数淡褐色、黄褐色或灰褐色连续或间断的纵细线纹（或浅沟），顶端中央的花柱粗壮，明显分为5瓣……………………………………………………………… 飞廉属
31. 瘦果淡灰褐色至褐色，无上述条纹，而有不规则的紫色至紫黑色纵细线纹，顶端中央的花柱细弱，不分瓣或略有分瓣的痕迹……………………………………………………………………… 蓟属
32. 瘦果周边薄，呈翼状或脊棱状，楔形或长倒卵形，偶有3棱，长2.2～3毫米，宽1～1.7毫米，周边以内的区域具极明显的疣状突起或粗糙……………………………………………………… 鳢肠属
32. 瘦果周边无翼状或脊棱状，瘦果具数条明显纵脊棱，至少在近顶端凹凸不平……………… 牛蒡属

一、刺苞果属 *Acanthospermum*

硬毛刺苞果 *Acanthospermum hispidum* DC.

瘦果包在总苞内。总苞坚硬不开裂，倒三角形，扁平；黄色至淡褐色；长 6 毫米，宽 3 毫米（不包括刺）。表面粗糙，布满倒钩硬刺；顶端平截，自两侧斜伸出一长一短 2 根强劲粗刺；基部楔形，基端尖锐（图 2－77）。

分布：南美洲、北美洲、大洋洲及亚洲。

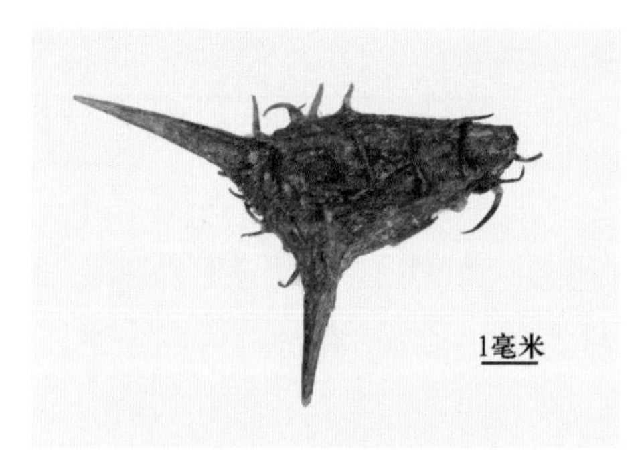

图 2－77　硬毛刺苞果

二、顶羽菊属 *Acroptilon*

顶羽菊 *Acroptilon repens*（L.）DC.

瘦果倒卵形，长 2.0～4.0 毫米，宽 1.3～2.5 毫米，厚 0.7～1.4 毫米；瘦果侧面观有时稍弯曲，基端狭窄，顶端稍宽圆，衣领状环不明显，花柱残基显著隆起；冠毛白色，多层，向内层渐长。冠毛毛状，渐向顶端呈羽状，基部不连合成环，易脱落；果皮乳白色至淡黄色，表面光滑无毛，稍具光泽，约具 10 条不明显的纵肋条。内果皮呈褐色；果脐位于瘦果基端，平或稍偏斜；瘦果内含种子 1 粒，种皮膜质，胚匙形，子叶宽，无胚乳（图 2－78）。

图 2－78　顶羽菊

分布：俄罗斯、乌克兰（南部）、阿富汗、亚美尼亚、阿塞拜疆、格鲁吉亚（北部）、印度、伊拉克、伊朗、哈萨克斯坦、蒙古国、叙利亚、塔吉克斯坦、土耳其、土库曼斯坦、乌兹别克斯坦、南非、澳大利亚、加拿大、美国、阿根廷等地。

三、藿香蓟属 *Ageratum*

藿香蓟 *Ageratum conyzoides* L.

瘦果窄楔形，稍弯曲或直；棕黄色至黑色；长 2 毫米，宽 0.4 毫米。表面粗糙，具 5 条锐纵棱，棱上和棱间着生白色刺状短毛；顶端平截，周围具 5 枚鳞片状冠毛，冠毛尖端长芒状，基部扩展成翅，去冠毛，见较窄的白色衣领状环，环中央为圆形的花柱残基；基部斜截。果脐大，位于斜截面上，周围具隆起的黄色环，中央凹陷，具淡褐色小突起（图 2－79）。

分布：原产于墨西哥。我国长江流域以南各地区有栽培。

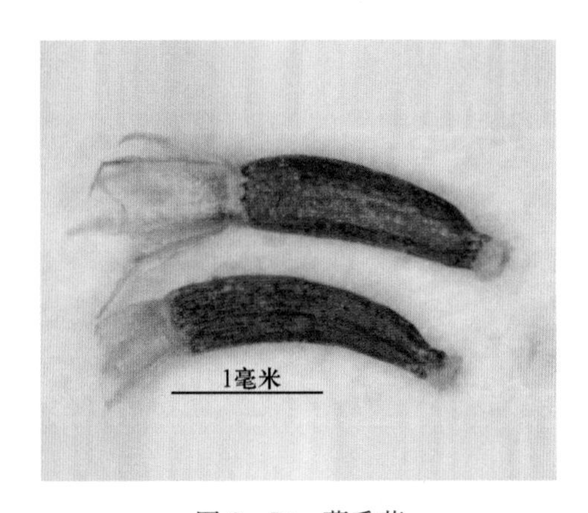

图 2－79　藿香蓟

四、豚草属 *Ambrosia*

分种检索表

1. 囊状总苞较大，长 6～12 毫米，宽 3～7 毫米 ………………………………………… 三裂叶豚草
1. 囊状总苞较小，长 2～4 毫米，宽 1.6～2.4 毫米 ……………………………………… 豚草

1. 豚草（美洲豚草、艾叶破布草）*Ambrosia artemisiifolia* L.

木质化囊状总苞呈倒卵形，长 2～4 毫米，宽 1.6～2.4 毫米。顶端中央具 1 粗而长的锥状喙，其周围一般有 5～7 个短突尖，顺着突尖下延成为明显的纵肋。总苞黄褐色，表面具疏网状纹，网眼内粗糙，有时具丝状白毛，尤其在果实顶端较密。总苞内含 1 枚瘦果，果体与总苞同形，果皮褐色或棕褐色，表面光滑。果内含 1 粒种子。种皮膜质，胚直生，无胚乳（图 2－80）。

分布：原产于北美洲。

图 2-80　豚草（美洲豚草、艾叶破布草）

2. 三裂叶豚草（大破布草）*Ambrosia trifida* L.

瘦果被木质化的总苞所包，总苞呈倒卵形，稍扁，呈黄白色、黄褐色、深灰褐色至黑褐色；长 6.0～12.0 毫米，宽 3.0～7.0 毫米。表面光滑，顶端中央有 1 圆锥状的长喙，喙长 2.0～4.0 毫米；周围一般有 5～10 个棘状突起，较锐，向上斜伸，并沿总苞表面下延成纵肋，与突起同数或略少；总苞 1 室，内含瘦果 1 枚。瘦果不开裂，倒卵形至长倒卵形，果皮较薄，灰色、褐色或灰褐色，表面光滑，稍有光泽；瘦果内含种子 1 粒。种子倒卵形至长倒卵形，种皮灰白色或淡黄褐色，表面有白色或颜色略深的纵脉纹，种子无胚乳，胚大、直生（图 2-81）。

分布：原产于北美洲等。

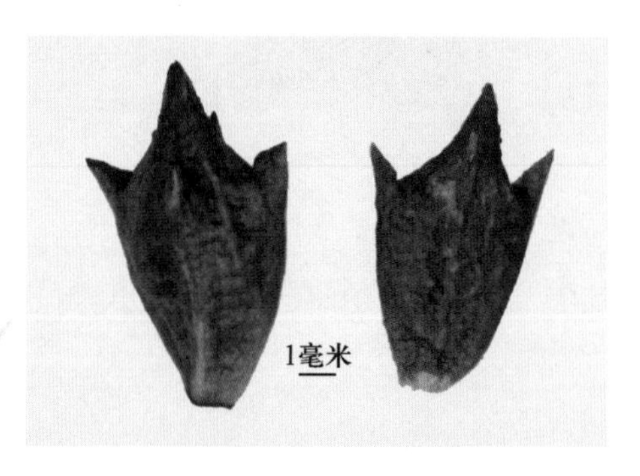

图 2-81　三裂叶豚草（大破布草）

五、牛蒡属 *Arctium*

牛蒡（大力子）*Arctium lappa* L.

瘦果长倒卵形，扁，直或稍弯曲；灰褐色或淡黄褐色，长 7 毫米，宽 2 毫米。表面粗糙，布满不规则排列的条状突起，被黑色横条斑；两面具中脊和数条纵棱，有的纵棱不明显；边缘具锐棱；顶端平截，周边隆起，形成椭圆形衣领状环，黑褐色，中央具花柱残余小突；基部渐窄，基端平截，具菱形果脐（图 2-82）。

分布：我国各地区及亚洲和欧洲。

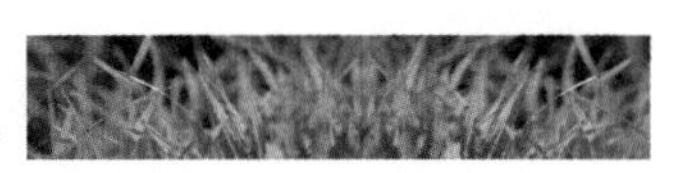

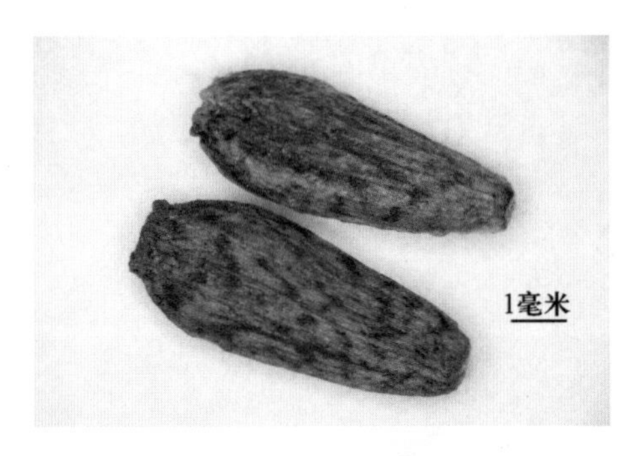

图 2-82　牛蒡（大力子）

六、蒿属 *Artemisia*

大籽蒿 *Artemisia sieversiana* Ehrhart ex Willd.

瘦果倒卵形，稍弯曲；灰褐色或黄褐色，常透出黑色斑块，具银灰色光泽；长 1.5～1.8 毫米，宽 1 毫米。表面具细纵沟；顶端圆头状较宽，向腹部一侧偏斜，正中央具圆点状白色花柱痕；果下部 1/3 处向腹面弯折，基部窄，末端有白色果脐（图 2-83）。

分布：我国除华南地区外大部分地区，以及朝鲜、蒙古国、中亚和欧洲。

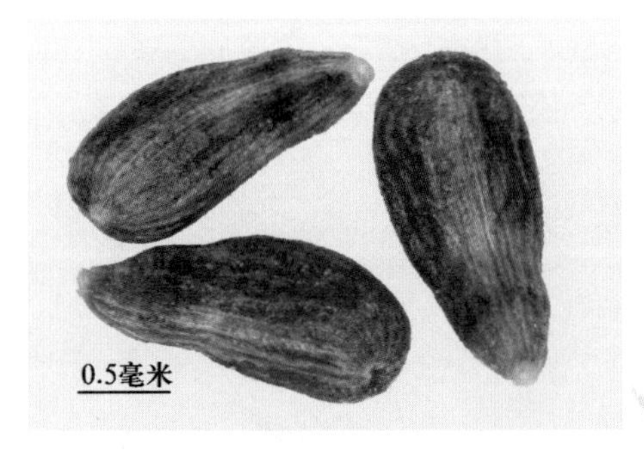

图 2-83　大籽蒿

七、鬼针草属 *Bidens*

分种检索表

1. 瘦果矩圆状楔形，长 6～9 毫米（不包括顶端刺），扁平，顶端平截，中央微凹，表面具瘤状突起 ………………………………………………………………………… 大狼杷草
1. 瘦果长条形，长 12 毫米以上，…………………………………………………………… 2
2. 瘦果长 12～15 毫米，4 条纵棱隆起，顶端具 3～4 枚芒刺，体表疏生黄褐色瘤 ………………… 鬼针草
2. 瘦果长 15～17 毫米，棱间具 3～4 条细棱，顶端具 2 枚芒刺 …………………………… 小花鬼针草

1. 鬼针草 *Bidens bipinnata* L.

瘦果长条形，四棱或扁四棱状（稀三棱）；深褐色至黑色；长（不包括顶端刺）12～

15毫米，宽约0.8毫米。表面颗粒状粗糙，具3～4条粗大纵棱，粗棱间各有1细纵棱，棱上均散布着黄褐色瘤基短毛或瘤；顶端平截，具3～4条黄褐色刺，刺上部有小倒刺，下部无刺；基端扩展呈马蹄形，黄褐色。果脐位于基端，偏斜，中央凹陷，深褐色（图2-84）。

分布：亚洲、欧洲、北美洲和大洋洲。

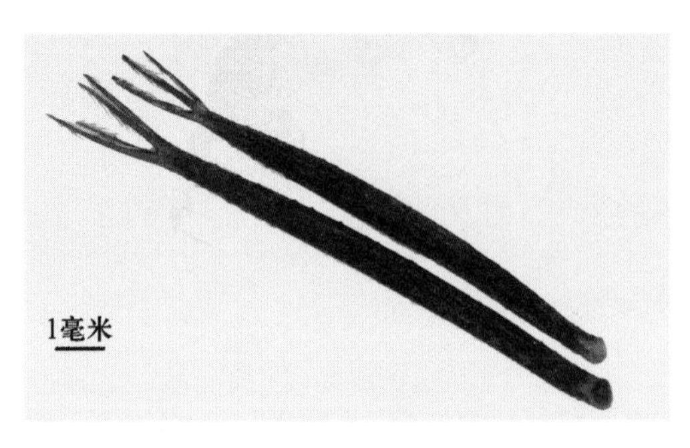

图2-84　鬼针草

2. 大狼巴草 *Bidens frondosa* L.

瘦果倒卵状楔形或倒卵状矩圆形（边果）至长楔形（心果），背腹扁平；深褐色或近黑色；长（不包括刺尖）6～9毫米，宽2～4毫米。表面粗糙，具散乱的瘤状突起和疏毛，背腹面中央各具1条纵棱，两侧具边棱。中棱和边棱上均有向上的瘤基短刺；顶端稍凹，通常具2枚长刺，偶有3枚，中间1枚短，由背面中棱伸出，具倒钩刺；基部渐窄，末端具椭圆形果脐，凹陷（图2-85）。

分布：我国东北、华北、华东，以及日本、俄罗斯和欧洲。

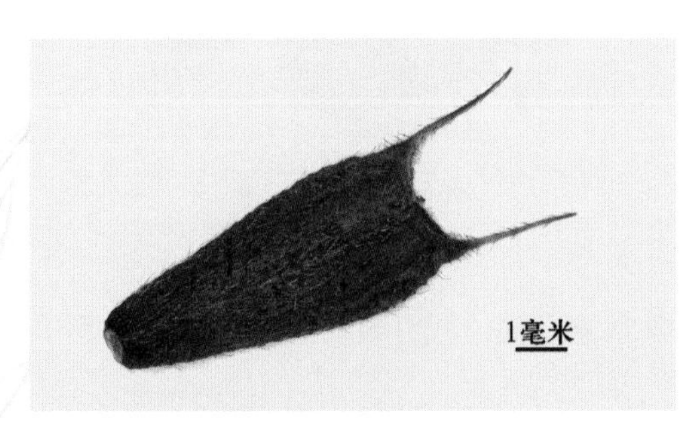

图2-85　大狼杷草

3. 小花鬼针草 *Bidens parviflora* Willd.

瘦果纺锤状条形或长条形，两端渐狭，扁四棱状；黑褐色；长15～17毫米，宽约1毫米。表面颗粒质粗糙，具4条稍粗纵棱，棱间具3～4条细纵棱，棱上分散着生淡黄色短伏毛和黄褐色瘤或斑；顶端平截，具2枚芒刺。刺上着生2列小倒刺；基端略扩展，倾斜。果脐位于基端，中央圆形凹陷，较大，黑褐色，边棱有微毛（图2-86）。

分布：我国东北、华北、西北、西南、河南，以及日本、朝鲜、俄罗斯。

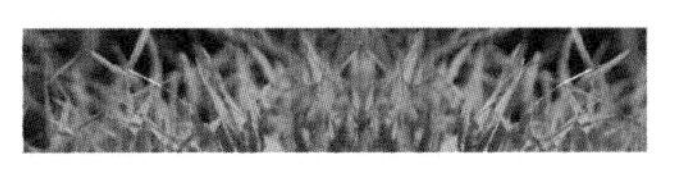

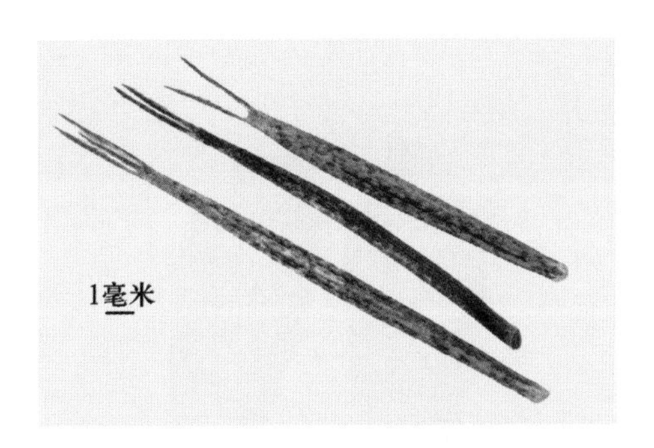

图 2-86　小花鬼针草

八、翠菊属 *Callistephus*

翠菊 *Callistephus chinensis*（L.）Nees

瘦果，长约 3.5 毫米，宽和厚均约 1 毫米；长倒卵形；黄褐色至红褐色，具少数的黑色斑，表面布满白色向上的茸毛。上部宽大，顶端稍收缩后平截，周缘衣领状外突；冠毛 2 层，内层毛质，外层短，膜质，易脱落；中央花柱短而膨大，宿存；基部窄小，基盘明显外突，黄色。果脐位于基端，椭圆状，黄白色。果实内含种子 1 粒；横切面椭圆形；胚直立，黄褐色；种子无胚乳（图 2-87）。

分布：我国吉林、辽宁、河北、山西、山东、云南、四川，以及朝鲜、日本。

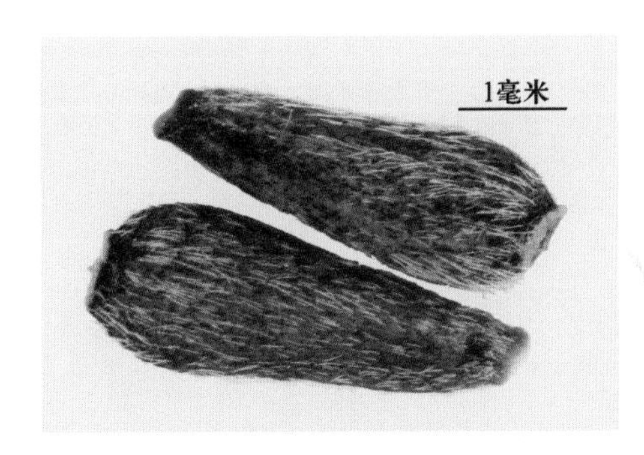

图 2-87　翠　菊

九、飞廉属 *Carduus*

丝毛飞廉 *Carduus crispus* L.

瘦果稍扁，楔状椭圆形，淡黄色，长约 4 毫米，宽 1.5 毫米。有明显的横皱纹，基底着生面平，顶端斜截形，有果缘，果缘软骨质，边缘全缘，无锯齿。具淡黄色衣领状环，环中央为头状花柱基，大大超出衣领状环；基部变窄，基底斜截。果脐位于基底斜截面上，椭圆形（图 2-88）。

分布：几乎遍布我国各地；欧洲、北美、俄罗斯西伯利亚、中亚地区、蒙古国、朝鲜都有分布。

图 2－88　丝毛飞廉

十、红花属 *Carthamus*

红花 *Carthamus tinctorius* L.

瘦果，长 5.5～7.4 毫米、宽 4.0～5.5 毫米；白色；斜倒卵形，果体具明显的四棱，棱上端外突，把果体分成四面，表面光滑而有光泽。顶端稍下方最宽，顶端中央有 1 圆柱形的花柱残基；基部较窄，斜截，并内弯。果脐位于基部斜截的内弯处，较大，倒卵形，淡褐色。果实内含种子 1 粒；胚大而直生；种子无胚乳（图 2－89）。

分布：原产于埃及。我国和北美有栽培。

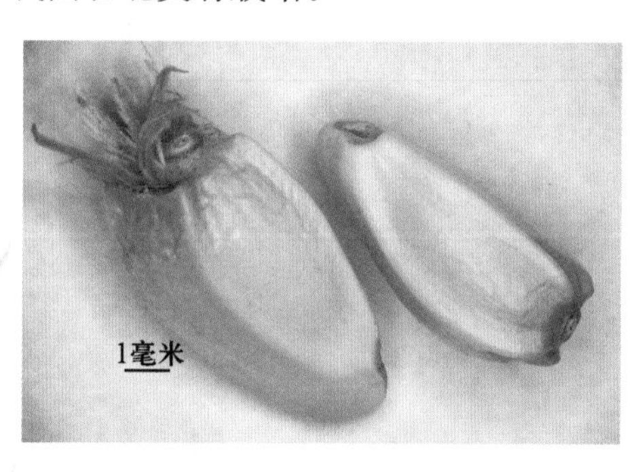

图 2－89　红　花

十一、矢车菊属 *Centaurea*

分 种 检 索 表

1. 瘦果表面无斑点或条纹，冠毛宿存或偶脱落，瘦果长 4 毫米，冠毛长约 3 毫米，黄褐色，两边刷状 ………………………………………………………………………………………… 矢车菊
1. 瘦果长倒卵形，浅黑色，具数条黄色纵条纹，长 2 毫米，宽小于 1 毫米，被稀疏的白色短柔毛，冠毛脱落，或冠毛小于 1 毫米 ……………………………………………………… 铺散矢车菊

1. 蓝色矢车菊（蓝芙蓉）*Centaurea cyanus* L.（*Centaurea segetum* Hill）

瘦果长椭圆形，两侧压扁；灰白色至灰黄色；长 3.5～4.0 毫米，宽约 2 毫米。表面光滑，稍具釉质光泽，具 1 至数个较粗纵棱和数目较多的细纵棱。顶端平截，具刷状淡棕黄色冠毛，冠毛长短不一，外层较短，中层较长，最内层短而内弯，冠毛环内为瘤状花柱残基；基部钝圆，于腹侧有 1 深凹缺。果脐位于凹缺内，菱形，中央有 1 白色突起，常脱落，留下空穴（图 2－90）。

分布：原产于欧洲东南部至地中海区域。现世界各地有栽培供观赏，有时逸为野生。

图 2－90　矢车菊（蓝芙蓉）

2. 铺散矢车菊 *Centaurea diffusa* Lamarck

瘦果长倒卵形，长 2.0～3.5 毫米，宽约 1 毫米，茶褐色或浅黑色，表面平滑，有光泽，具数条黄色纵条纹，条纹间被稀疏的白色短柔毛。顶端较平截，无冠毛或冠毛长不超过 1 毫米。衣领状环，黄色，整齐突起，中央具残存花柱。果实内含 1 粒种子，胚大而直生，种子无胚乳（图 2－91）。

分布：亚洲、欧洲、北美洲、南美洲。

图 2－91　铺散矢车菊

十二、菊属 *Chrysanthemum*

甘野菊 *Chrysanthemum seticuspe*（Maxim.）Hand. Mazz.

瘦果长倒卵形，腹面平，背面凸，呈驼背状；长 1.2 毫米，宽 0.5 毫米。表面具细纵纹，常散布白色颗粒状物；腹部和背腹交接处具 3～5 条白色纵棱；顶端具极倾斜的衣领状环，白色，直径小，残存的柱头不明显；基部平截。果脐圆形（图 2－92）。

分布：我国北方及朝鲜、日本。

图 2－92　甘野菊

十三、菊苣属 *Cichorium*

菊苣（咖啡草）*Cichorium intybus* L.

瘦果卵状楔形，五菱状或稍弯，略扁；黄褐色，散布黑色小斑；长约 2.5 毫米，宽约 1.1 毫米。表面具细颗粒状横波纹，具 4～5 条纵棱。顶端平截，具较短花柱残基，周缘具短条形宿存冠毛，黄白色；基部末端具五角形种脐，稍突出，淡黄色（图 2－93）。

分布：我国西北、东北、华北，以及亚洲、非洲、美洲及大洋洲。

图 2－93　菊苣（咖啡草）

十四、蓟属 *Cirsium*

分种检索表

1. 瘦果较大，长 3.5～4.0 毫米，宽 1.5～1.0 毫米，淡灰黄色，表面有许多黑色或暗紫色纵细线纹 …… 翼蓟
1. 瘦果较小，长 3.5 毫米以下，淡黄褐色至褐色，表面无上述颜色的纵细线纹 …………………………… 2
2. 花柱较短，略超过颈圈，瘦果长 2.7～3.5 毫米，宽约 1 毫米，淡黄褐色，通常不分瓣 ……… 丝路蓟
2. 花柱较长，明显超出其颈圈 ……………………………………………………………………………… 3

3. 瘦果长 2.5～3.0 毫米，宽约 1 毫米，暗黄褐色至褐色，花柱基具馒头形基座，稍高出衣领状环……
…… 大刺儿菜

3. 瘦果长 3.1 毫米，暗黄色，偶有少量条斑，瘦果顶端花柱基圆柱形，高出衣领环 2 倍以上…… 刺儿菜

1. 丝路蓟 *Cirsium arvense*（L.）Scop.

果实为瘦果，长 2.7～3.5 毫米，宽约 1 毫米，黄褐色至褐色；长椭圆形，略弯曲；表面平滑，有光泽。顶端平截，稍偏斜，边缘具与果体近同色的衣领状环并高突，冠毛脱落；中央具较细短略超出颈圈的花柱残留；基部较狭窄，平截或略倾斜。果脐位于果实的基部。果实内含种子 1 粒；横切面呈长椭圆形；胚直生，红褐色，种子无胚乳（图 2－94）。

分布：我国内蒙古、新疆、甘肃、西藏等，以及欧洲、亚洲和北美洲。

图 2－94　丝路蓟

2. 刺儿菜 *Cirsium arvense* var. *integrifolium* C. Wimm et Grabowski

瘦果长倒卵形或椭圆形，稍弯曲或直，略扁；淡黄白色至黄褐色；长约 3.1 毫米，宽约 1.1 毫米。表面无毛，有时具不规则细条斑；两扁面各具数条纵棱，中间 1 条粗大明显；果顶截形，稍偏斜，具衣领状环，环中央具高出其 2 倍的柱状残留花柱，色较深；果基截形或钝圆，底部具有椭圆形果脐，稍凹陷（图 2－95）。

分布：我国各地区，以及北美洲、蒙古国、朝鲜和俄罗斯。

图 2－95　刺儿菜

3. 大刺儿菜 *Cirsium setosum*（Willd.）M. Bieb.

瘦果长倒卵形或椭圆形，稍弯曲或直，略扁；深棕色；长 2.5～3.5 毫米，宽约 1 毫米。表面无毛，呈细颗粒状；两扁面各具数条纵棱，中间 1 条粗大明显；果顶截形，稍偏斜，具淡黄白色的衣领状环，环中央具高出其 1 倍以上的残留花柱，色较深，花柱基具馒

头形基座；果基窄，平截或稍尖，底部具椭圆形果脐，黄褐色，不凹陷（图 2－96）。

分布：我国东北、华北，以及欧洲、北美洲、蒙古国、朝鲜。

图 2－96 大刺儿菜

4. 翼蓟 *Cirsium vulgare*（Savi.）Ten.

果实为瘦果，长 3.5～4.0 毫米，宽 1.5～1.75 毫米；长椭圆形偏斜楔状，两侧扁，稍弯曲，淡灰白色至淡灰黄色；表面平滑，具许多黑色或暗紫色的细纵线纹，两侧面中央有 1 条微凸的黄白色纵脊棱。先端平截或斜截，边缘具与果体同色的衣领状环，冠毛脱落；中央花柱基部较细，顶端呈瘤状；基部稍窄，圆形略平截。果脐位于果实的基部。瘦果内含种子 1 粒；胚大而直生，红褐色（图 2－97）。

分布：我国新疆北部，以及中亚、西南亚、北非和欧洲。

图 2－97 翼 蓟

十五、秋英属 *Cosmos*

秋英（波斯菊）*Cosmos bipinnata* Cav.

瘦果梭形，四棱状，稍弯曲；黄褐色至深褐色；长 8～12 毫米，宽 1.5 毫米。表面粗糙，具黄褐色大斑点或局部覆盖黄褐色膜，4 条纵棱将瘦果分成 4 个平面，每面具 1 深纵沟；果顶收缩为长喙，顶端平截，中央微凹，具不明显柱头残余；果基斜截，具马蹄形果脐（图 2－98）。

分布：原产于墨西哥、巴西。现在我国大部分地区有栽培。

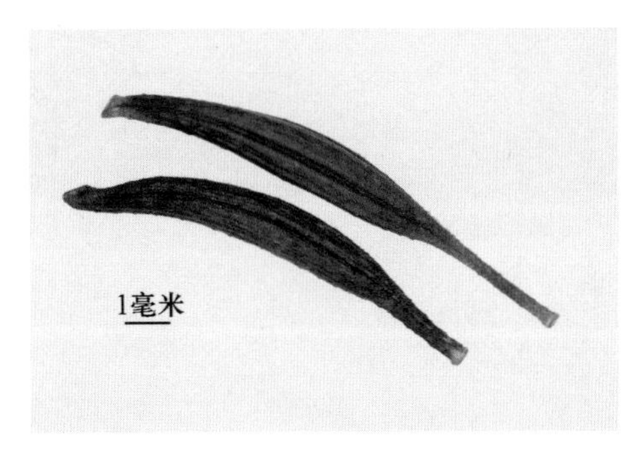

图 2-98　秋英（波斯菊）

十六、还阳参属 *Crepis*

屋根草 *Crepis tectorum* L.

果实为瘦果，长 2.5～4.5 毫米，直径 0.5～0.7 毫米；红褐色至黑褐色，无光泽；长纺锤形，直或稍弯；表面具显著突起的纵棱 10 条，棱上有刺毛，棱间有刺突，两端收缩狭窄，顶端平截。周边扩展呈衣领状状环，黄白色，明显外突；着生许多白色细长而呈线形的冠毛，易脱落；中央具宿存的花柱残痕。果脐位于基部，凹陷，呈圆形。果实内含种子 1 粒；横切面近圆形；周缘细波浪状。胚直生，黄褐色，细而长；种子无胚乳（图 2-99）。

分布：我国黑龙江、内蒙古、新疆，以及欧洲、蒙古国、哈萨克斯坦。

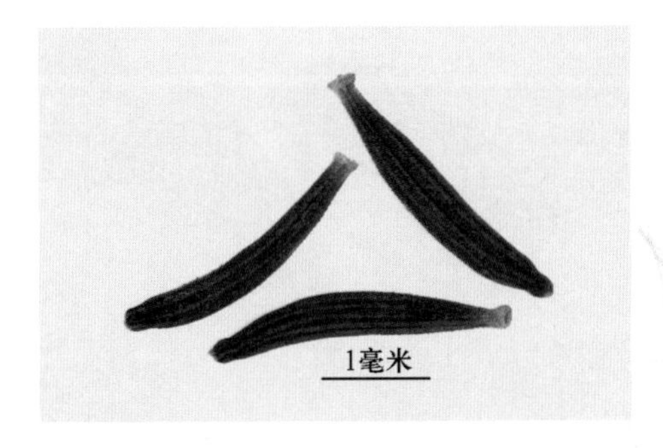

图 2-99　屋根草

十七、蓝刺头属 *Echinops*

砂蓝刺头 *Echinops gmelinii* Turcz.

瘦果倒圆锥形，长约 5 毫米，被稠密的淡黄棕色的顺向贴伏的长直毛，遮盖冠毛。冠毛量杯状，长约 1 毫米；冠毛膜片线形，边缘稀疏糙毛状，仅基部结合（图 2-100）。

分布：我国陕西、辽宁、吉林、新疆、宁夏、河北、河南、甘肃、内蒙古、黑龙江、青海、山西等地区，以及俄罗斯、蒙古国。

图 2-100　砂蓝刺头

十八、鳢肠属 *Eclipta*

鳢肠 *Eclipta prostrata*（L.）L.

瘦果矩圆状倒卵形，扁平；褐色至灰褐色，中部具黑色区域；长约 2.5 毫米，宽约 1.1 毫米。表面粗糙，具细密横皱纹和大型黄色瘤；两扁面各具 1 条黄色中脊，两侧具厚翅状边棱，脊上和脊侧均有瘤；顶端截形，边缘具白色短毛，内为黄色花柱痕，略凸，圆形；边花瘦果基部圆，中央花瘦果基部平截，基底具圆形或椭圆形黄色果脐，微凹（图 2-101）。

分布：全球温带地区。

图 2-101　鳢　肠

十九、泽兰属 *Eupatorium*

分种检索表

1. 瘦果无毛，无腺点，黑褐色，瘦果长条状五棱形，稍弯曲，长 1.7～2.1 毫米，宽和厚均为 0.18～0.25 毫米 …………………………………………………………………………… 紫茎泽兰
1. 瘦果有毛，无腺点，黑褐色、暗褐色至黑褐色 ……………………………………………… 2
2. 棱脊上具向上紧密的淡黄色短柔毛；瘦果深灰色，窄披针形，长 3.5～4.1 毫米，宽约 0.5 毫米 …… …………………………………………………………………………………… 飞机草

2. 表面、棱上有稀疏白色紧贴向上的短柔毛；瘦果暗褐色至黑色，扁状长条形，具3～4棱，长2.5毫米，宽0.7毫米 ………………………………………………………………………… 假臭草

1. 紫茎泽兰（破坏草）*Eupatorium adenophora* Spreng. ［*Ageratina adenophora*（sprengel）R. M. King & H. Rob.］

瘦果长椭圆形，稍弯曲，黑褐色，长1.2～1.5毫米，宽0.3毫米，具光泽，表面方格纹，有5条纵棱；冠毛白色；果脐大，白色，位于下端部，近圆形；白色衣领状环明显，中间可见明显白色残存花柱。果实内含1粒种子，横切面近椭圆形；胚直立，黄褐色；种子无胚乳（图2-102）。

分布：原产于美洲。现广泛分布于世界热带、亚热带地区；我国西南局部地区。

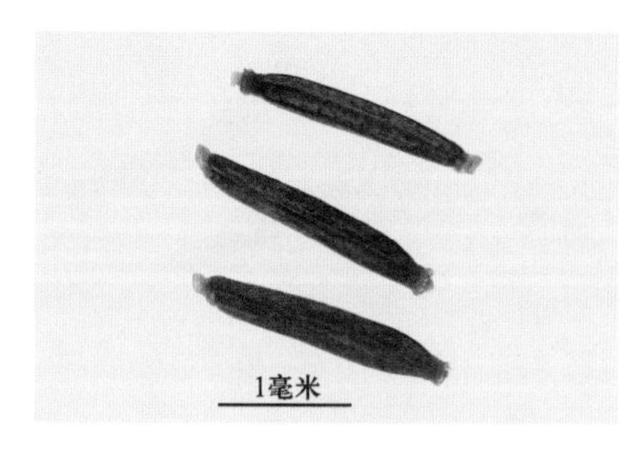

图2-102　紫茎泽兰（破坏草）

2. 假臭草 *Eupatorium catarium* Veldkamp（*Praxelis clematidea* R. M. King & H. Rob.）

瘦果暗褐色至黑色，扁状长条形；长2.0～3.0毫米，宽0.5～0.7毫米；具3～4棱。果实表面细颗粒状粗糙，表面及棱上有稀疏白色紧贴向上的短柔毛，顶端平截，周边长有冠毛，中央有1圆形而凸起较高的花柱残基，基部渐窄。冠毛宿存，1层，细长芒状，长约3.5毫米，白色，上有短柔毛。果内含1粒种子；胚直立，黄褐色；种子无胚乳（图2-103）。

分布：原产于南美洲中部。现主要分布于阿根廷、巴西及南美一些国家和东半球热带地区，我国台湾、广东局部地区有分布。

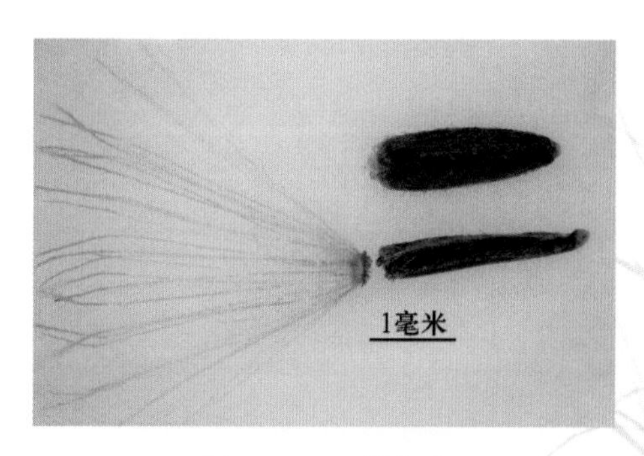

图2-103　假臭草

3. 飞机草 *Eupatorium odoratum* L. ［*Chromolaena odorata*（L.）R. M. King & H. Rob.］

果实为瘦果，黑褐色，长条状，多数五棱形，有的具3条或6条细纵棱状突起，长

3.5～4.1 毫米，宽 0.4～0.5 毫米；表面具细纵脊状突起，棱脊上各附 1 条冠毛状的、不与果体紧贴而生的淡黄色附属物，其上面着生向上的淡黄色短柔毛；顶端截平，衣领状环黄色不膨大；冠毛宿存，细长芒状，长约 4.9 毫米，淡黄色，稍长于果体；基部窄，黄褐色。果脐位于端部，脐小，近圆形，黄白色，位于果实基端一侧的凹陷内；果实内含 1 粒种子（图 2－104）。

分布：原产于中美洲。现分布于越南、柬埔寨、菲律宾、墨西哥、澳大利亚、秘鲁、牙买加等 30 多个国家和地区。

图 2－104　飞机草

二十、黄顶菊属 *Flaveria*

黄顶菊 *Flaveria bidentis*（L.）Kuntze

果实为瘦果，黑色，稍扁，倒披针形或近棒状，无冠毛，果实上部稍宽，中下部渐窄；基部较尖；果实表面具 10 条纵棱，棱间较平，面上具细小的点状突起；直径可达 0.7～0.8 毫米；边花果长约 2.5 毫米，较大，心花果约 2.0 毫米，较小；果脐位于果实的基部，小果脐外围可见淡黄色的附属物。种子单生，与果实同形；横切面椭圆形，周边纵棱可见；胚直立，乳白色，无胚乳（图 2－105）。

分布：原产于南美洲的巴西、阿根廷等国。扩散到美洲中部、北美洲南部及西印度群岛，后来由于引种等原因而传播到埃及、南非、英国、法国、澳大利亚和日本等。

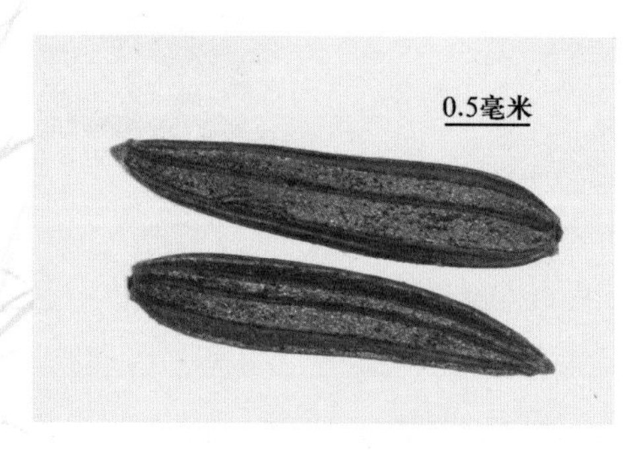

图 2－105　黄顶菊

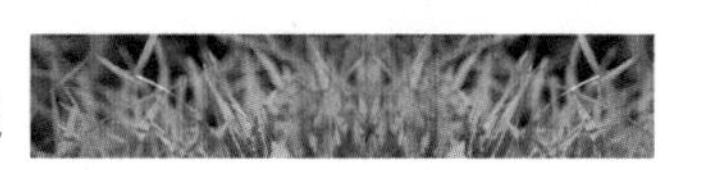

二十一、天人菊属 *Gaillardia*

天人菊 *Gaillardia pulchella* Foug.

瘦果倒圆锥状四棱形；黄褐色至黑褐色，长 2～3 毫米（不计冠毛），宽 1.5～2.5 毫米，中下部至基部被长柔毛。表面较粗糙，具明显外突的纵脊棱 4 条。顶端宽波浪形，周缘着生 5～8 枚宽大而呈膜质的鳞片状冠毛，冠毛顶端渐次延长呈芒状，芒缘有细齿；中央具残存花柱痕，圆形稍突起；果基部钝尖。果脐位于基底，圆形，白色。果实内含种子 1 粒，胚大而直立，无胚乳（图 2－106）。

分布：原产于北美。我国引种栽培供观赏，偶逸为野生。

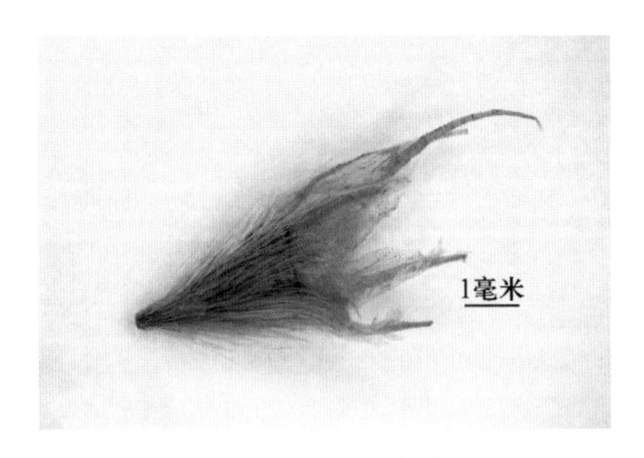

图 2－106　天人菊

二十二、泥胡菜属 *Hemistepta*

泥胡菜 *Hemistepta lyrata*（Bunge）Bunge

瘦果长倒卵形，侧扁，一侧直，另一侧稍外突；红褐色至深褐色；长约 2.5 毫米，宽近 1 毫米。表面细颗粒状，具 15 条细而锐的纵棱；背面驼曲，腹面较平直；顶端向腹面斜截，具黄白色衣领状环，环边缘有波状齿，中央具较短的花柱残基；基部斜截。果脐位于截面上，椭圆形，黄褐色，凹陷（图 2－107）。

分布：我国各地区，以及印度和日本。

图 2－107　泥胡菜

二十三、狗娃花属 *Heteropappus*

狗娃花 *Heteropappus hispidus*（Thunb.）Less.

瘦果倒阔卵形，扁平；黑褐色或具黑褐色斑；长 2.9 毫米，宽 1.6 毫米。表面密生白色长伏毛；两扁平面中部稍隆起，边缘有棱；顶端圆，具宿存冠毛，糙毛状，基部具膜环，冠毛着生面平截；基端楔形，钝圆。果脐位于基底，稍突出，圆形，凹陷，周围具厚边（图 2－108）。

分布：我国东北、华北、西北、福建、台湾，以及日本、朝鲜、蒙古国和俄罗斯。

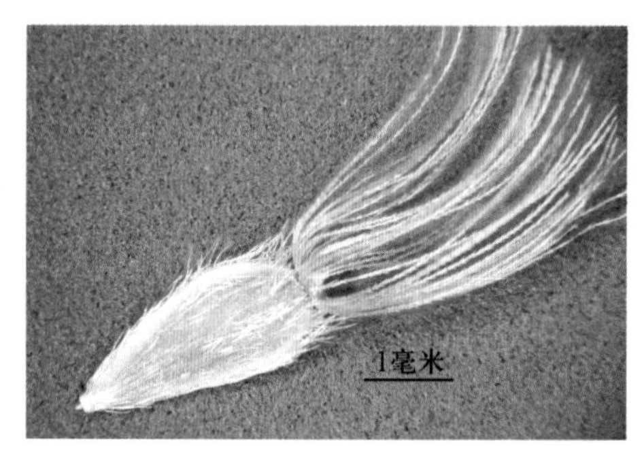

图 2－108　狗娃花

二十四、假苍耳属 *Iva*

假苍耳 *Iva xanthifolia* Nutt.

果实为瘦果，无冠毛，倒卵形；长 2.0～3.0 毫米，宽 1.5～2.0 毫米，黑褐色。上半部双凸面，较厚；下半部向一面弯曲，渐尖，较薄。顶端宽圆，无衣领状环，先端平截，短花柱宿存；果体两侧中间各有 1 条脊棱，有时具灰色或褐色斑，有细密的纵棱，表面光滑无毛或被糠皮状物；果脐小，位于果实基端，果内含 1 粒种子。种子横切面近菱形；胚直生，无胚乳（图 2－109）。

分布：北美和欧洲等地。

图 2－109　假苍耳

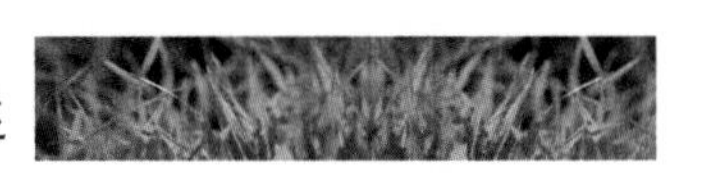

二十五、苦荬菜属 *Ixeris*

中华苦荬菜 *Ixeris chinensis*（Thunb.）Nakai

瘦果长椭圆形或纺锤形，稍扁；褐色；长约 2.6 毫米（不包括喙），宽约 0.6 毫米。表面具 10 条纵棱，棱上有瘤状小突起，上部常延伸为小刺毛；顶端收缩呈细丝状长喙，长 2～3 毫米，喙顶圆盘状，着生白色冠毛（常脱落）；基部末端具小圆筒状的凹陷果脐（图 2-110）。

分布：我国大部分地区，以及朝鲜、日本、俄罗斯和越南。

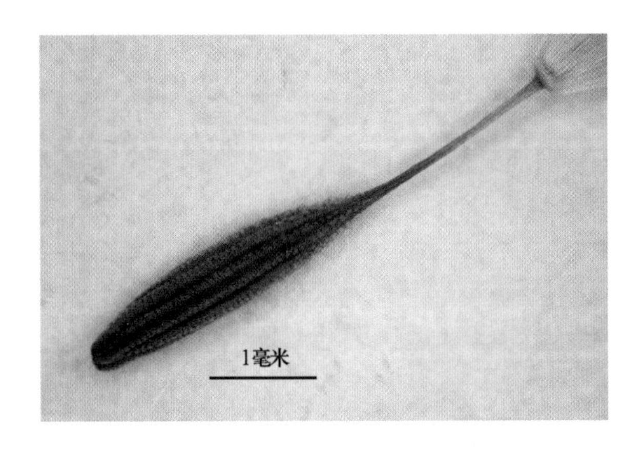

图 2-110　中华苦荬菜

二十六、莴苣属 *Lactuca*

分 种 检 索 表

1. 瘦果略扁，长 5 毫米，顶端喙约 1 毫米，远远短于果体 …………………………… 乳苣
1. 两侧瘦果压扁，长 4 毫米以下，顶端急尖呈细丝状，果喙与瘦果等长或长于瘦果 ………………… 2
2. 瘦果呈倒卵形，两面各具 5～10 条明显隆起的纵棱，近顶端的边棱及棱脊上有细的刺状毛，喙长为果体的 1.5 倍 ………………………………………………………………… 毒莴苣
2. 瘦果倒披针形，每面有 6～7 条细脉纹，喙长约 4 毫米，与瘦果几等长 …………………… 莴苣

1. 莴苣 *Lactuca sativa* L.

瘦果倒卵状椭圆形，长 3～4 毫米，宽约 1.3 毫米；压扁，浅褐色；每面有 6～7 条细纵棱，棱上有微齿，棱间密布细颗粒质。顶端急尖成细喙，喙细丝状，长约 4 毫米，与瘦果几等长或更长，易折断。冠毛 2 层，纤细，微糙毛状（图 2-111）。

分布：原产于欧洲地中海沿岸。我国各地广泛栽培。

图 2-111　莴　苣

2. 毒莴苣 *Lactuca serriola* L.

瘦果呈倒卵形，常向一面弯曲；灰褐色，无光泽；长 3～4 毫米（不计喙），宽 1.0～1.25 毫米。果体两侧扁平，两面各具 5～10 条明显隆起的纵棱，近顶端的边棱及棱脊上有细的刺状毛，棱间有 1 细线沟；顶端锐尖呈 1 细弱长喙，似芒状，一般长于果体，黄白色；喙脆弱易折断，其顶端膨大呈 1 圆形的羽毛盘（冠毛着生处），冠毛白色，易脱落。果脐位于果实的基端部，阔椭圆形，周围黄白色外突，中央凹陷。果内含 1 粒种子（图 2-112）。

分布：原产于欧洲。

图 2-112　毒莴苣

3. 乳苣 *Lactuca tatarica*（L.）C. A. Mey.

瘦果长椭圆形，略扁，暗灰黄色，长约 5 毫米，宽约 1 毫米。表面颗粒状，每面具 5～7 条粗细相间的纵棱。顶部收缩，具宿存冠毛，剥掉冠毛可见平展的衣领状环和花柱残基；基端斜截或平截。果脐位于平截面上，椭圆形凹陷，色同果皮（图 2-113）。

分布：我国辽宁、内蒙古、河北、山西、陕西、甘肃、青海、新疆、河南、西藏，以及欧洲、哈萨克斯坦、乌兹别克斯坦、蒙古国、伊朗、阿富汗和印度西北部。

图 2-113　乳　苣

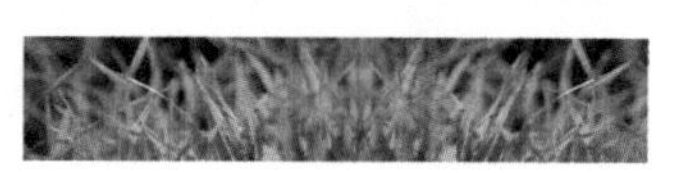

二十七、漏芦属 *Rhaponticum*

漏芦 *Rhaponticum uniflorum*（L.）DC.

瘦果3～4棱，楔状，长约4毫米，宽约2.5毫米。冠毛褐色，刚毛糙毛状。表面粗糙，每面具3～4细纵棱；顶端平截；衣领状环齿刺状，环中央有隆起的黄色花盘，有时可见伸出褐色的残存花柱，花盘与衣领状环之间密布放射状脊棱，冠毛棕黄色，糙毛状，易脱落；基部尖，一侧具椭圆形内陷果脐，在窄边内长有黄白色小颗粒状物（图2-114）。

分布：我国陕西、辽宁、吉林、新疆、宁夏、河北、河南、甘肃、内蒙古、黑龙江、青海、山西等，以及俄罗斯、蒙古国。

图2-114　漏　芦

二十八、风毛菊属 *Saussurea*

草地风毛菊 *Saussurea amara*（L.）DC.

瘦果矩圆状楔形，两侧压扁；黄褐色、灰褐色至紫褐色，常具杂色条斑；长3～3.5毫米，宽1毫米。表面具细纵纹和4～5条钝纵棱；顶端平截，周边具较窄的衣领状环和残余冠毛，中央具丘状或柱状花柱残基；基底斜切。果脐位于斜切面上，较小，长椭圆形，白色（图2-115）。

分布：我国黑龙江、吉林、辽宁、内蒙古、河北、山西、北京、陕西、甘肃、青海、新疆；欧洲、俄罗斯、哈萨克斯坦、乌兹别克斯坦、塔吉克斯坦及蒙古国。

图2-115　草地风毛菊

二十九、鸦葱属 *Scorzonera*

分种检索表

1. 瘦果长 8 毫米以上，果体表面具粗纵棱，棱间具细纵棱…………………………………………………… 2
1. 瘦果长 8 毫米左右，果体表面具粗纵棱，无明显的细纵棱………………………………………………… 3
2. 瘦果长 20 毫米左右，淡黄色，表面具 4 条锐纵棱，棱间具细纵棱，顶端花柱基金字塔形……………
……… 华北鸦葱
2. 瘦果长 8～13 毫米，宽 1～2 毫米，具粗细各 5 条相间排列的纵棱，表面密布短横纹……… 毛梗鸦葱
3. 瘦果表面粒状粗糙，无脊瘤，纵棱 8～10 条，冠毛淡黄白色，长 20～30 毫米………………… 蒙古鸦葱
3. 瘦果高起的纵肋上有脊瘤状突起或无，冠毛污白色，长 13 毫米 ……………………………… 帚状鸦葱

1. 华北鸦葱 *Scorzonera albicaulis* Bunge

瘦果圆柱状长纺锤形，稍弯曲；淡黄色至淡黄褐色；长 17～23 毫米，宽 1.7 毫米。表面具 4 条锐纵棱、2 条侧棱、2 条腹棱，棱间具细纵棱无毛，无脊瘤；果上部渐细呈喙状；顶端平截，具黄褐色冠毛，脱落后见金字塔形淡黄色花柱基，无衣领状环，冠毛不宿存；基部具斜切的果脐，凹陷（图 2－116）。

分布：我国东北及黄河流域以北各省份，以及朝鲜、蒙古国和俄罗斯的西伯利亚和远东地区。

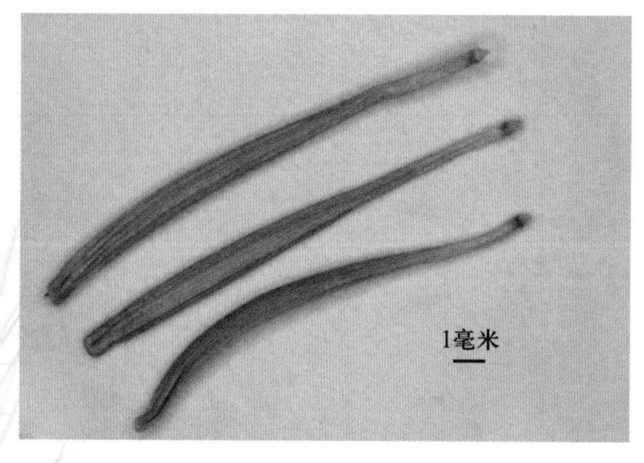

图 2－116　华北鸦葱

2. 蒙古鸦葱 *Scorzonera mongolica* Maxim.

瘦果圆柱状，略扁，淡黄褐色；长 5～7 毫米，宽约 1.1 毫米。表面粒状，粗糙，具纵棱 8～10 条，无脊瘤，上被稀疏柔毛，成熟瘦果常无毛，顶端具宿存冠毛，冠毛淡黄白色，长 20～30 毫米，羽毛状，羽枝蛛丝毛状，纤细，仅顶端微锯齿状。冠毛脱落后显出有齿的衣领状环，环中央具较短的花柱残基；基端平截。果脐位于平截面上，多角形，凹陷，黑色（图 2－117）。

分布：我国山东、山西、河北、内蒙古、青海，甘肃等省份，以及俄罗斯和蒙古国。

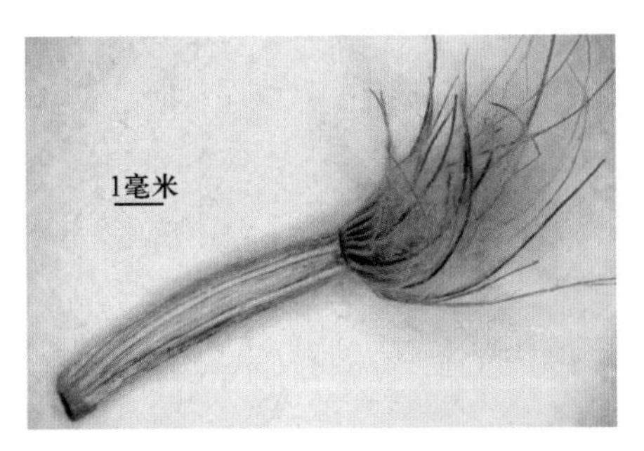

图 2-117　蒙古鸦葱

3. 帚状鸦葱 *Scorzonera pseudodivaricata* Lipsch.

瘦果圆柱状，长约 8 毫米，初时淡黄色，成熟后黑绿色，无毛，有多数高起的纵肋，肋上有脊瘤状突起或无。冠毛污白色，冠毛长 13 毫米，大部分为羽毛状，羽枝蛛丝毛状，顶端呈锯齿状，在冠毛与瘦果连接处有蛛丝状毛环（图 2-118）。

分布：我国陕西、宁夏、甘肃、青海、新疆，以及中亚、蒙古国。

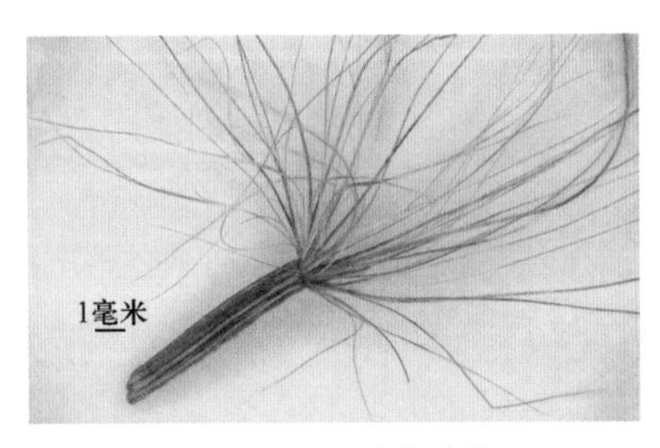

图 2-118　帚状鸦葱

4. 毛梗鸦葱 *Scorzonera radiata* Fisch.

瘦果圆柱形、长倒卵形或纺锤形，弯；黄褐色；长 8～13 毫米，宽 1～2 毫米。表面密布短横纹，具相间排列的 5 条粗纵棱和 5 条细纵棱，无毛，无脊瘤。背面外拱；腹面内弯；顶端平截，具低平的衣领状环，环中央有花柱残基；冠毛污黄色，中下部羽毛状，羽丝蛛丝毛状，上部锯齿状，其中 5 根超长，达 17 毫米。基部从背面斜切。果脐位于斜切面上，方形，稍凹，与果皮同色（图 2-119）。

分布：我国东北各省及内蒙古、新疆，以及俄罗斯的西伯利亚和远东地区、哈萨克斯坦、蒙古国。

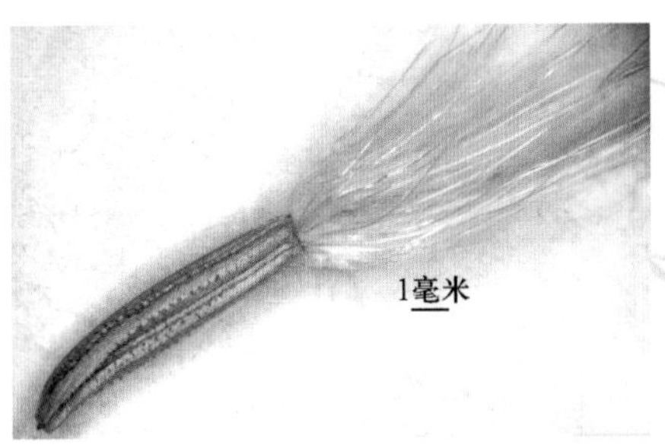

图 2-119　毛梗鸦葱

三十、千里光属 *Senecio*

欧洲千里光 *Senecio vulgaris* L.

瘦果条型，直或稍弯，略扁；灰绿色至灰褐色；长约 2.2 毫米，宽约 0.4 毫米。表面具 10 条纵棱或纵纹，棱或纹间具伏生黄白色短毛；顶端稍细，平截，具白色衣领状环，衣领状环常大于或等于果宽，环内残留花柱短，不超出衣领状环，冠毛白色，不宿存，基端收缩，平截。果脐位于基端，圆形，凹陷（图 2-120）。

分布：我国北部和东部各地区，以及欧洲、北美洲和亚洲北部、西部。

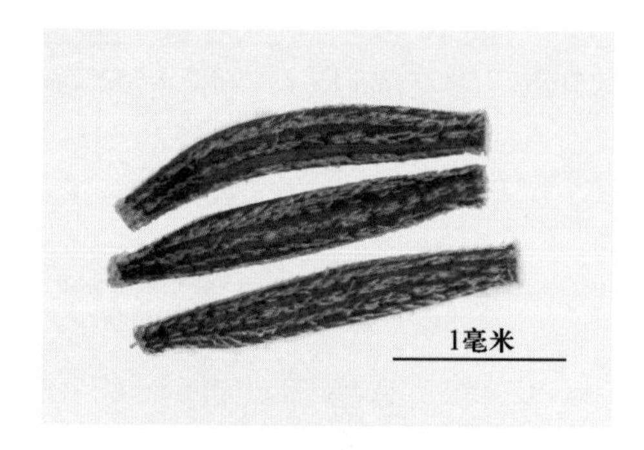

图 2-120 欧洲千里光

三十一、豨莶属 *Siegesbeckia*

豨莶 *Siegesbeckia orientalis* L.

瘦果长倒卵状四棱形，弯曲；黑色至灰黑色，具锅巴状黄褐色斑；长 2.5 毫米。表面粗糙，具纵向细沟纹和粒状突起，锅巴状斑或疏或密。背侧弓曲，腹侧内弯；顶端平截，衣领状环窄而突起，环中央具丘状花柱残基；基部收缩，基底钝尖。果脐位于基底，圆形或椭圆形，凹陷，黄褐色（图 2-121）。

分布：我国浙江、福建、安徽、江西、湖北、湖南、四川、广东及云南等省份，以及日本、朝鲜。

图 2-121 豨 莶

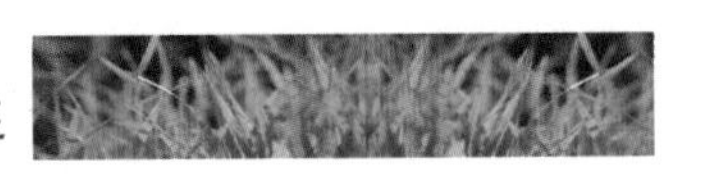

三十二、水飞蓟属 *Silybum*

水飞蓟 *Silybum marianum*（Linn.）Gaertn.

瘦果近椭圆状倒卵形，较扁，一侧较平直，另一侧弓曲；淡黄色底色上具黑褐色不规则条纹或条斑，有光泽；长约7毫米，宽约3.5毫米。表面光滑；顶端斜截，向直边一侧倾斜，四周具衣领状环，环中央具残破状不整齐花柱基痕，基部斜截。果脐位于斜截面上，裂缝状椭圆形（图2-122）。

分布：我国各地有栽培；欧洲、北非及亚洲中部有分布。

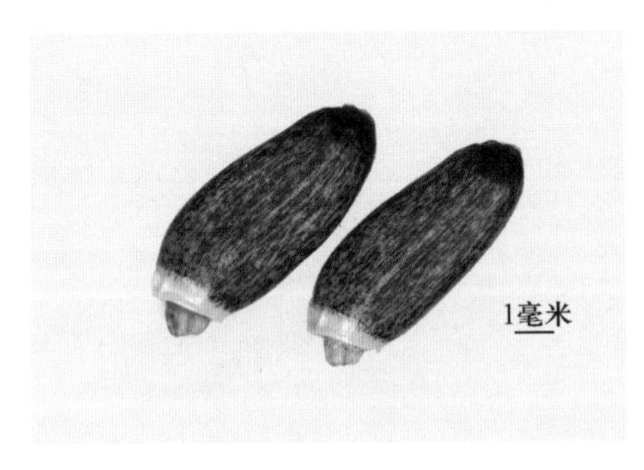

图2-122 水飞蓟

三十三、苦苣菜属 *Sonchus*

苦苣菜 *Sonchus oleraceus* L.

瘦果长2.5～3.0毫米，宽0.6～1.0毫米，红褐色至褐色；狭长椭圆形；两侧扁平，两面各具3～5条纵脊棱，纵脊边有细纵浅沟，棱间具明显的细横皱纹。两端渐窄，均近平截，顶端具丝状的白色冠毛，易脱落；中央有花柱残基，白色。果脐位于基部。果实内含种子1粒；胚大而直生；种子无胚乳（图2-123）。

分布：原产于欧洲或中亚。世界各地广布。

图2-123 苦苣菜

三十四、万寿菊属 *Tagetes*

万寿菊 *Tagetes erecta* L.

瘦果长 8.0～10 毫米，宽约 1.0 毫米；柱状披针形，黑褐色；表面具 4 条明显突起的纵脊棱，棱间有数条排列规则的细纵棱及细纵沟；表面粗糙，无光泽。顶端衣领状环淡黄色外突，冠毛宿存，管状，膜质，长而宽大，黄白色；基部渐窄，扭转，黄白色。果脐位于果实的基端，线形，黄白色。果实内含种子 1 粒；横切面细长矩形；胚直生，黄白色；种子无胚乳（图 2－124）。

分布：原产于墨西哥。我国各地均有栽培。

图 2－124　万寿菊

三十五、蒲公英属 *Taraxacum*

蒲公英 *Taraxacum mongolicum* Hand.－Mazz.

瘦果倒卵状楔形，略扁，四面体，稍弯或直；淡黄色至黄褐色；长（不包括喙）4～5 毫米，宽约 1 毫米。边棱和中棱两侧有 1～2 条细棱，棱下部无瘤或略有不平，向上渐有刺状小突起。顶端渐收缩成长约 1 毫米圆锥形或圆柱形喙基，果顶具长喙，喙长 6～10 毫米，纤细；冠毛白色，长 6～8 毫米。基部收缩，基底平截。果脐位于基底平截面上，菱形至圆形，稍凹，褐色（图 2－125）。

分布：多分布于北半球，包括我国东北、华北、华东、华中、西北、西南各地，以及朝鲜、蒙古国、俄罗斯。

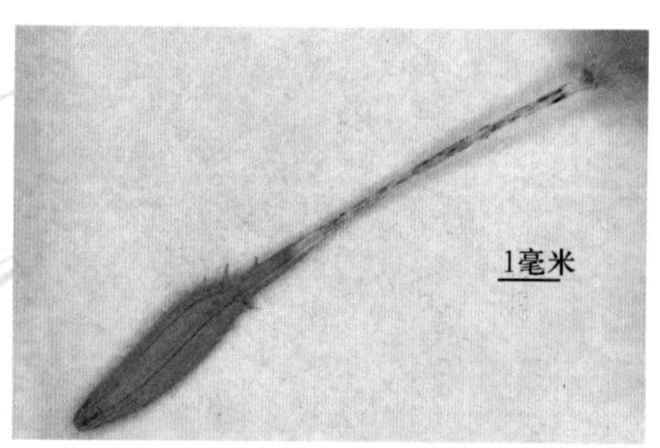

图 2－125　蒲公英

三十六、婆罗门参属 *Tragopogon*

长喙婆罗门参 *Tragopogon dubius* Scop

瘦果长柱状纺锤形，稍弯；黄褐色；长 10 毫米（不包括喙），宽 1.2～1.5 毫米。表面具 10 条低平纵棱，棱的界隙较模糊，棱上具近平卧的灰白色较小鳞状瘤突。顶部渐收缩成长约 5 毫米的喙，喙顶稍膨大，平截，具衣领状环和花柱残基。基端向背部斜切。果脐位于斜切面上，长椭圆形或马蹄形，凹陷（图 2－126）。

分布：我国东北地区，以及欧洲。

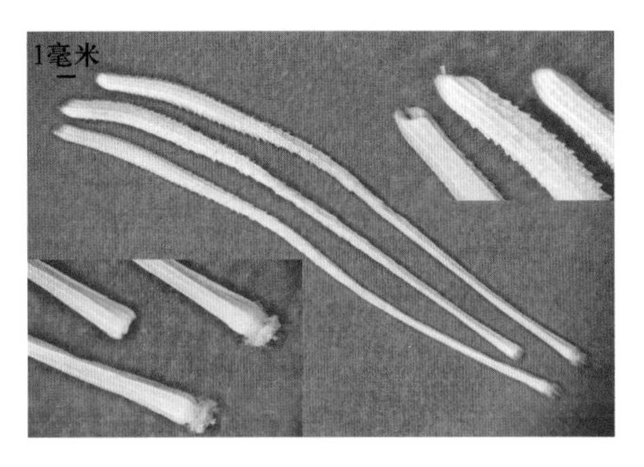

图 2－126　长喙婆罗门参

三十七、苍耳属 *Xanthium*

分种检索表

1. 囊状总苞较小，长 12 毫米以下，表面疏生较细的倒钩刺，上下刺间有隆起或稍隆起的棱，顶端无喙或极细弱不显著，与苞刺等粗、等长或较短 ………………………… 刺苍耳
1. 囊状总苞较大，长 12 毫米以上 ………………………… 2
2. 总苞表面无毛、近无毛或被短腺毛 ………………………… 3
2. 总苞表面被短柔毛、硬糙毛及腺毛 ………………………… 4
3. 总苞纺锤形，中间膨大，两端渐狭，深褐色、深禾秆色，长 19～23 毫米，苞刺长 2.0～4.5 毫米 ………………………… 西方苍耳
3. 总苞卵球形或矩圆形，中间不显著膨大，黄绿色、淡绿色或红褐色，长 12～20 毫米，苞刺长约 2 毫米 ………………………… 北美苍耳
4. 总苞长 12～15 毫米，苞刺长 1～2 毫米，淡黄色、灰绿色或红褐色，表面疏被短柔毛，2 喙不等长或只有 1 喙，并列或分开生长 ………………………… 苍耳
4. 总苞长 14 毫米以上，苞刺长 3 毫米以上，表面被短柔毛、糙硬毛及腺毛 ………………………… 5
5. 总苞形状规则、对称，长 23～26 毫米，苞刺密生，刺体被白色透明的糙硬毛 ………………………… 意大利苍耳
5. 总苞形状偏斜、不对称，长 14～26 毫米，苞刺疏生，刺体被黑褐色糙硬毛 ………………………… 宾州苍耳

1. 北美苍耳 *Xanthium chinense* Mill.

囊状总苞卵球形或矩圆形，中间不显著膨大，黄绿色、淡绿色或红褐色，长12～20毫米，宽6～8毫米。表面近无毛，被少量腺点及近等长的苞刺，刺体挺直，近无毛或基部散生极少量的短腺毛，先端有小细钩，长约2毫米。喙2枚，靠合（直立）或叉开（弓形）生长，长3～6毫米，基部无毛或被极少量短腺毛，先端弯曲或有较软的小钩。总苞内藏瘦果2枚（图2-127）。

分布：美国、墨西哥、波多黎各、古巴、多米尼加、玻利维亚等国。

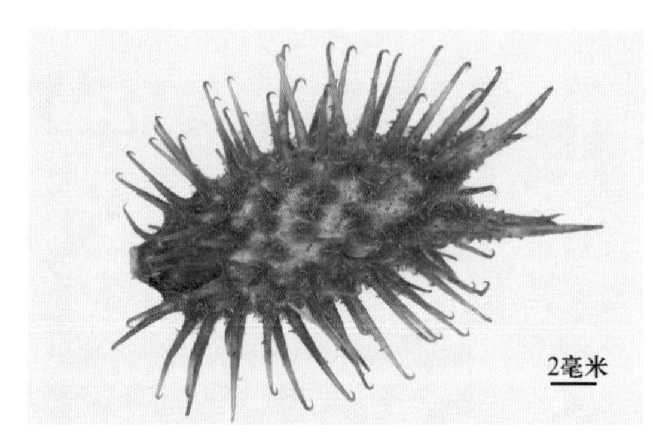

图2-127　北美苍耳

2. 意大利苍耳 *Xanthium italicum* Moretti

囊状总苞卵状矩圆形，暗棕色，长23～26毫米，宽6～8毫米。表面具糙硬毛及少量腺体，密被苞刺，刺体直而硬、纤细、锥形，刺长4.0～7.0毫米，先端具C形倒钩刺，从基部至近中部密被白色透明硬糙毛和腺毛。喙2枚，叉开状，长6毫米，锥状，坚硬，先端常弯钩状或近直立，中部以下密被刚毛和腺毛。总苞内藏长圆形瘦果2枚（图2-128）。

分布：墨西哥、美国、加拿大南部、朝鲜、日本、以色列、叙利亚、黎巴嫩、西班牙、法国、德国、英国、意大利、瑞典、澳大利亚、巴西、阿根廷、秘鲁、巴拉圭和哥伦比亚等国。

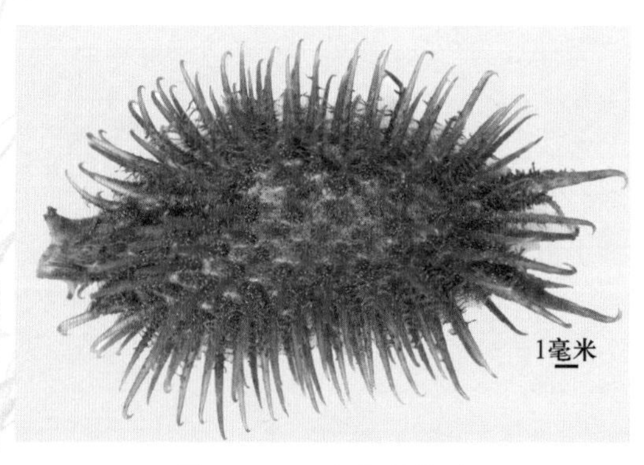

图2-128　意大利苍耳

3. 西方苍耳 *Xanthium occidentale* Bertoloni

囊状总苞纺锤形，中间膨大，深褐色、深禾秆色；长19～23毫米，宽7～8毫米。表面近无毛（即被有少量毛和稀疏腺体），密生分布均匀的苞刺，刺体强壮，直立，禾秆色，先端具拳卷180度的小细钩，近无毛或在基部被少量毛，刺长2～4.5毫米（基部苞刺较短）。喙2枚，叉开生长，极强壮，圆锥状，从基部至顶端渐变细且缓慢内弯，先端常具小细钩，无毛或基部至中部被稀疏短柔毛，略长于或等于苞刺。总苞内藏瘦果2枚（图2-129）。

分布：日本、巴布亚新几内亚、澳大利亚，中美洲的百慕大群岛、巴哈马群岛、安的烈斯群岛，南美洲的委内瑞拉海岸地区。

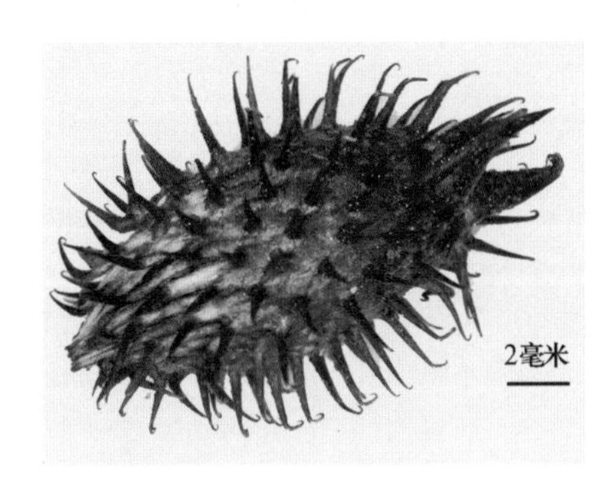

图2-129 西方苍耳

4. 宾州苍耳 *Xanthium pennsylvancium* Wallr.

囊状总苞卵状椭圆形，绿褐色至黑褐色；长14～26毫米，宽5～8毫米。表面无毛、近无毛或被短腺毛。疏生倒钩刺，末端倒钩基部直，钩刺上密生黑褐色粗壮毛，基部被腺体及稀疏柔毛，钩刺长3～7毫米。喙2枚，斜向外叉开状，长4～6毫米，纤细或增粗，下部被腺体至短柔毛，上部无毛并内弯，先端呈钩状。总苞内藏阔卵形瘦果2枚（图2-130）。

图2-130 宾州苍耳

分布：美国、墨西哥等。

5. 苍耳 *Xanthilum strumarium* L.

囊状总苞椭圆形或呈膨大的广椭圆形，长是宽的2～3倍；淡黄色或黄绿色或红褐色，总苞长12～15毫米，宽4～7毫米。表面具短柔毛及腺体，被稀疏倒钩刺，苞刺纤细，直立，瘦弱，基部略增粗，不被毛或偶被微柔毛，长1～1.5毫米。喙2枚，常不等长，并列或分开生长，有时只具 1 喙。喙直立或稍向内弯、粗壮，先端急尖，等于或长于苞刺，总苞内藏 2 枚（稀 1 枚）椭圆形、扁平、灰黑色的瘦果（图 2－131）。

分布：俄罗斯、伊朗、印度、朝鲜、日本；我国各省份广布。

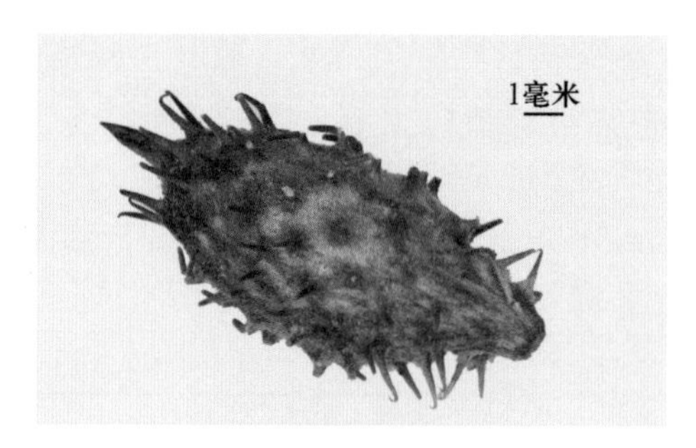

图 2－131　苍　耳

6. 刺苍耳 *Xanthium spinosum* L.

囊状总苞椭圆形或卵状椭圆形，绿褐色至黄褐色，总苞长 10.0～12.0 毫米，宽5.0～6.0 毫米。表面具短柔毛和较稀疏钩状刺，苞刺细长、挺直、较软，长 3 毫米，倒钩刺 U 字形，基部被柔毛，刺与刺之间常有纵棱或不明显。喙细刺状，无喙或 2 枚喙极细弱，不显著或仅具 1 短喙，喙长 1.0 毫米，无毛，果熟后易脱落。总苞内藏矩圆形瘦果 2 枚（图 2－132）。

分布：北美洲、非洲、欧洲、南美洲、亚洲、大洋洲。在我国河南郸城县已归化。

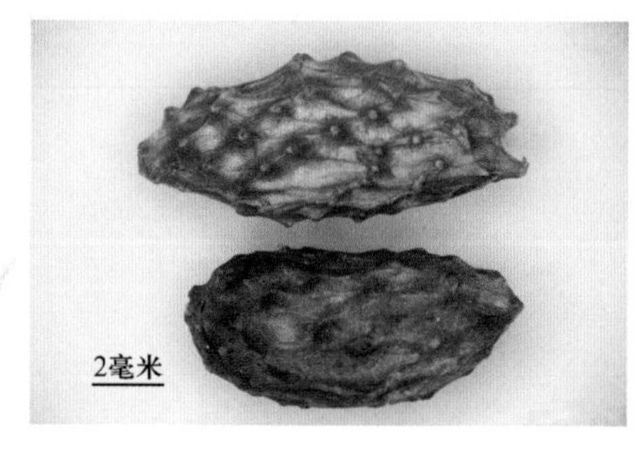

图 2－132　刺苍耳

第十九节　旋花科 Convolvulaceae

果实多为蒴果，稀为肉质的浆果，蒴果成熟时 2～4 瓣开裂或周裂，浆果或不开裂，果内含少数至多数种子。种子有时被毛，胚弯曲或盘旋状，子叶皱褶状或折叠，种子内含少量胚乳。

分属检索表

1. 种子长3毫米以下，种脐平，中有条形脐形，周围有晕轮，种皮革质 ………………………… 菟丝子属
1. 种子长3.5毫米以上 ……………………………………………………………………………………… 2
2. 种脐呈宽U形，口端较宽 …………………………………………………………………………… 3
2. 种脐马蹄形，马蹄口短狭窄 ……………………………………………………………………………… 4
3. 种子表面颗粒状粗糙 ……………………………………………………………………………… 打碗花属
3. 种子表面毛毡质 ……………………………………………………………………………………… 旋花属
4. 种子表面具毛斑或脱落后的斑痕，马蹄口两侧末端显著隆起或外突 ……………………………… 茑萝属
4. 种子表面具毛或无，但无毛斑或脱落后的斑痕 ……………………………………………………… 5
5. 表面细颗粒状光滑，稍有光泽，马蹄口两侧末端略隆起，呈粗而钝的隆线状，种脐大而圆 … 番薯属
5. 种子表面毛毡质，有丝状毛或微毛 ………………………………………………………………… 牵牛属

一、打碗花属 *Calystegia*

分种检索表

1. 种子表面细颗粒质，疏生小尖头状突起，顶端和侧面边缘小突起明显，种子长5毫米 ……… 藤长苗
1. 种子表面密布较尖的颗粒质突起，常组成纹饰，种子长4毫米 ……………………………… 打碗花

1. 藤长苗 *Calystegia pellita*（Ledeb.）G. Don

种子阔倒卵形，三面体；黑色；长5毫米，宽3.5毫米。表面细颗粒状，顶部和脊疏生小尖头状突起；背面宽大弓曲；腹面被中间纵脊分成两个斜面。顶端圆形；基部于腹面斜切，切面上具巨大的黄色种脐，横向椭圆形，凹陷，靠背侧边缘有1深色小丘。脐周围稍扩展（图2-133）。

分布：我国黑龙江、吉林、辽宁、内蒙古、天津、山东、安徽、江苏等地区，以及朝鲜、日本、蒙古国和俄罗斯。

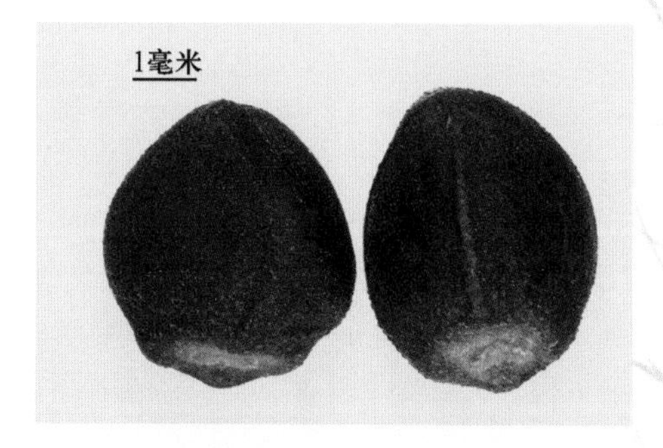

图2-133　藤长苗

2. 打碗花 *Calystegia hederacea* Wall.

种子不规则椭圆形，三面体状；黑色；长4毫米，宽2.5毫米。表面粗糙，密被颗粒状纹饰；背面弓曲，较宽；腹面具1中脊和2个侧面。顶端圆；基部近平，中部稍突出。种脐位于基底凹陷处，阔U形，灰白色，近背侧边缘具小球状突起（图2-134）。

分布：亚洲、非洲。

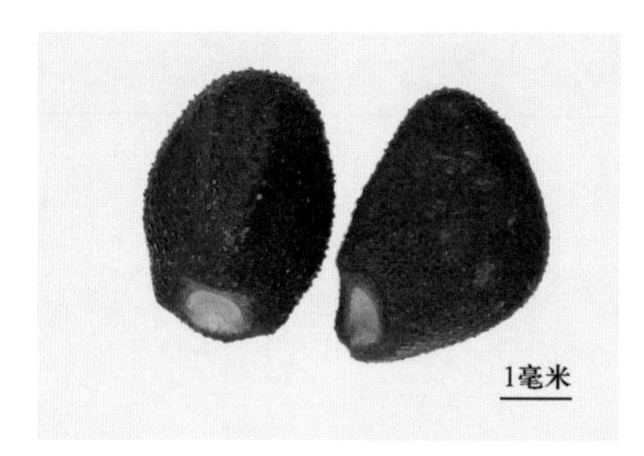

图 2-134　打碗花

二、旋花属 *Convolvulus*

分种检索表

1. 种子形状不规则，卵形、椭圆形，平凸或三面体，灰色至棕灰色，长 3.5 毫米，表面密被短毛 ……………………………………………………………………………… 银灰旋花

1. 种子三面体状，不为灰色，种子长 4 毫米以上，表面密布皱纹状瘤突，种脐较小，灰褐色至红褐色，深陷，周围具黑褐色边棱 …………………………………………………… 田旋花

1. 银灰旋花 *Convolvulus ammanii* Desr.

种子卵圆形、椭圆形、平凸或三面体；灰色、棕灰色至红褐色；长 3.5～4.0 毫米；宽 2.0～2.5 毫米。表面密被短毛，呈毛毯状。背面拱起；腹面或拱起或平坦或中脊分成 2 个斜面。种脐位于腹面基部，圆形，凹陷，色同种皮（图 2-135）。

分布：我国“三北”地区、西藏东部，以及蒙古国、俄罗斯的西伯利亚和远东地区。

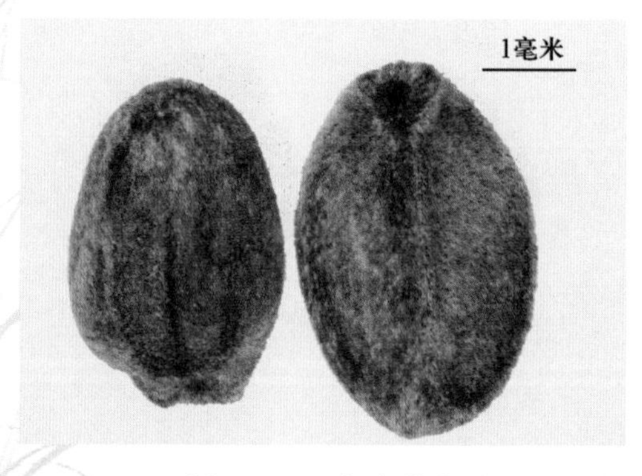

图 2-135　银灰旋花

2. 田旋花 *Convolvulus arvensis* L.

种子长 3.5～4.5 毫米，宽 2～3 毫米；三棱状长椭圆形或倒卵形，暗褐色，乌暗无光

泽；表面粗糙，具黄褐色的短条形波状突起；背面圆形隆起，腹面中央具纵脊，较钝，脊的两侧面平坦或微内凹；两端钝圆，腹面的纵脊端部凹入。种脐位于基部，较大，凹陷，呈倒阔U形，底部呈红褐色（图2-136）。

分布：原产于欧洲。我国北方各地区普遍发生；现已分布全世界温带及亚热带地区。

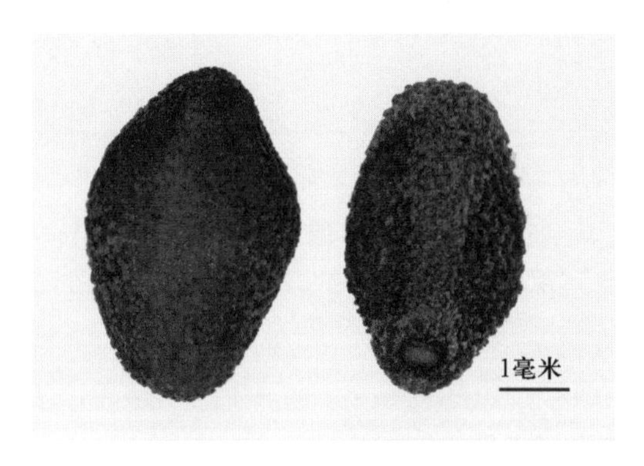

图2-136　田旋花

三、菟丝子属 *Cuscuta*

分种检索表

1. 种子长大于2.5毫米，种脐较大…………………………………… 2
1. 种子长小于2.0毫米，种脐较小…………………………………… 3
2. 鼻状突起不明显 …………………………………… 单柱菟丝子
2. 鼻状突起明显，脐线弧形，较长 …………………………………… 日本菟丝子
3. 种子长小于1.0毫米，灰褐色，表面密布土黄色的细颗粒状霜状物 ………… 杯花菟丝子
3. 种子不为上述情况…………………………………… 4
4. 种子常2粒连生呈肾形 …………………………………… 亚麻菟丝子
4. 种子不为上述情况…………………………………… 5
5. 种皮表面具白色微颗粒 …………………………………… 菟丝子
5. 种皮表面不具白色微颗粒…………………………………… 6
6. 种子腹棱线不对称，种喙明显 …………………………………… 南方菟丝子
6. 种子腹棱线两侧对称，种喙不明显，种子近圆形，种脐明显 ………… 田野菟丝子

1. 南方菟丝子 *Cuscuta australis* R. Br.

种子卵形至扁球形，红褐色至深褐色；长1.2～1.6毫米，宽1.1～1.2毫米。表面粗糙，具不规则网纹，网眼深。背部拱圆；腹部平或略凹。有1个平或略凹的面。种脐位于腹面一侧的下方，圆形，色同种皮，脐区中央斜生1条弧形或波形白色脐线。胚根尖突出于种子基底或基部一侧，形成较小的鼻突（图2-137）。

分布：我国各地区，以及朝鲜、日本、东南亚和大洋洲。

图 2-137　南方菟丝子

2. 田野菟丝子 *Cuscuta campnstris* Yuncker

种子阔椭圆形或椭圆状球形，近于三面体；黄褐色至黄棕色；长 1.3～1.7 毫米，宽 1.1～1.4 毫米。表面粗糙，具网状纹饰，网眼中有疣状突起，网脊皱褶。背面圆拱；腹面由中脊分成 2 个平面，一面下端为钝圆的胚根尖，另一面下部斜切。种脐位于斜切面上，圆形，平坦，与种皮同色，中央具 1 条斜向的白色短脐线（图 2-138）。

分布：我国新疆、福建及南美洲和北美洲。

图 2-138　田野菟丝子

3. 菟丝子 *Cuscuta chinensis* Lam.

种子椭圆形或椭圆状卵形，两侧稍凹陷，喙小不明显；黄褐色至灰褐色；长约 1.5 毫米，宽约 1 毫米。表面较粗糙，具不均匀分布的白色糠秕状物。背面隆起；腹面中部稍隆起。种脐位于缺弯内，稍凹陷。与种皮近同色，圆形中央有 1 条斜向白色短脐线（图 2-139）。

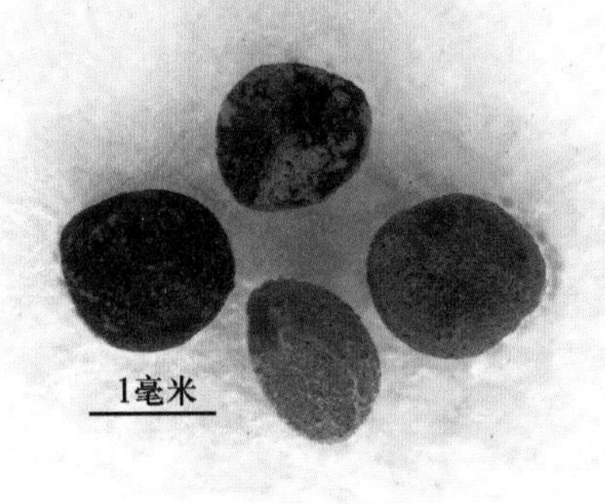

图 2-139　菟丝子

分布：我国南北大部分地区，以及亚洲大部分国家和大洋洲。

4. 杯花菟丝子 *Cuscuta cupulata* Engelm.

种子近卵圆形，长 0.9～1.2 毫米，宽 0.6～1.0 毫米；灰褐色；种皮革质。表面密布土黄色的细颗粒状霜状物；背面钝圆，腹面具 1 钝脊棱，把腹面分成 2 个斜面；顶端圆形，基部近腹面稍斜截。种脐位于腹面基部的斜截处，线形；晕轮卵圆形，较小（图 2－140）。

分布：亚洲西部和南部、欧洲南部和非洲北部。

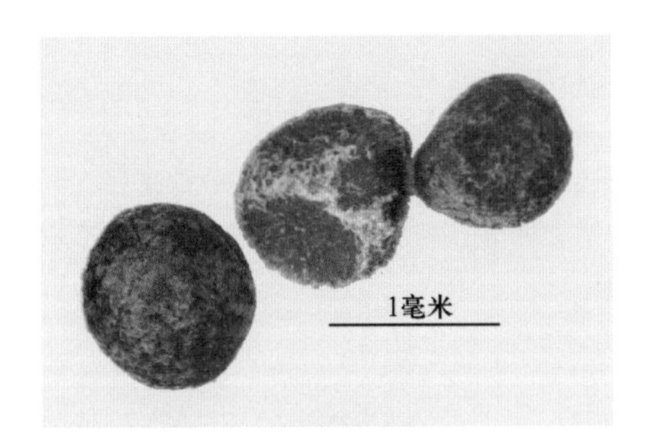

图 2－140 杯花菟丝子

5. 亚麻菟丝子 *Cuscuta epolinum* Weihe.

种子常 2 粒结合在一起，呈肾形，单粒种子倒卵形至半球形，三面体；淡绿褐色至棕色；长 1.0～1.3 毫米，宽约 1.1 毫米。表面极粗糙，凸凹不平，交织成网、穴。背拱圆；腹面由中脊分成 2 斜面，一面平坦，另一面崎岖有凹。种脐位于中脊下方的斜切面上，圆形，平坦，较种皮稍浅，中央具 1 条纵向的棕色脐线（图 2－141）。

分布：我国黑龙江、新疆，以及北美洲、欧洲、印度。

图 2－141 亚麻菟丝子

6. 日本菟丝子 *Cuscuta japonica* Choisy

种子近半球形至三棱柱形，略扁，平凸；黄色至棕褐色；长 2.5～3.5 毫米，宽 1.6～3.0 毫米。表面粗糙，具条状纹饰，条纹狭长，排列稀疏。背面圆钝；腹面中部较平或微凹。顶端圆；基部偏斜，一侧下延呈鼻状突起。种脐位于基端鼻状突起内侧，多角形至矩圆形，红棕色，中间具贯通的褐色脐线（图 2－142）。

分布：我国东北地区，以及朝鲜、日本、俄罗斯和越南。

图 2-142　日本菟丝子

7. 单柱菟丝子 *Cuscuta monegyna* Vahl

种子扁球形或舌尖状，平凸；棕黄色至棕褐色；长 2.3～3.5 毫米，宽 2.5～3.0 毫米。表面粗糙。背面平或略凹；腹面稍拱起，被微突的中棱分成两半，一半基部延伸出较长的胚根（鼻突），另一半基底平截。种脐线形，微凹，棕黑色，晕轮长椭圆形，具网状纹饰（图 2-143）。

分布：我国新疆，以及非洲北部、法国、蒙古国、阿富汗和俄罗斯。

图 2-143　单柱菟丝子

四、番薯属 *Ipomoea*

小白花牵牛 *Ipomoea lacunosa* L.

种子三棱状阔卵形；棕褐色至黑褐色；长 4～5 毫米，宽 3.5～4.0 毫米。表面细颗粒状，光滑，稍有光泽；背弓形隆起；腹面平直，中部具隆起的中脊，把腹部分为 2 个相等的斜侧面，平坦或微凹。种脐大而圆，马蹄形，稍凹陷，脐部光滑无毛（图 2-144）。

分布：美国。

图 2-144　小白花牵牛

五、牵牛属 *Pharbitis*

分种检索表

1. 种子背沟浅而宽，侧沟较平，腹侧两斜面平或微凹，种脐边棱毛不明显 …………………… 裂叶牵牛
1. 种子背沟深而窄，侧沟具脊状隆起，腹侧两斜面深凹，种脐边棱具短毛 …………………… 圆叶牵牛

1. 裂叶牵牛 *Pharbitis nil*（L.）Choisy

种子三棱状阔卵形，背面弓形隆起，中央具1条宽而浅的纵沟，腹面由1纵脊分成2个平面；黑色或黑褐色；长5毫米，宽3.5毫米。表面常被毛毡状极细微毛，顶端宽圆形，基部稍窄钝圆。种脐位于腹脊下方，马蹄形凹陷，密被棕色短毛（图2-145）。

分布：世界各地。

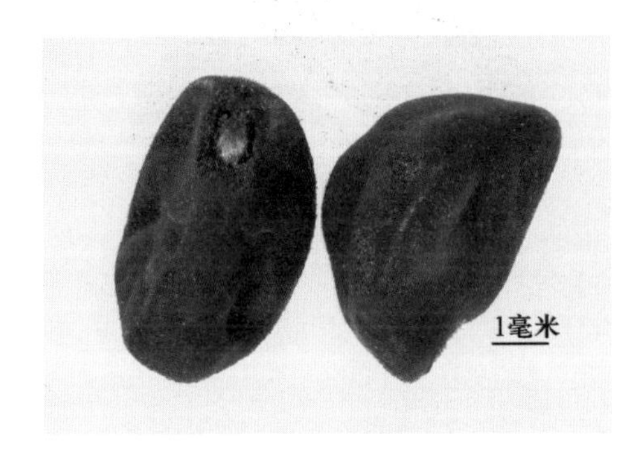

图2-145　裂叶牵牛

2. 圆叶牵牛 *Pharbitis purpurea*（L.）Voigt

种子半圆状三面体；黑褐色至黑色；长约4.5毫米，宽约3.5毫米。表面粗糙呈糠秕状，无光泽。背面弓形隆起，厚，背面具2条隆起纵脊，脊间具宽沟槽，两侧有时具细小四棱和纵沟；腹面平直，被高高隆起的中脊分成两个侧面，每面中央有1浅窝。种脐位于腹面中脊下方，马蹄形，稍凹陷，边缘的毛较长，棕褐色（图2-146）。

分布：我国各地以及美洲。

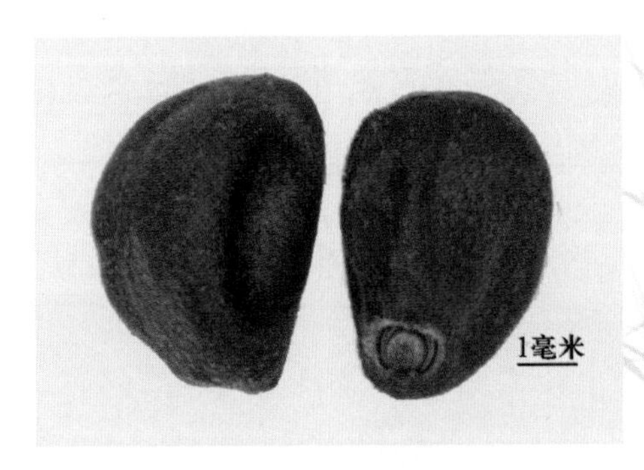

图2-146　圆叶牵牛

六、茑萝属 *Quamoclit*

茑萝 *Quamoclit pennata*（Lam.）Bojer

种子短棒状倒卵形，上部窄长，基部宽大，两端钝圆；黄褐色或黑褐色，乌暗无光泽；长约 5 毫米，宽约 2 毫米。表面粗糙，覆盖着污垢物和微毛。背部隆起，钝圆，腹面中央隆起成脊，形成 2 个斜面。种脐位于腹面下部，马蹄形，凹陷，周围有窄棱，底部及周喙密被暗棕色短绒毛（图 2－147）。

分布：原产于热带美洲。现广布于全球温带及热带地区。

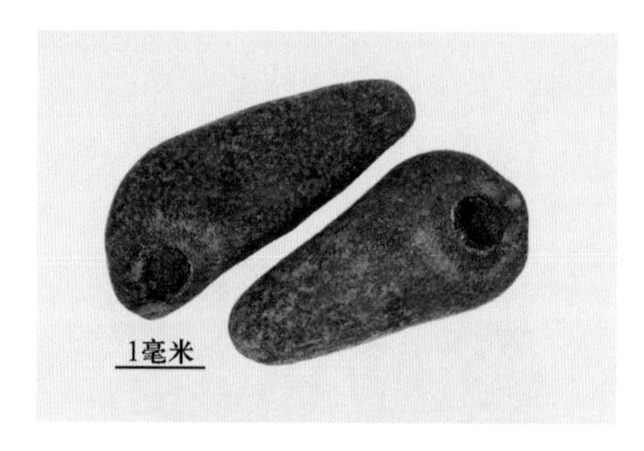

图 2－147　茑　萝

第二十节　十字花科 Cruciferae

本科果实为长角果或短角果，呈卵形、肾形、椭圆形、圆柱形、线形或种子间缢缩呈念珠状；成熟时自基部向上 2 瓣开裂，少数不开裂，或横断成节，果内含 1 至多粒种子。种子多数无胚乳，稀有少量胚乳。

本科种子分类鉴定的主要依据是种子外形和内部结构，前者如种子的形状、大小、颜色、表面特征及覆盖物和种脐的特点等，后者如子叶的形状与胚根的排列方式。子叶与胚根的排列方式，可分为以下五种类型：①子叶缘倚胚根或称子叶直叠；②子叶背倚胚根或称子叶横叠；③子叶对叠包胚根；④子叶复褶背倚胚根；⑤子叶螺旋倚胚根。

分属检索表

1. 果实为短角果……………………………………………………………………………… 2
1. 果实为长角果……………………………………………………………………………… 9
2. 短角果不开裂……………………………………………………………………………… 3
2. 短角果开裂………………………………………………………………………………… 6
3. 短角果倒卵形，有上下 2 室，每室 1 粒种子，表面有疣状突起，子叶螺旋状 ………………… 匙荠属
3. 短角果球形或近球形、长方形、楔形……………………………………………………… 4
4. 短角果压扁，至少在上部有翅，果瓣常有 1 明显中脉，种子常 1 个，子叶背倚胚根 ………… 菘蓝属

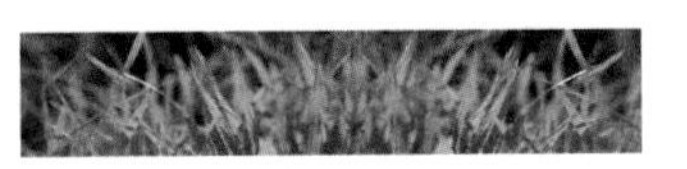

4. 短角果不压扁 …………………………………………………………………………………………… 5
5. 短角果仅为 1 节，表面具不规则网纹 ……………………………………………………… 球果荠属
5. 短角果有 2 节，基部节圆柱状，上部节圆球状，有短喙，表面有疣状纵脊棱约 10 条……… 匕果芥属
6. 短角果倒三角形或倒心形，每果瓣含种子数粒至多粒，种子椭圆形，两侧扁平，子叶重叠 …… 荠属
6. 短角果近扁球形、圆形、肾形、卵形或倒卵形 ……………………………………………………… 7
7. 短角果倒卵形膨胀，有喙，表面光滑无毛，每果瓣含种子数粒至多粒，种子长椭圆形至卵圆形，两侧不扁平，子叶横叠 ……………………………………………………………………… 亚麻荠属
7. 短角果扁平而不膨胀 ……………………………………………………………………………… 8
8. 短角果倒卵状椭圆形，周围有翅，顶端凹陷，种子具环状隆纹 ……………………………… 菥蓂属
8. 短角果圆形、矩圆形或倒卵形至广椭圆形，近顶端有翅或无翅，种子表面无环状隆纹 …… 独行菜属
9. 果实不开裂，长角果较长，呈粗壮圆柱形或近念珠状，成熟时全不开裂 ……………………… 萝卜属
9. 果实开裂 …………………………………………………………………………………………… 10
10. 种子边缘具有白色膜质的翅，种子阔椭圆形，一面平，另一面凹 …………………………… 紫罗兰属
10. 种子边缘不具薄翅 ………………………………………………………………………………… 11
11. 长角果无喙，果瓣具 1～3 脉，长角果有稍明显的缢缩，近念珠状 ………………………… 播娘蒿属
11. 长角果有喙 ………………………………………………………………………………………… 12
12. 长角果线形，具 4 棱，裂瓣有 1 凸出中脊，种子卵形至长圆形，稍扁平，黑棕色，有纵条纹……………………………………………………………………………………………… 诸葛菜属
12. 长角果圆柱形，稍扁，每果瓣 1～3 脉，种子圆球形或近圆球形 …………………………… 白芥属

一、匙荠属 *Bunias*

疣果匙荠 *Bunias orientalis* L.

短角果木质化坚硬，不开裂，卵形或近卵形，偏斜；长 6.0～8.0 毫米，宽 3.0～4.0 毫米。顶端具短喙，基部钝圆，果皮淡黄白色至黄褐色；表面凹凸不平，有疣状突起及隐约可见的脊棱；果内含 1～2 粒种子。种子蜗牛状螺旋形，长约 3.5 毫米，宽 2.2～2.7 毫米；种皮膜质，淡黄褐色至黄褐色，表面具皱纹或散生瘤状小突起，无光泽；胚根明显突出呈喙状，斜弯；子叶螺旋形，复褶背倚胚根（图 2－148）。

分布：俄罗斯、土耳其等地。

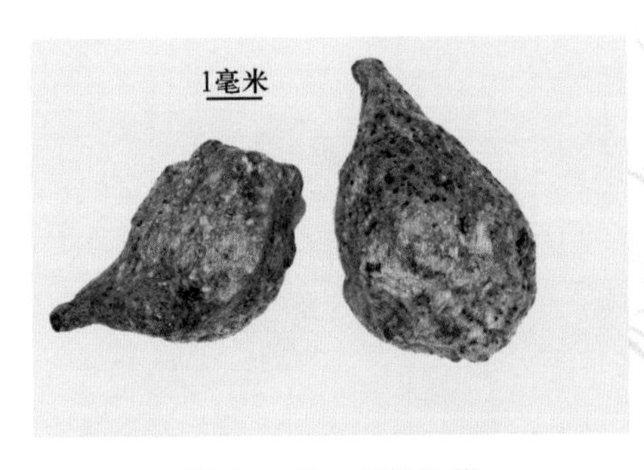

图 2－148　疣果匙荠

二、亚麻荠属 *Camelina*

亚麻荠 *Camelina sativa*（L.）Crantz.

短角果倒梨形，长6～10毫米，宽5～7毫米，果皮淡黄色，表面光滑无毛，顶端具短喙，基部宽楔形，中脉明显，成熟时2瓣裂，内含种子多数。种子长椭圆形，红褐色；长1.1～1.5毫米，宽0.8～1.0毫米。表面具细小的颗粒状突起，无光泽。种脐位于基部，微小，圆形，白色，略凹陷。种子水湿后有黏液。种子无胚乳，胚的子叶背倚胚根（图2-149）。

分布：我国新疆、黑龙江、内蒙古等，以及欧洲和北美洲。

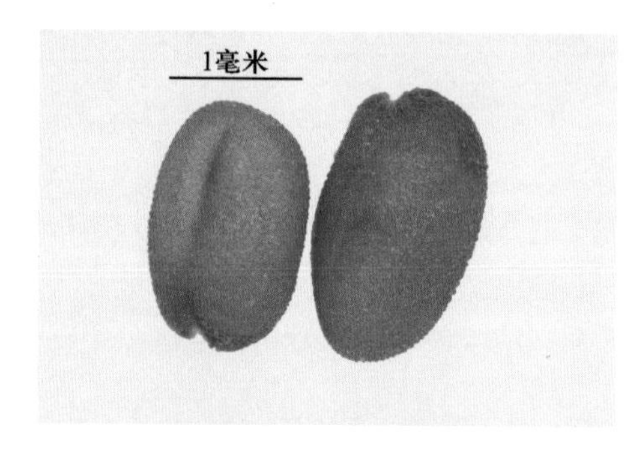

图2-149　亚麻荠

三、荠菜属 *Capsella*

荠菜 *Capsella bursa-pastoris*（L.）Medic.

短角果倒三角状心形，长5～8毫米，宽4～7毫米，扁平无毛，先端凹陷，中央具残存短花柱，果皮黄绿色，表面具不规则细网纹，成熟时2瓣开裂，内含种子多数。种子长椭圆形至长圆状倒卵形，略扁；黄褐色至褐色；长0.8～1.0毫米，宽0.3～0.5毫米。表面细颗粒状，略显粗糙。胚根背倚子叶，与子叶近等长，胚根与子叶间有显著沟痕。种脐位于基端的小凹缺内，白色（图2-150）。

分布：我国各地及世界其他温带地区。

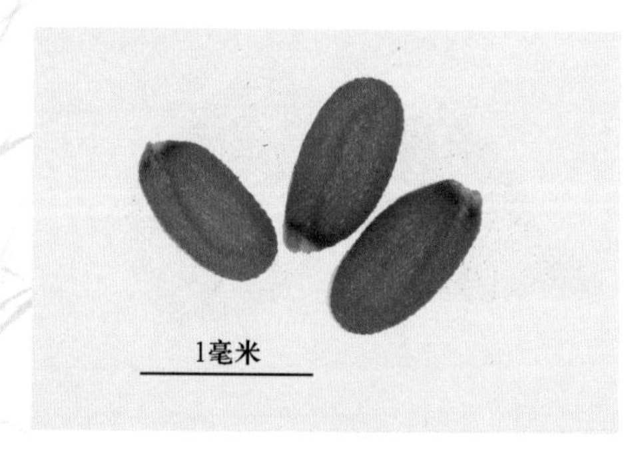

图2-150　荠　菜

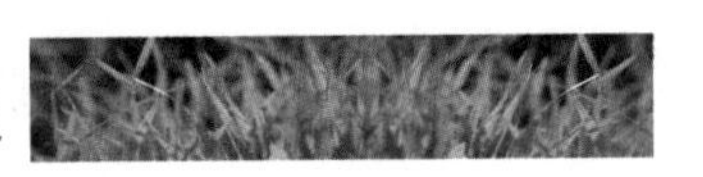

四、播娘蒿属 *Descurainia*

播娘蒿 *Descurainia sophia*（L.）Webb ex Prantl

长角果线状圆柱形，长 20～30 毫米，宽约 1 毫米。果皮黄绿色，表面平滑无毛，具长果柄，或成熟时 2 瓣裂，内含种子多数，呈串珠状排列成 1 行。种子矩圆形或近圆形，平凸；黄褐色至深褐色；长约 0.9 毫米，宽约 0.4 毫米。表面具纤细网纹。顶端圆钝或偏斜；基端近平截，色深。种脐位于基端，白膜质，种脐周围深褐色。胚根比子叶稍长，背倚于子叶，2 片子叶间以及子叶与胚根间都有条状凹痕（图 2－151）。

分布：我国东北、华北、华东、西北、西南，以及亚洲、欧洲、非洲北部、北美洲。

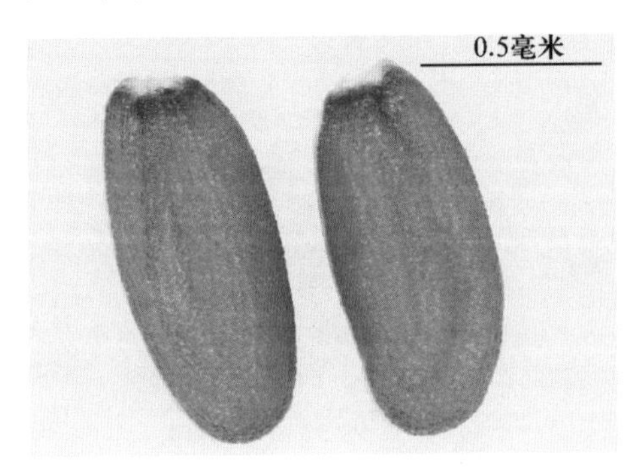

图 2－151　播娘蒿

五、菘蓝属 *Isatis*

菘蓝 *Isatis indigotica* Fort.

角果长方状楔形，扁状，长约 13 毫米，宽约 4 毫米。顶端钝圆或微凹，并具短尖，边缘薄，呈宽翅状。果实成熟后果皮呈黑色，不开裂，内含 1 粒种子。种子卵状椭圆形，长约 3 毫米，宽约 1.3 毫米，顶端钝圆。种皮黄色或黄褐色，表面平滑，无光泽。种子两侧位于胚根与子叶之间有 1 条明显的沟痕。种脐圆形，白色，位于基端。种子无胚乳，子叶背倚胚根（2－152）。

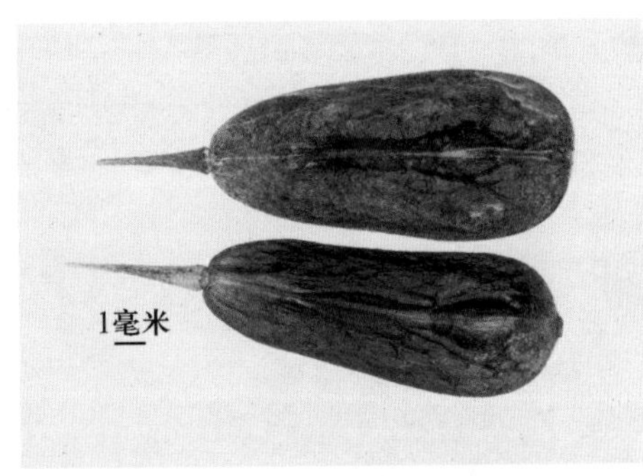

图 2－152　菘　蓝

分布：欧洲中部、亚洲西部直至印度及北洲北部；中国有栽培。

六、独行菜属 *Lepidium*

独行菜 *Lepidium apetalum* Willd

短角果近圆形或宽椭圆形，扁平，上部有短翅，长 2～3 毫米，宽约 2 毫米，顶端微缺，中央具一短小的残存花柱，果皮淡黄色，表面光滑，具不明显的网纹，成熟时 2 瓣开裂，每室含种子 1 粒。种子歪倒卵形，略扁；红褐色；长 1.3～1.5 毫米，宽 0.6～0.8 毫米。表面密被整齐的小凸点，边缘无透明窄边。胚根位于子叶背面，与子叶近等长，胚根与子叶以及 2 个子叶间均有沟痕。种脐位于基端的鱼嘴状凹缺内，白色（图 2－153）。

分布：我国东北、华北、西北，以及蒙古国、朝鲜、俄罗斯。

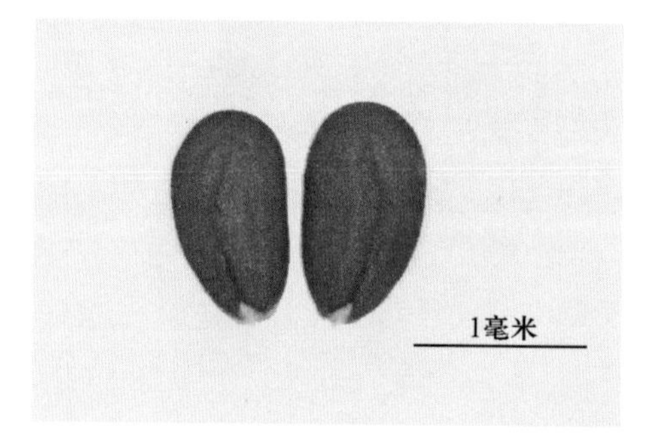

图 2－153　独行菜

七、紫罗兰属 *Matthiola*

紫罗兰 *Matthiola incana*（L.）R. Br.

长角果圆柱形，长 7～8 厘米，直径约 3 毫米，果瓣中脉明显，顶端浅裂；果梗粗壮，长 10～15 毫米。种子阔椭圆形，扁平，一面凸，一面凹，直径约 2 毫米，深褐色；边缘薄而锐，常具有白色膜质的翅状边，顶端圆钝，基端具三角形缺口。种脐位于缺口内，具白絮状填充物或残余种柄（图 2－154）。

分布：原产地中海沿岸。我国南部地区广泛栽培。

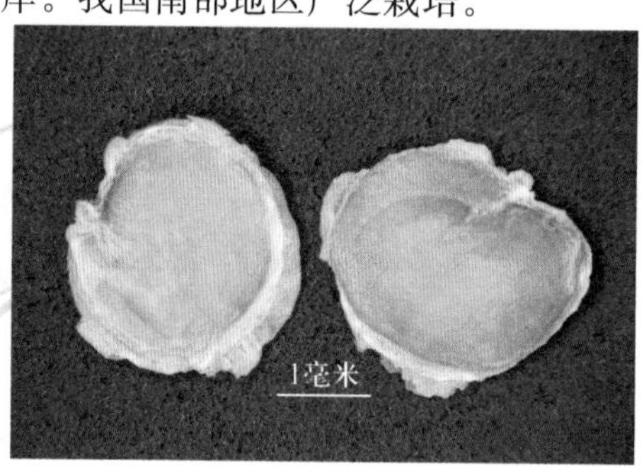

图 2－154　紫罗兰

八、球果荠属 *Neslia*

棱球荠 *Neslia apiculata* Fisch. et Mey.

短角果圆球形，略扁；灰褐色或局部黑褐色；直径约2毫米。表面具隆起的粗网纹，网线平，网眼大，具纵脊4条，窄侧2条脊较细锐，由基部直至顶端，扁面2条脊平直，中部以上常与网线连接而不明显；顶端钝圆，具短喙；基端圆钝，具果脐；果脐菱形突出，中央凹陷，四角与纵脊相连；种子近圆形或阔椭圆形，直径约1.5毫米。种皮淡黄褐色，表面具细网纹。种脐褐色。种子无胚乳，子叶背倚胚根（图2-155）。

分布：我国北方各省份，以及欧洲、北美等。

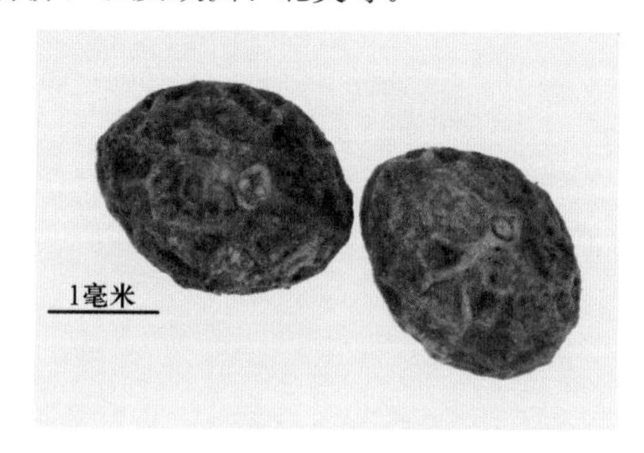

图2-155　棱球荠

九、诸葛菜属 *Orychophragmus*

诸葛菜 *Orychophragmus violaceus*（L.）O. E. Schulz

长角果线形，长7～10厘米。具4棱，裂瓣有1凸出中脊，喙长15～25毫米；果梗长8～15毫米。种子卵形至长圆形，稀三角形，长2～3毫米，宽0.7～1.5毫米；稍扁平，黑棕色，表面粗糙，具纵向小突连成的棱线，局部有横线连成网状。种脐位于基部胚根尖的一侧，凹陷。子叶对叠包胚根，子叶与胚根间有明显沟痕（图2-156）。

分布：原产于我国东北、华北。现辽宁、河北、山东、山西、陕西、江苏、浙江、上海等地均有分布。

图2-156　诸葛菜

十、萝卜属 *Raphanus*

野萝卜 *Raphanus raphanistrum* L.

长角果近念珠状或柱状，常节断，每节段圆柱状球形；淡黄褐色；直径 4.5 毫米，长短不一。表面粗糙，具 6～8 纵棱。果皮极厚，每节 1～2 粒种子。种子椭圆形，略扁；红褐色或暗灰褐色；长约 3 毫米，宽约 2.1 毫米。表面被明显细网纹，无光泽。种脐圆形，与种皮同色，其周围白色。具子叶对折包夹胚根的沟痕（图 2－157）。

分布：欧洲、亚洲东部、非洲、北美洲及大洋洲。

图 2－157　野萝卜

十一、匕果芥属 *Rapistrum*

皱匕果芥 *Rapistrum rugosum*（L.）All.

短角果 2 节，顶节圆球形，基节柱形；淡黄色或黄白色；顶节直径约 3 毫米，基节约 2.5 毫米，粗约 1 毫米；顶节表面具 10 余条疣状纵脊棱，先端具圆锥状喙，基节表面平滑或有疣状突起；顶节基部与基节脱，基节两端平截。果皮甚厚，各节含种子 1 粒，稀 2 粒。种子卵圆形或椭圆形，稍扁；黄褐色，表面具不明显的细网纹，无光泽；有时显出子叶对折包夹胚根两侧的沟痕。种脐位于种子基部，暗褐色，与突出的胚根相对（图 2－158）。

分布：欧洲、亚洲西部和非洲东部。

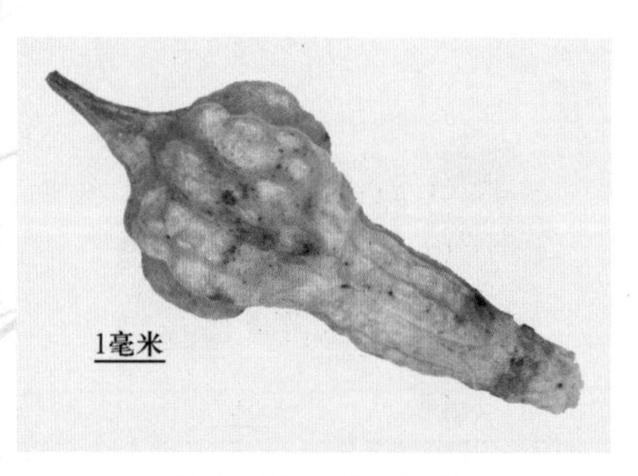

图 2－158　皱匕果芥

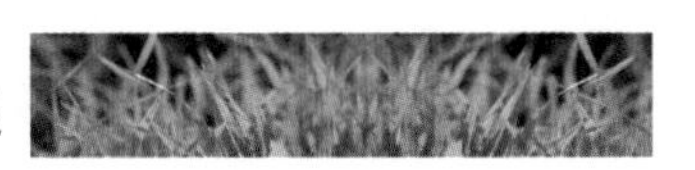

十二、白芥属 *Sinapis*

白芥 *Sinapis alba* L.

长角果稍呈念珠状，长 10～16 毫米，果皮具 3 条明显的平行脉，基端生膨大的粗硬毛，顶端具喙，扁平，顶端渐细。成熟时 2 瓣开裂，内含种子 4～8 粒。种子近球形，有的略扁；黄色至淡黄色；直径约 2 毫米。表面布满细微小穴，有以种脐为中心的断续同心纹。种脐位于种子一端，圆形，稍凹，白色，其周围颜色较深，其侧具种孔突起。子叶对折，包胚根。种子水湿后表面有黏液（图 2-159）。

分布：欧洲、非洲北部和北美洲。

图 2-159　白　芥

十三、菥蓂属 *Thlaspi*

菥蓂（遏蓝菜）*Thlaspi arvense* L.

短角果倒卵形或近圆形，两侧扁平，长 13～18 毫米，宽 9～13 毫米。果实顶端深凹，边缘有宽翅约 3 毫米。果皮淡黄色，表面有 5～7 条平行的纵棱，成熟时 2 瓣开裂，内含种子 2～8 粒。种子倒卵形或卵状椭圆形，扁平；黑色或紫黑色；长 2 毫米，宽 1.2 毫米。表面粗糙，每面具环形对折棱纹 5～6 条。环棱间有细而密的小横纹。胚根位于子叶边缘，比子叶短，胚根与子叶间有 1 短纵沟。种脐位于种子基端的凹陷内，白色或黄褐色，常有种柄残余小突起（图 2-160）。

图 2-160　菥蓂（遏蓝菜）

分布：亚洲、欧洲和北美洲。

第二十一节　葫芦科 Cucurbitaceae

果实为瓠果、蒴果或浆果，成熟时顶端开裂或不开裂，果内含种子多数，稀少数至1枚。种子常倒卵形，种皮骨质、硬革质或膜质，有各种纹饰，边缘全缘或有齿。胚体大而直立，无胚乳。

分种检索表

1. 种子长11～16毫米，表面粗糙，并具极细小的凹穴，近边缘处具带状周边……………………… 栝楼
1. 种子长4毫米，黑色，两面凸，表面粗糙，密布皱纹状细瘤 …………………………………… 赤瓟

一、赤瓟属 *Thladiantha*

赤瓟 *Thladiantha dubia* Bunge

种子倒卵形，扁；黑色；长约4毫米，宽约2.5毫米，厚约1.5毫米。表面粗糙，密布皱纹状细瘤；两侧具锐棱；果顶部钝圆，下部渐薄，到基端呈扁嘴形。种脐位于扁嘴顶端，椭圆形，凹陷，黑色，有的具黄色覆盖物（图2-161）。

分布：我国大部分地区，以及朝鲜、日本、俄罗斯。

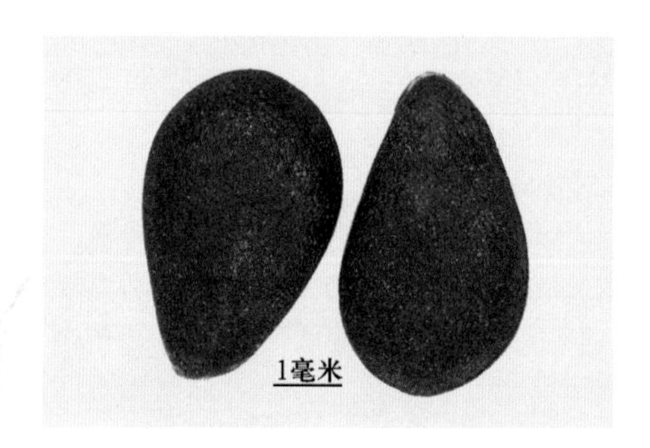

图2-161　赤　瓟

二、栝楼属 *Trichosanthes*

栝楼 *Trichosanthes kirilowii* Maxim.

种子倒阔卵形，压扁，淡黄褐色；长11～16毫米，宽7～12毫米。表面粗糙不平，并具极细小的凹穴。顶端钝圆，基部急尖，近边缘处具1条带状周边，两面中央拱起。种脐位于边缘的基端。种皮坚硬，无胚乳，胚直生（图2-162）。

分布：我国北部至长江流域各省份，以及朝鲜、日本、越南和老挝。

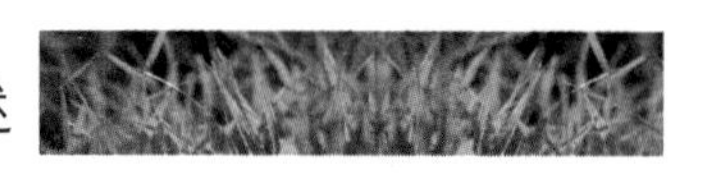

图 2-162　栝　楼

第二十二节　莎草科 Cyperaceae

果实为坚果、瘦果或囊果，果实有扁平的两面形或三面体的三棱形，果皮光滑，有光泽，黑色、棕色或黄褐色，内含种子 1 粒，种皮薄，胚体小，直生，具丰富的胚乳。

分种检索表

1. 小坚果长 3.5 毫米，两面扁平，表面具细密的蜂窝状网纹 ………………………………… 扁秆藨草
1. 小坚果长 2.5 毫米，平凸状，倒卵形，稍有光泽，表面具细颗粒状密纵纹 …………………… 水葱

一、藨草属 *Scirpus*

扁秆藨草 *Scirpus planiculmis* Fr. Schmidt

小坚果倒卵形，扁平；淡黄褐色，有光泽；长约 3.5 毫米，宽约 2.4 毫米。表面具蜂窝状网纹，周边网眼大，中央网眼小；两面中部稍凹；顶端圆，具有喙状花柱基，花柱基顶部灰色，基部黑褐色；果基广楔形，基端黑褐色，具 4～6 条有倒刺的下位刚毛，易脱落。果底部具近圆形的果脐，果脐中央具 1 短柱状突起，果内含种子 1 粒（图 2-163）。

分布：我国大部分地区，以及朝鲜、日本、俄罗斯的远东地区。

图 2-163　扁秆藨草

二、水葱属 *Schoenoplectus*

水葱 *Schoenoplectus tabernaemontani*（C. C. Gmel.）Palla

小坚果阔椭圆形或阔倒卵形，平凸状；棕褐色；稍有光泽；长约 2.5 毫米，宽约 1.5 毫米。表面具细颗粒状密纵纹，有小凹条；背面隆起；腹面平；顶端阔楔形，具花柱残基；基部阔楔形，具 5～6 条带有倒刺的下位刚毛，长度约等于果实。基底具圆形果脐，较平，灰褐色。内含种子 1 粒（图 2-164）。

分布：我国大部分地区，以及朝鲜、日本、欧洲、美洲、大洋洲。

图 2-164 水 葱

第二十三节 麻黄科 Ephedraceae

本科植物属裸子植物。雌球花的苞片成熟时肉质多汁，红色或橘红色，稀为干燥膜质，淡褐色，假花被发育形成革质假种皮。种子 1～3 粒，胚乳丰富。

麻黄属 *Ephedra*

草麻黄 *Ephedra sinica* Stapf

成熟果实呈红色浆果状。种子常 2 枚并生，较苞片长，约 1/3 外露。种子棕褐色；椭圆状卵圆形或卵圆形；长约 6 毫米，宽约 3 毫米。背部中央及两侧边缘具突起的黄色细纵棱，棱间及腹面均呈锈黄色，横列碎片状细密突起。种脐位于基部，近圆形，颜色深黄（图 2-165）。

图 2-165 草麻黄

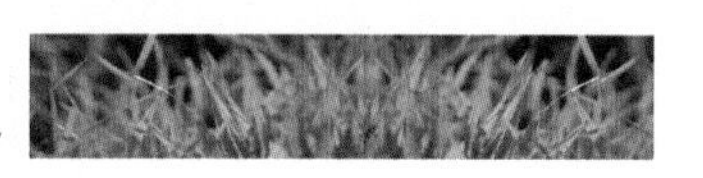

分布：我国辽宁、吉林、内蒙古、河北、山西、河南、陕西等地区及蒙古国。

第二十四节　大戟科 Euphorbiaceae

本科果实为蒴果，常 3 室，成熟时 3 瓣开裂，每室含种子 1 粒，或为核果状或浆果状。种子基部通常具 1 显著的种阜，胚大而直生或弯曲，胚乳丰富。

分属检索表

1. 种子呈倒卵形，表面近平滑，具极微细的网状纹，种阜呈长圆形 ……………………………… 铁苋菜属
1. 种子形状不一，表面粗糙，具瘤状、网状或横脊突起，种阜存在或否，但绝不呈上述形状 ………
…… 大戟属

一、铁苋菜属 Acalypha

铁苋菜 *Acalypha australis* L.

蒴果钝三棱状球形，果皮具小瘤，表面被粗短白色毛。种子倒卵形；褐色或黑褐色；长 1.5～2.0 毫米，宽约 1 毫米。表面细密颗粒质网状纹，被一薄层灰白色蜡质物，乌暗无光泽，顶端圆形，基部较尖。腹面下部 1/3 处有种脐，种脐下方贴伏白色种阜；种脐上方具白色纵棱状脐条，直达种子顶端，与圆点状突起的合点相接（图 2 - 166）。

分布：我国各省份，以及朝鲜、日本、俄罗斯、菲律宾、北美洲和南美洲。

图 2 - 166　铁苋菜

二、大戟属（Euphorbia）

分种检索表

1. 种子长 2 毫米以上，无种阜 …………………………………………………………………………… 2
1. 种子长 2 毫米以下 ……………………………………………………………………………………… 3
2. 种子长约 4 毫米，宽、厚均约 3.2 毫米，淡黄褐色或近灰褐色，表面具不规则的瘤状突起，无种阜
……………………………………………………………………………………………………… 银边翠

2. 种子棱状卵形，长 2.5～3.0 毫米，直径约 2.2 毫米，被瘤状突起，灰色至褐色 ………… 白苞猩猩草
3. 种子近卵状球形，长 1.8～2.0 毫米，宽和厚均为 1.8～1.9 毫米，表面具细颗粒状突起 … 乳浆大戟
3. 种子卵圆形，长 1.8～2.0 毫米，宽、厚均约 1.5 毫米，表面具明显凸起的网状纹 …………… 泽漆

1. 齿裂大戟（锯齿大戟）*Euphorbia dentata* Michx.

硕果 3 室，扁球状，高 3～4 毫米，直径 3.9～4.3 毫米，具 3 个纵沟。种子宽倒卵形，长 2.1～2.7 毫米，厚 1.7～1.9 毫米；表面浅灰色、深褐色至近黑色。背面拱圆，腹面稍显平坦，其间有 1 条线状黑色种脊。种子表面具瘤状突起，分布较均匀，钝或尖。在腹面近基部有 1 稍凹的脐区，脐区具 1 淡黄色种阜。种阜盾状黏附于种脐表面，宽 0.4～0.6 毫米，易脱落。胚直升，抹刀形，埋藏于丰富的胚乳中（图 2－167）。

分布：原产于北美洲。现分布于美国、墨西哥、加拿大、巴拉圭、阿根廷等。

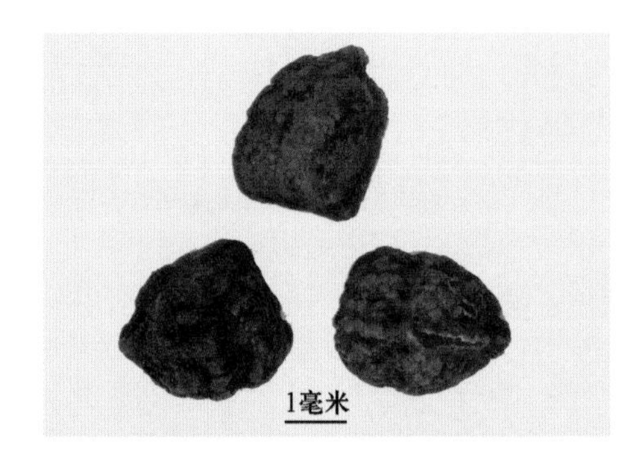

图 2－167　齿裂大戟（锯齿大戟）

2. 乳浆大戟 *Euphorbia esula* L.

蒴果三棱状球形，无毛，长与直径均 5～6 毫米，具 3 个纵沟；花柱宿存；成熟时分裂为 3 个分果爿。种子卵球状，长 2.5～3.0 毫米，宽 2.0～2.5 毫米，成熟时黄褐色或有棕色斑点；种阜盾状，无柄（图 2－168）。

分布：我国大部分地区；广布于欧亚大陆，归化于北美洲。

图 2－168　乳浆大戟

3. 泽漆 *Euphorbia helioscopia* L.

蒴果球形，光滑，直径约 3 毫米。种子褐色，卵形，长约 2 毫米，有明显凸起网

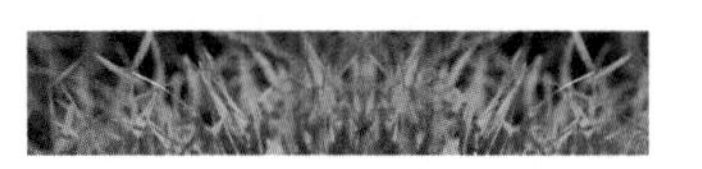

纹，网孔凹入。背面钝圆，腹面稍平，中央有1显著隆起的纵脊，黄褐色，直达合点。种子顶端圆形，基端渐窄，种子位于基端，大而显著，黄白色，完全覆盖脐部（图2-169）。

分布：广布于我国各地区（除黑龙江、吉林、内蒙古、广东、海南、台湾、新疆、西藏外）；欧亚大陆、北非。

图2-169　泽　漆

4. 白苞猩猩草 *Euphorbia heterophylla* L.

蒴果卵球状，3室，长5.0～5.5毫米，直径3.5～4.0毫米，被柔毛。种子棱状卵形，横切面近三角形，长2.5～3.0毫米，直径约2.2毫米，灰色至褐色。表面具灰褐色或深褐色覆盖物，背面具龙骨状突起的脊，具小瘤状环带，瘤突分布不均匀，浸泡后种皮表面产生胶质状黏液，种阜退化为点状突起（图2-170）。

分布：原产于北美，栽培并归化于旧大陆。分布于南美洲及其他热带地区，我国台湾、四川、云南。

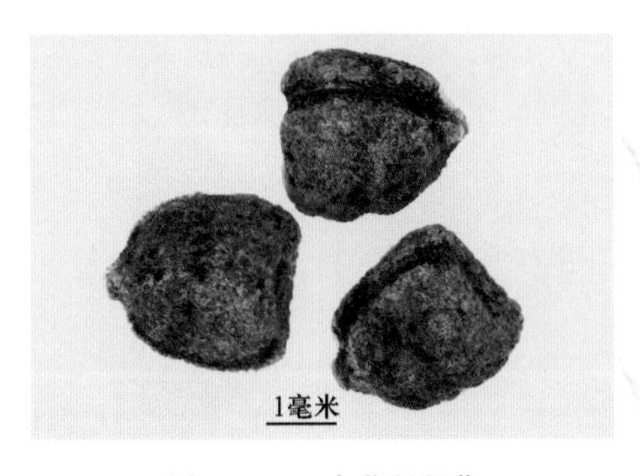

图2-170　白苞猩猩草

5. 地锦 *Euphorbia humifusa* Willd.

蒴果三棱状阔卵形，直径约2毫米，无毛，光滑。种子倒卵形，微呈四棱状；淡红褐色至暗褐色，外被白色蜡粉；长约1.1毫米，宽约0.8毫米。表面稍粗糙，具不整齐的凹穴，有的不明显；腹面较平，中间稍隆起，微呈二面体，隆起线上有1褐色的细缝线；背面隆起较大，呈明显的二面体，隆起处有时也可见到棱线。种脐圆点状，位于种子腹面基端（图2-171）。

分布：我国各地区，以及朝鲜、日本、俄罗斯。

图 2-171　地　锦

6. 银边翠 *Euphorbia marginata* Pursh.

蒴果球形，稍扁，表面密被白色短柔毛。种子阔倒卵形或近球形，黄褐色至暗褐色；长 4 毫米，宽 3 毫米。表面粗糙，具不规则丘状或条状隆起，并密布极细微的网状纹，表面被一层容易去除的白色附属物；顶端具略平的深褐色合点区；基端骤扁，斜向腹部。种脐位于扁化基端的腹侧，圆点状，深褐色。脐条位于腹侧，深褐色，条状，连接合点区和种脐（图 2-172）。

分布：原产于北美洲。我国及世界各地栽培供观赏。

图 2-172　银边翠

第二十五节　牻牛儿苗科 Geraniaceae

本科果实为蒴果，室间开裂或稀不开裂，通常顶端具长喙，稀无喙，成熟后由基部开裂成多枚具有“尾巴”（喙）的分果瓣，每果瓣含种子 1 粒，或稀为多粒。种子胚多半弯曲，内含少量胚乳或无。

分属检索表

1. 分果瓣长倒圆锥状，具长喙，内面具长柔毛。种子倒圆锥形蛹状，表面光滑 …………… 牻牛儿苗属

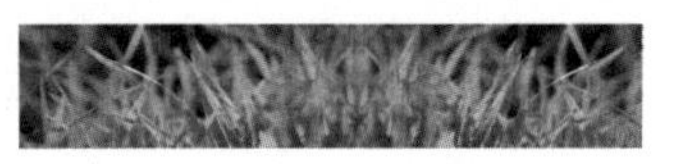

1. 分果瓣矩圆状阔椭圆形，果喙短，内面无毛。种子阔椭圆形、圆柱形，表面具细网纹 …… 老鹳草属

一、牻牛儿苗属 *Erodium*

牻牛儿苗 *Erodium stephanianum* Willd.

分果瓣长倒圆锥状，具长喙；黑褐色或棕黄色；长 10 毫米（不包括喙），宽 1.5 毫米。表面密被灰白色或棕黄色长柔；顶端圆并延伸出螺旋状卷曲的扁长喙，长达果体 3～4 倍，有时脱落，喙下部的螺旋部分一面具棕色长鬃毛，末端渐窄，密被短柔毛。种子倒圆锥形蛹状；棕褐色；长 5.5 毫米，宽约 1.1 毫米。种脐位于腹面 3/4 处，长椭圆形，在种脐与内脐之间有 1 条种脊（图 2 - 173）。

分布：我国大部分地区，以及朝鲜、蒙古国、俄罗斯和印度。

图 2 - 173　牻牛儿苗

二、老鹳草属 *Geranium*

分 种 检 索 表

1. 种子阔椭圆形，长约 2 毫米，红褐色至灰红褐色，种脐位于腹面胚根下端的丘状突起下方 ……………………………………………………………… 野老鹳草
1. 种子短圆柱形，长约 2.5 毫米，黑色或黑褐色，种脐位于种子近中部 ………………… 鼠掌老鹳草

1. 野老鹳草 *Geranium carolinianum* L.

蒴果鸟喙状。分果形如老鼠，长约 20 毫米，果皮密被白色长柔毛。种子矩圆状阔椭圆形；红褐色至灰红褐色；长 2 毫米，宽 1.2 毫米。表面具网纹，网壁较细，灰黄褐色至红褐色；网眼较浅，纵长，红褐色。背面圆钝；腹面胚根呈脊状隆起，长为子叶的 3/4；两端圆钝。种脐位于腹面胚根下端的黄褐色丘状突起下方。种瘤位于基底，红褐色，低丘状。种脐和种瘤之间有红褐色脐条相连（图 2 - 174）。

分布：我国江苏、浙江、河南、云南、四川及美国。

图 2－174　野老鹳草

2. 鼠掌老鹳草 *Geranium sibiricum* L.

蒴果鸟喙状。分果形如老鼠，长 15～18 毫米，被疏柔毛；果脐如鼠嘴，果喙如鼠尾，黄褐色。种子矩圆形，短柱状；黑色或黑褐色；长约 2.5 毫米，宽约 1.4 毫米。表面具细网状纹。种脐位于种子近中部，圆形褐色，微凸，下端具隆起脐条，直达基端隆起的种瘤，脐条近种脐处两侧有长倒卵形边线（图 2－175）。

分布：我国东北地区，以及朝鲜、日本和欧洲。

图 2－175　鼠掌老鹳草

第二十六节　禾本科 Gramineae

本科果实通常为颖果。果皮外被内外稃所包，或裸露，或为刺状总萼所包，或为囊果。果实胚小，位于背面的基部，具丰富的粉质胚乳。

本科植物鉴别的主要依据是小花数目，小穗各部分结构如颖片、稃片、芒、总苞以及胚、种脐等形状特征。

分属检索表

1. 果实为囊果，种子与果皮可分离，果皮膜质，种子三棱状圆形或球形，深红色至黑褐色，表面波状皱纹 ………………………………………………………………………… 穇属

1. 果实为颖果，果皮与种子结合在一起 ………………………………………………… 2

2. 花序圆柱形或近圆柱形，小穗单生，含 2～5 花，有芒或无芒，小穗侧面贴生于穗轴 ……… 山羊草属

2. 花序与小穗不为上述情况……………………………………………………………………………… 3
3. 小穗数枚簇生于刺状总苞内，脱节于总苞基部 ………………………………………… 蒺藜草属
3. 小穗不为刺状总苞所包，有各种形式……………………………………………………………… 4
4. 小穗成熟后，颖果极易脱离稃片，球形或压扁，外稃无芒，具3条明显的脉，内稃具2脊，常作弓形弯曲 …………………………………………………………………………………………… 画眉草属
4. 小穗成熟后，颖果仍包在稃片，称为带稃颖果…………………………………………………… 5
5. 小穗带颖脱落，带稃颖果稃片外方有颖，即脱节于颖之下，小穗体圆或背腹扁……………… 6
5. 带稃颖果脱节于颖之上，稃片外方无颖 ……………………………………………………… 10
6. 小穗2颖等长或近等长…………………………………………………………………………… 7
6. 小穗2颖不等长或只有1颖……………………………………………………………………… 8
7. 小穗2颖革质，具油漆光泽，腹侧具2柱状穗轴，稃片膜质 ………………………… 高粱属
7. 小穗2颖薄纸质或草质，等长，具较薄而色白的边缘，无油漆光泽，小穗近圆形，有3脉，先端钝或锐尖，两侧压扁，近无柄，颖半圆形 …………………………………………………… 䓫草属
8. 小穗第一颖短小或缺如；第二颖披针形，较短于小穗，常生柔毛；第二外稃在果实成熟时为软骨质而有弹性，通常具扁平质薄的边缘以覆盖其内稃，使后者露出较少，小穗具短柄或近无柄，顶端尖锐或钝圆，但不生芒，亦无小尖头，边缘透明膜质 ……………………………………………… 马唐属
8. 小穗第一颖明显存在，但短于第二颖，稃骨质光亮……………………………………………… 9
9. 小穗颖片上具或疏或密的刺状疣毛，至少脉间具短硬毛，第二外稃通常有狭窄而内卷的边缘，故其内稃露出较多，小穗常自第一外稃上生芒或芒状小尖头 ……………………………………… 稗属
9. 小穗颖片上无刺状疣毛，脉间无短硬毛，小穗背凸腹平，带稃颖果外稃具明显横向皱纹，全部或部分小穗下托有1至数枚呈刚毛状的退化小枝 ……………………………………………… 狗尾草属
10. 花序穗状或总状…………………………………………………………………………………… 11
10. 花序为疏松或紧密的圆锥花序…………………………………………………………………… 15
11. 花序穗状，2颖片都存在，小穗常含多数小花，不嵌生于穗轴凹穴中 ……………………… 12
11. 花序总状，小穗含多数小花，小穗近无柄；第一颖除顶生小穗外常不存在…………… 黑麦草属
12. 小穗常以2～5枚生于穗轴的每节，2颖均存在，短于、等于或长于第一小花，穗状花序弯垂或直立；颖长圆状披针形，具3～5脉。穗状花序弯垂或直立；颖长圆状披针形，具3～5脉……………
……………………………………………………………………………………………… 披肩草属
12. 小穗单生于穗轴的每节。颖披针形，具3至数脉。颖披针形，脉于顶端汇合，或为长圆形而脉平行，但顶端不分裂为裂齿；外稃的脉于顶端汇合…………………………………………………… 13
13. 小穗距离较疏松，稍倾斜地生于延长的穗轴上，顶生小穗正常发育；颖和外稃背部扁平或圆形，无脊……………………………………………………………………………………………… 14
13. 小穗密集，呈篦齿状生于短缩的穗轴上，顶生小穗不育以至退化为刺芒状；颖和外俘背部明显具脊，穗轴延续不折断；颖的两侧具宽膜质边缘…………………………………………………… 冰草属
14. 小穗轴脱节于颖上并于各小花间断折；外稃常具芒或退化至无芒，具基盘…………… 鹅观草属
14. 小穗成熟时脱节于颖下，其小穗轴不于诸小花间折断；外稃常无芒或具短的芒尖，常无基盘或不显著……………………………………………………………………………………………… 偃麦草属
15. 小穗常含1小花。外稃质厚，常较颖坚硬，常纵卷为圆桶形，芒从顶端伸出；内稃与外稃同质，外稃有芒，基盘尖锐或钝圆………………………………………………………………………… 16
15. 小穗含2至多数小花，外稃具3至多数脉………………………………………………………… 18
16. 外稃顶端完整无裂齿，稀有微裂；外稃顶端具膝曲、扭转、宿存的芒，稃体包卷呈圆筒形，背部具条状或散生的细长毛，基部具长而尖锐的基盘………………………………………………… 针茅属

16. 外稃顶端具 2 裂齿至深裂，小穗轴不延伸于内稃之后 …………………………………………………………… 17
17. 外稃顶端具 2 浅裂齿，芒直伸，基部具钝圆的基盘；外稃背部密被细柔毛，芒细短，易断落，外稃具 7～9 脉，基盘无毛 …………………………………………………………………………………………………… 沙鞭属
17. 外稃顶端具 2 浅裂至深裂，芒膝曲、扭转或弯拱，基部具钝圆或尖锐的基盘。芒粗糙或具细刺毛或基部具短柔毛；小穗柄不细长而纤弱；外稃顶端具 2 浅裂齿，脉于顶部汇合 ……………… 芨芨草属
18. 第二颖大都等长或较长于第一小花；芒自外稃背部伸出，膝曲扭转……………………………………… 燕麦属
18. 第二颖通常较短于或几等长于第一小花；芒大都劲直，稀反曲，但不扭转…………………………… 19
19. 外稃具 3～5 脉 …… 20
19. 外稃具 5～9 脉，稀可为 3 或多至 11 脉。内稃沿脊具长或短的硬纤毛，外稃通常有芒……… 雀麦属
20. 外稃多少具芒，具 5 脉，芒自全缘或具微齿的先端伸出；基盘无柔毛；顶端或裂齿间具芒或短芒至无芒…… 羊茅属
20. 外稃无芒，具 5 脉；基盘具绵毛 ……………………………………………………………………… 早熟禾属

一、芨芨草属 *Achnatherum*

羽茅 *Achnatherum sibiricum*（Linn.）Keng

小穗草绿色或紫色，长 8～10 毫米；颖膜质，短圆状披针形，顶端尖，近等长或第二颖稍短，背部微粗糙，具 3 脉，脉纹上具短刺毛；外稃长 6～7 毫米，顶端具 2 微齿，被较长的柔毛，背部密被短柔毛，具 3 脉，脉于顶端汇合，基盘尖，长约 1 毫米，具毛，芒长 18～25 毫米，一回或不明显的二回膝曲，芒柱扭转且具细微毛；内稃约等长于外稃，背部圆形，无脊，具 2 脉，脉间被短柔毛。颖果圆柱形，长约 4 毫米（图 2-176）。

分布：我国内蒙古、黑龙江、青海、四川、西藏、云南、新疆，以及蒙古国、俄罗斯、中亚、西南亚。

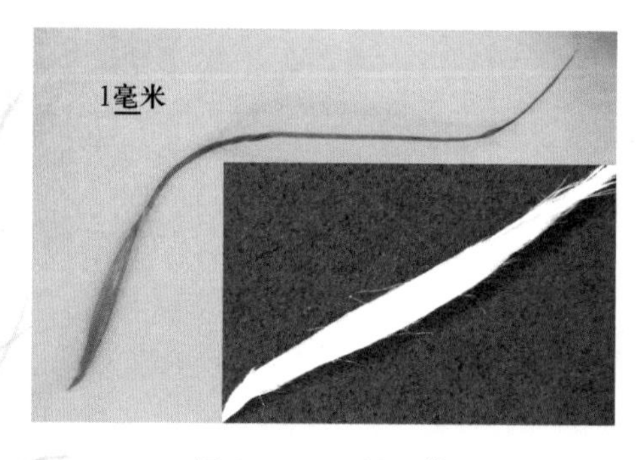

图 2-176　羽　茅

二、山羊草属 *Aegilops*

1. 颖顶端无芒，仅具 1 或 2 微齿，略截平，外稃顶端具 1 长芒，有 5 脉，脉仅于顶端显著 …… 节节麦
2. 颖顶端不截平，具 2 齿，一齿为三角状，而另一齿具长或短的芒，芒长 5～8 毫米，侧生（下部）小穗外稃顶端具 3 齿（个别 2 齿），顶生小穗的外稃则有 1 长芒 ………………………… 具节山羊草

1. 具节山羊草 *Aegilops cylindrica* Horst

小穗圆柱状，含2～3花，位于扁穗轴一侧，每节穗轴顶端膨大，下部扁而细；小穗黄色或黄褐色；长8～9毫米，粗3～4毫米。小穗具2颖，颖片位于穗轴内侧，比穗轴稍短，2枚颖片近等长，无脊棱，革质多脉，具7～9脉。表面有短硬毛而粗糙，先端2齿裂，一齿为三角状，另一齿延伸为长5～8毫米的芒，芒背面具刺毛；小花外稃下部纸质，先端革质具3齿（个别2齿），中齿延伸为芒，长1～2毫米；内稃膜质，先端2浅裂；颖果易剥离，长椭圆形，黄褐色，顶端密生黄色毛茸（图2-177）。

分布：欧洲、中亚、美国和澳大利亚。

图2-177　具节山羊草

2. 节节麦 *Aegilops tauschii* Coss.

小穗长约10毫米，圆柱形，小穗与穗轴节间贴生，每小穗具3～4小花，具2颖，长6～8毫米，颖片光滑革质，长方形，具7～9（10）脉，脉上着生一排不明显的极短的硬毛，颖顶端平截或具1～2微齿，无芒。自下而上外稃芒长逐渐增长，基部小穗外稃通常无芒，上部小穗外稃有时有短芒，顶端小穗外稃具有3～6厘米的长芒且有时下弯。外稃披针形，脉不明显，内稃与外稃等长，第一、第二小花外稃不易与颖果分离。颖果卵形，暗黄褐色，表面无光泽；长4.5～6毫米，宽2.5～3毫米，顶端有黄白色茸毛，背面拱圆，腹面较平，胚体椭圆形，长占果体的1/4～1/3（图2-178）。

分布：欧洲。

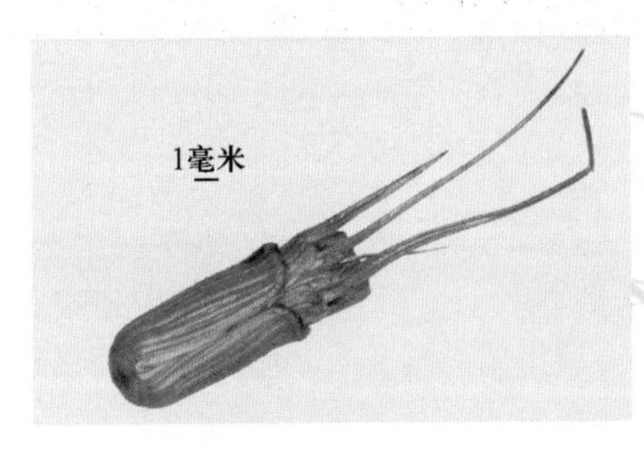

图2-178　节节麦

三、燕麦属 *Avena*

分种检索表

1. 仅第一小花有关节，成熟时整个小穗自关节一同脱落，基盘斜截，马蹄形 ……………… 法国野燕麦
1. 各花间均有关节，成熟时由关节逐花脱落 …………………………………………………………… 2
2. 小穗通常含 2 花，外稃短圆形，长 15～20 毫米，芒从稃体中部伸出，基部密生棕色或淡黄色的软髭毛，斜截 ……………………………………………………………………………………… 细茎野燕麦
2. 外稃披针形，长 15～20 毫米，芒从稃体中下部伸出，基部凹陷，斜截，端部密生棕色或白色短硬髭毛 ……………………………………………………………………………………………… 野燕麦

1. 细茎野燕麦 *Avena barbata* Brot.

通常每小穗含有 2 个小花。小花常单个脱落，小穗轴节间较短，脱节于颖之上。具 2 颖，草质，具 7～11 脉。外稃革质，具 7 脉，矩圆形，先端尖，2 裂，长 15～20 毫米，宽 3～4 毫米，具棕褐色或灰褐色的硬毛；内稃具 2 脊，边缘膜质。芒从稃体中部伸出，膝曲扭转，芒柱黑色或灰色，芒长约 20 毫米，基部密生棕色或淡黄色的软髭毛，斜截。颖果矩圆形，长 7～9 毫米，宽约 2 毫米，淡黄色，密生黄色与白色柔毛；腹面具沟。果脐圆形，胚椭圆形，长约占颖果的 1/5～1/4（图 2－179）。

分布：亚洲（以色列、黎巴嫩、印度）、欧洲（法国、希腊、俄罗斯、土耳其、马耳他、葡萄牙、波兰、芬兰、德国、英国、西班牙、意大利）、非洲（南非、埃及、摩洛哥、津巴布韦）、北美洲（美国、墨西哥，加拿大）、南美洲（阿根廷、秘鲁、智利、乌拉圭、巴西、哥斯达黎加、厄瓜多尔）、大洋洲（澳大利亚、新西兰）。

图 2－179　细茎野燕麦（徐瑛提供）

2. 野燕麦 *Avena fatua* L.

小穗 2 颖近等长，颖片卵状披针形，草质，具 9 脉，长于小穗。小穗成熟时自颖之上脱落，内含 2～3 小花，小花基部有关节，其外稃披针形，被长硬毛，具 7 脉，先端 2 齿裂，芒自稃体背面中部稍下方伸出，芒长 20～40 毫米，膝曲扭转，内稃具 2 脉；顶部被外稃所包，其背后有 1 小穗轴，两侧具长硬毛，基盘密生白色或棕色的短髭毛。颖果长椭圆形，长 5～8 毫米，宽 1.5～2 毫米；先端钝圆，具白色茸毛；背部拱形，腹面有深沟，

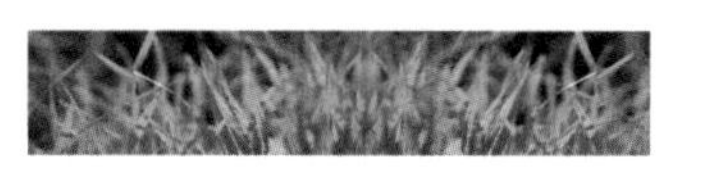

基部隐尖，果皮乳黄色或浅褐色。表面密被白色或浅棕色柔毛，种脐近棱形，稍凹入，胚椭圆形，长占果体的 1/5～1/4（图 2－180）。

分布：我国南北各地区，以及欧洲、亚洲、非洲、北美洲及澳大利亚。

图 2－180　野燕麦

3. 法国野燕麦 *Avena ludoviciana* Durien

小穗具 2 颖，颖片卵状披针形，质地较薄，长于小穗，具 11 脉。小穗成熟时整个小穗自颖之上脱落，内含 1～2 小花，小花外稃窄卵状披针形，具 7 脉，顶端 2 齿裂，背面被白色或浅褐色硬毛，近基部毛密较长；芒自外稃背面中部以下伸出，芒长可达 45 毫米，膝曲扭转，外稃大部分内卷紧包着内稃，内稃具 2 脊，其背后有 1 小穗轴。基盘密生褐色长髭毛，颖果长椭圆形，长 5～9 毫米，宽 1.6～2.5 毫米。顶端钝圆，具白色茸毛；背面拱圆，腹面扁平，中间有细纵沟，果皮呈浅黄色或淡褐色，表面被柔毛。种脐小，不明显，淡褐色至褐色。胚椭圆形，约占果体的 1/3（图 2－181）。

分布：欧洲、中亚及远东地区、澳大利亚。

图 2－181　法国野燕麦

四、䓖草属 Beckmannia

䓖草 *Bcckmannia syzigachne*（Steud.）Fern.

小穗通常单生，倒阔卵形至近矩圆形，两侧压扁，淡黄色至黄褐色；基都有节，内外颖半圆形，泡状膨大，常见网纹；背面弯曲，稍革质，内外稃等长，膜质，具 2 脉，全株疏被微毛，具芒尖，长约 0.5 毫米。带稃颖果三棱状纺锤形，稍长于颖。稃薄纸质，外稃舟形，有芒尖，5脉，中脉成脊；内稃稍短于外稃，具2脊，顶渐尖。颖果长椭圆形，黄色；长1.5毫米，宽0.5毫米。顶端钝，具花柱残基。胚椭圆形，突出，长为颖果1/4（图2－182）。

分布：我国各地及世界寒温地区。

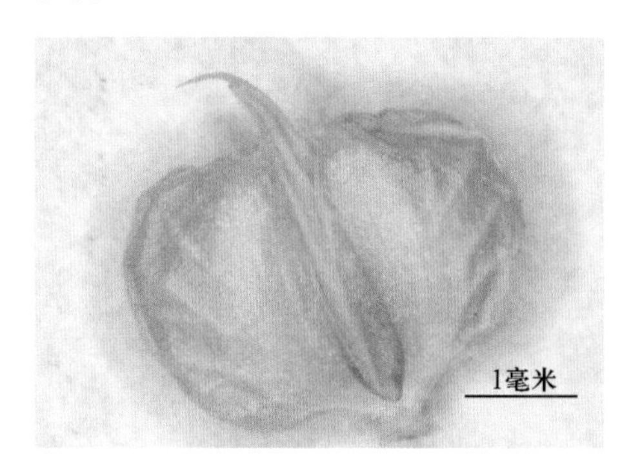

图2－182　菵　草

五、雀麦属 *Bromus*

分种检索表

1. 带稃颖果外稃无芒，或仅具长1～2毫米的短茎，颖果背腹压扁 ………………………………… 无芒雀麦
1. 带稃颖果外稃芒长14毫米以上，颖果腹面凹陷呈舟形 ………………………………………… 硬雀麦

1. 无芒雀麦 *Bromus inermis* Leyss.

小穗含4～8花。带稃颖果倒披针形，两侧扁；褐黄色；长约10毫米，宽约2.2毫米。外稃基部楔形，5～7脉，无毛或具微毛，顶端及上部两侧宽白膜质，中脉不延伸为芒或仅延伸为1～2毫米的芒尖；内稃短于外稃，2脊，脊上具短纤毛。小穗轴节间距圆形，密布硬毛。基盘舌状，无毛。颖果紧贴内稃，与内稃近等长，长椭圆形，扁平；黄褐色至棕褐色；顶端圆，具淡黄色毛茸；基部尖，背面平坦，中部具明显深色纵脊，腹面具细纵沟（图2－183）。

分布：我国东北、西北各省份，以及南美洲、欧洲、亚洲和大洋洲。

图2－183　无芒雀麦

2. 硬雀麦 *Bromus rigidus* Roth.

小穗含4～5花，长25～35毫米（芒除外），尖披针形，直立，两侧扁。2颖不等长。第一颖长约15毫米，具1脉；第二颖长18～25毫米，具3脉，颖质薄，通常光滑无毛；小穗成熟时自颖之上脱落。外稃粗糙或具微刺状毛，窄披针形，长20～25毫米，一侧宽1.0～1.5毫米，具7脉，粗糙，稃体上部膜质透明，并疏生白色长柔毛，易脱落。顶端2齿裂，齿裂长三角形，长2～3毫米；芒长20～50毫米，芒自裂齿间稍下方伸出，粗糙，具微刺状毛；基部的基盘末端尖；内稃短于外稃，长约15毫米，膜质，具2脊，脊上疏生短刺毛；其腹面具1小穗轴，长约4毫米，顶端膨大呈菱形。颖果条形，长约10～15毫米，宽约2毫米，暗红褐色，背部拱圆呈条形，微向后弯，腹面纵深凹，呈凹槽形，先端钝圆，并有白色茸毛，基部尖；胚体微小，椭圆形，位于果实背面的基部；果脐微小，倒卵形，位于果实腹面的基部；果体与内外稃紧贴，不易剥离（2-184）。

分布：欧洲、美国和澳大利亚。

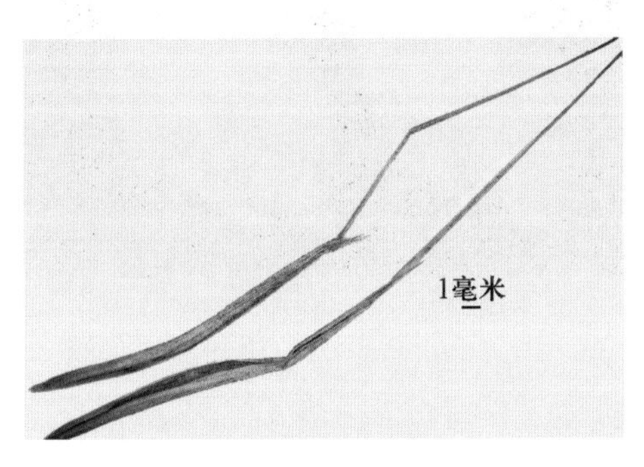

图2-184　硬雀麦

六、蒺藜草属 *Cenchrus*

分种检索表

1. 刺仅在基部合生或轮生，形成小盘或浅杯状基盘……………………………………… 2
1. 刺合生范围自基部一半以上形成一个球状总苞，内含1至数枚小穗……………………… 3
2. 总梗具毛，刺状总苞基部刚毛多数，20～30枚，较窄，宽小于1.0毫米，1枚刺延伸远长于总苞，形成明显的刚毛状 ……………………………………………… 水牛草
2. 总梗无毛，刺状总苞球状，刺少，宽，至少基部扁平，外侧具凹槽，无明显超过总苞长度的刺 ……………………………………………………… 印度蒺藜草
3. 基部着生1圈至数圈小而细的短刚毛，刺多数密生，由下而上渐长而宽扁，下部刺较纤细，上部刺扁平较硬，刺边缘密生长柔毛 ………………………………… 刺蒺藜草
3. 总苞由数个扁平刺轮生组成，总苞刺排列不规则……………………………………… 4
4. 总苞长8～12毫米，刺细，常超过50枚，最长的刺通常大于5.0毫米，刺边缘通常无毛……………………………………………………………… 长刺蒺藜草
4. 总苞长6～8毫米，刺宽，常10多枚，最长的刺通常小于5.0毫米，刺苞及刺的下部边缘具柔毛 ………………………………………………………… 疏花蒺藜草

1. 印度蒺藜草 *Cenchrus biflorus* Roxb.

多枚硬刺基部合生在1浅的基盘上形成刺状总苞，基盘卵形或菱形；总苞长3.8～11.1毫米，宽2.0～4.5毫米。刺扁平，长2.9～7.0毫米，宽0.2～1.1毫米；外侧具浅凹槽，内侧缘具长纤毛，直或向外弯曲；下部和外部轮生多数刚毛，长度不足内刺的一半。刺状总苞内含小花1～3枚。第一颖长0.5～2.5毫米，宽0.6～1.4毫米，0～1脉；第二颖长2.5～4.9毫米，3～5脉。结实小花外稃卵形，长3.5～6毫米，革质，边缘极薄，无脊，5脉。外稃边缘扁平，顶端尖锐，内稃革质。雄花3枚，长0.4毫米，褐色。颖果椭圆形，长1.1～1.3毫米（图2-185）。

分布：亚洲部分国家，非洲多数国家，北美洲的美国。

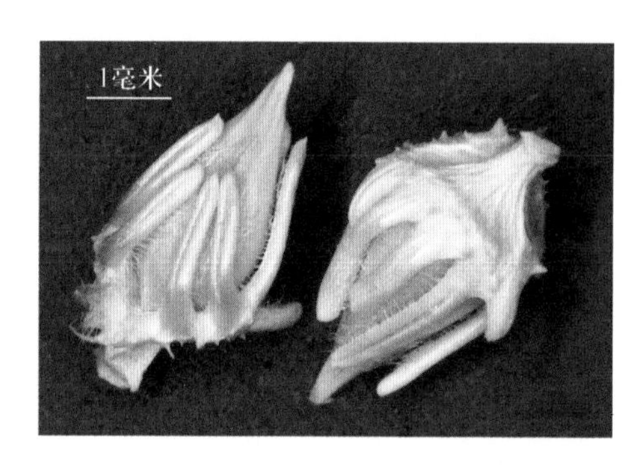

图2-185　印度蒺藜草

2. 水牛草（美洲蒺藜草）*Cenchrus ciliaris* L.

2圈轮生的刚毛环绕在小的基盘上形成刺状总苞，刺状总苞长6～15毫米，宽1.5～3.5毫米；刚毛直立或散布，长4.3～10毫米，宽0.2～0.6毫米；内侧边缘具长纤毛，仅基部或稍上合生，刺向上。刺果内含小穗1～4枚，直径3～5毫米。第一颖为小穗长的1/3～1/2，膜质，1脉；第二颖大约为小穗长度的一半，1～3脉。不育外稃长2.5～5.0毫米，5～6脉，部分附着在内稃上，长2.5～5.0毫米。结实小穗长2.2～5.4毫米，宽1.0～1.5毫米；颖果卵形，长1.4～1.9毫米，宽约1.0毫米（图2-186）。

分布：我国台湾地区；亚洲、欧洲、大洋洲、北美洲、南美洲的部分国家，非洲多数国家。

图2-186　水牛草（美洲蒺藜草）

3. 刺蒺藜草 *Cenchrus echinatus* L.

刺状总苞基部平截，近球形，长5～10毫米，宽3.5～6毫米。表面具柔毛和刺，基部具刚毛，短于刺，刺通常直立，下部刺较纤细，上部刺扁平较硬，长2～5毫米，宽0.6～1.5毫米，粗糙反折。总梗具软毛，长1～3毫米，宽2.2～3.6毫米；总苞含2～3个小穗，小穗无柄，长5.0～7.0毫米。第一颖1脉，长1.3～3.4毫米，宽0.6～1.8毫米；第二颖长3.8～5.7毫米，3～6脉。不育外稃长4.5～6.4毫米，包裹稍长且粗糙的内稃，结实小花长4.7～7毫米，宽1.2～2.3毫米；颖果卵形，长2～3毫米，宽1.5～2.0毫米，淡黄褐色；胚体长，约占果体的4/5，胚卵形，呈黑褐色（图2-187)。

分布：原产于南美洲中南部、美国南部和西印度群岛。现亚洲、非洲、大洋洲、北美洲、南美洲部分国家有分布。

图2-187　刺蒺藜草

4. 长刺蒺藜草 *Cenchrus longispinus*（Hack.）Fern.

刺状总苞卵球形，长8～12毫米，宽3.5～6毫米。表面具50多枚长刺，长2～7毫米，刺基部以上边缘通常无毛。基部多条刚毛，顶端向下，短于刺苞，总苞内含2～4个小穗。结实小花内外稃革质，表面光滑，有光泽，外稃具5脉，脉纹于近顶端部不明显，边缘膜质，在基部中央有1窄U形突起，内稃具2脉。颖果卵圆形，长2～3毫米，宽2.5毫米，黄褐色。两端钝圆，或基部急尖。胚体大，果脐凹陷，褐色（图2-188)。

分布：亚洲、非洲、大洋洲、北美洲、南美洲部分国家。

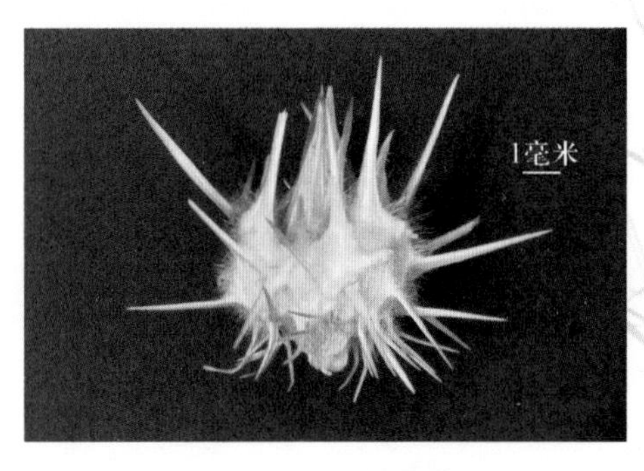

图2-188　长刺蒺藜草

5. 疏花蒺藜草 *Cenchrus spinifex* Cav.

刺状总苞卵形至球形，长 6～8 毫米，宽约 5 毫米。表面具 10 枚左右长硬刺，最长刺通常小于 5.0 毫米，刺苞及刺的下部具柔毛。总苞内常含 2～4 个小穗。小穗卵形，无柄。第一颖膜质，长约 3 毫米，1 脉；第二颖稍短于或与小穗等长，3～5 脉。结实小花内外稃革质，质硬，表面光滑，有光泽。外稃先端尖，基部中央有 U 形隆起，包卷内稃，长约 5.5 毫米，宽约 2.5 毫米。内稃突起，具 2 脉，稍成脊。颖果卵形，长 2.7～3.2 毫米，宽 2.4～2.7 毫米。黄褐色，顶端具残存的花柱，背面平坦，腹面突起。果脐明显，深褐色（图 2 - 189）。

分布：原产于美国南部，中美洲、南美洲和西印度群岛。现分布于非洲南部、澳大利亚和地中海地区。

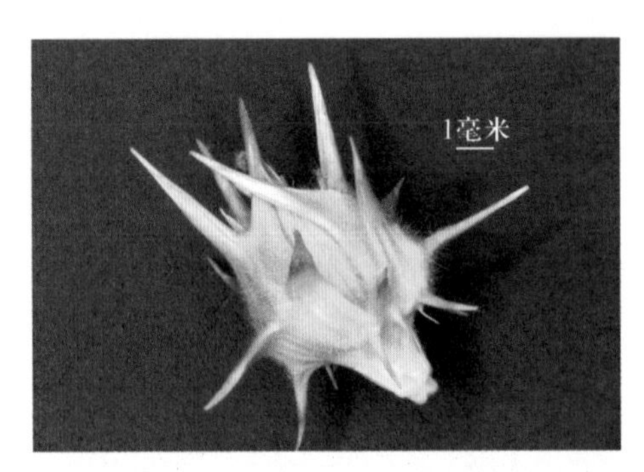

图 2 - 189　疏花蒺藜草

七、虎尾草属 *Chloris*

虎尾草 *Chloris virgata* Swartz

小穗 2 花，1 结实，1 不育。结实花外稃长 3～4 毫米，具 3 脉，边脉具长柔毛，中部以上的长柔毛与稃等长，顶端尖，稍下伸出长约 10 毫米的芒，内稃短于外稃；不育花长楔形，仅存外稃，其顶端平截或略凹，长约 2 毫米，自顶端稍下伸出略短于结实花的芒。颖果纺锤形，长约 2 毫米；淡棕色，透明，具光泽（图 2 - 190）。

分布：世界温带和热带地区。

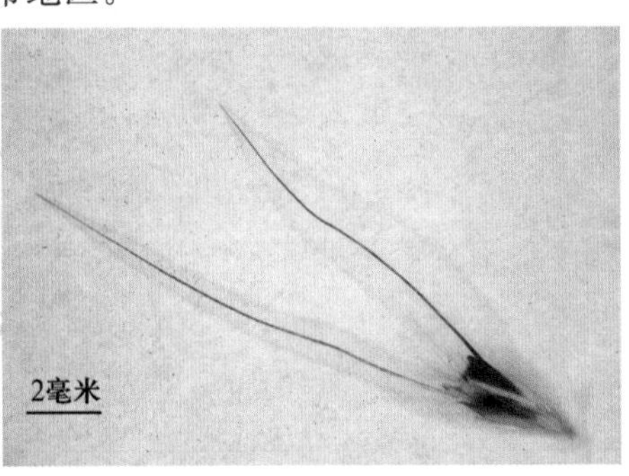

图 2 - 190　虎尾草

八、马唐属 *Digitaria*

1. 毛马唐 *Digitaria ciliaris*（Retz.）Koel.

小穗披针形，淡黄褐色或灰绿色，长 2.5～3.5 毫米，小穗 2 花，下花退化，第一颖小，三角形；第二颖披针形，长约为小穗的 2/3，具 3 脉，脉间及边缘生丝状柔毛；第一外稃等长于小穗，具 5～7 脉，脉平滑，中脉两侧的脉间较宽而无毛，间脉与边脉间具柔毛及疣基刚毛，成熟后，两种毛均平展张开；第二外稃淡绿色，等长于小穗，颖果长卵形，平凸状，棕黄色（图 2-191）。

分布：我国黑龙江、吉林、辽宁、河北、山西、河南、甘肃、陕西、四川、安徽及江苏等省份，以及世界亚热带和温带地区。

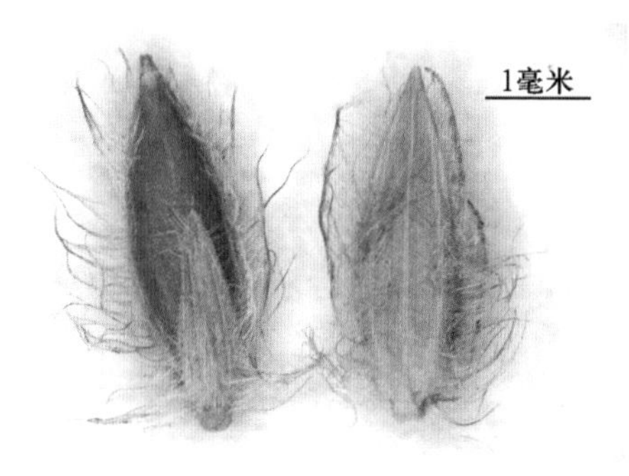

图 2-191　毛马唐

2. 紫马唐 *Digitaria violascens* Link

小穗椭圆形，长 1.5～1.8 毫米，宽 0.8～1.0 毫米，含 2 枚小花；小穗柄稍粗糙。第一颖不存在；第二颖稍短于小穗，具 3 脉，脉间及边缘生柔毛；第一外稃与小穗等长，有 5～7 脉，脉间及边缘生柔毛；毛壁有小疣突，中脉两侧无毛或毛较少，第二外稃与小穗近等长，中部宽约 0.7 毫米，顶端尖，有纵行颗粒状粗糙，紫褐色，革质，有光泽；颖果长约 1 毫米，乳白色，表面平滑，有油脂状色泽，椭圆形（图 2-192）。

分布：我国山西、河北、河南、山东、江苏、安徽、浙江、台湾、福建、江西、湖北、湖南、四川、贵州、云南、广西、广东、陕西、新疆等省份，以及美洲及亚洲的热带地区。

图 2-192　紫马唐

九、稗属 *Echinochloa*

无芒稗 *Echinochloa crusgalli* var. *mitis*（Pursh）Petermann

小穗卵状椭圆形，长约 3 毫米，无芒或具极短芒，芒长一般不超过 0.5 毫米，小穗背腹扁，具 2 颖，颖片质薄。第一颖三角形，具 3 脉，表面被短硬毛或刺状疣毛，长为小穗的 1/3～1/2，包着小穗基部；第二颖阔卵形，先端渐尖，具 5 脉，脉上具刺状疣毛，脉间被短硬毛。小穗成熟时自颖之下脱落，内含 2 小花，第一小花外稃与第二颖同形，草质，具 7 脉，脉上及脉间均有硬刺毛，顶端无芒或具 3 毫米的短芒，内稃膜质，具 2 脊；第二小花外稃革质，具不明显的 5 脉，边缘卷曲，紧包着同质内稃，内稃边缘膜质。颖果卵圆形，长约 2 毫米，宽约 1.5 毫米；背部拱形，腹部扁平，果皮浅褐色；胚体大，长约占果体的 4/5。果脐圆形，黑褐色，微凹，位于果实腹面基部（图 2 - 193）。

分布：我国华东、华南、西南各地区，以及全球温暖地区。

图 2 - 193　无芒稗

十、穇属 *Eleusine*

牛筋草 *Eleusine indica*（L.）Gaertn.

小穗椭圆形，长 4～7 毫米，宽 2～3 毫米；含 3～6 小花；颖披针形，具脊，脊粗糙；第一颖长 1.5～2 毫米；第二颖长 2～3 毫米；第一外稃长 3～4 毫米，卵形，膜质，具脊，脊上有狭翼，内稃短于外稃，具 2 脊，脊上具狭翼。囊果卵形，果皮膜质，白色，内含种子 1 粒。种子长约 1.5 毫米，深红褐色至黑褐色，具明显的波状皱纹。鳞被 2，折叠，具 5 脉（图 2 - 194）。

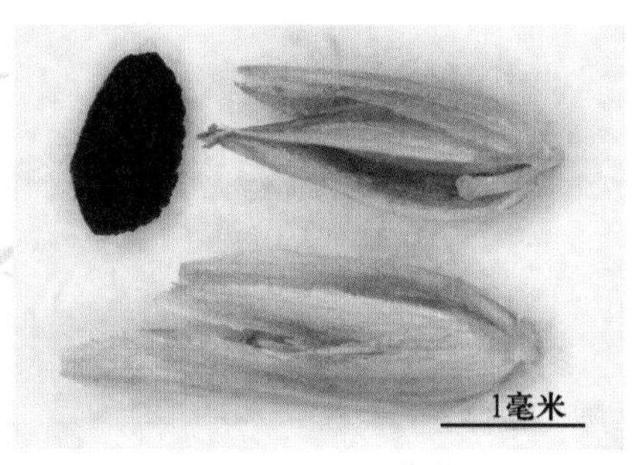

图 2 - 194　牛筋草

分布：我国南北各地区及全世界温带和热带地区。

十一、披碱草属 *Elymus*

老芒麦（垂披碱草）*Elymus sibiricus* L.

小穗3～5花，分别脱落。带稃颖果长披针形，背腹扁；草黄色；长（不含芒）10毫米，宽1.5毫米。外稃草质5脉，顶端具长15～20毫米的芒，稃体被微毛；内稃膜质，与外稃等长，2脊上部有短纤毛，脊间被短柔毛。小穗轴楔形被极短柔毛，顶端斜截。基盘舌状，斜截，无髭毛。颖果矩圆状长椭圆形，背腹扁；褐色至浅棕色；顶有白毛茸，腹中部有棕黑色隆线。胚椭圆形，长为颖果的1/6（图2-195）。

分布：我国“三北”、西南地区，以及蒙古国、朝鲜、日本、俄罗斯和北美。

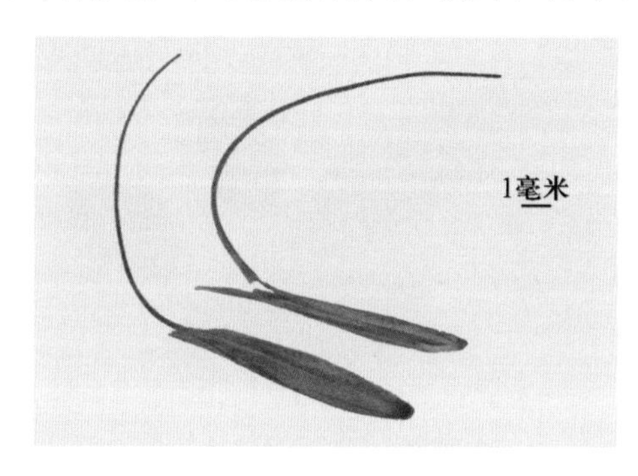

图2-195　老芒麦（垂披碱草）

十二、偃麦草属 *Elytrigia*

毛偃麦草 *Elytrigia trichophora*（Link）Nevski

颖长圆形，顶端钝或短凸尖，长5～10毫米，宽2～3毫米。第一颖稍短于第二颖，具5脉，脉上具细毛或柔毛；外稃宽披针形，具5脉，上部及边缘密生柔毛，下部无毛，第一外稃长10～11毫米；内稃稍短于外稃，具2脊，脊上具微细纤毛，颖果长圆形，顶端有毛，腹面具纵沟（图2-196）。

分布：欧洲中部。

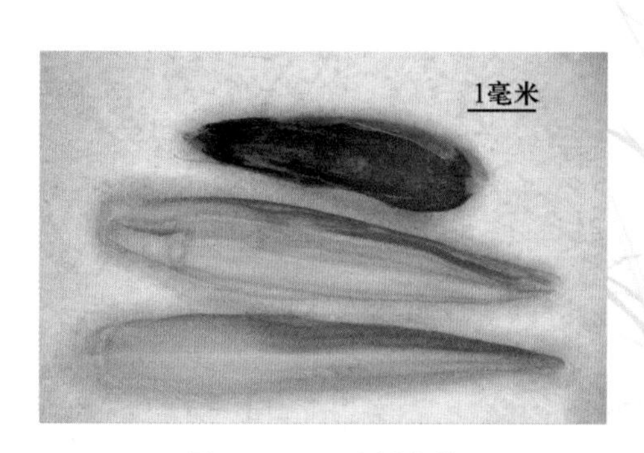

图2-196　毛偃麦草

十三、画眉草属 *Eragrostis*

画眉草 *Eragrostis pilosa*（L.）Beauv.

小穗多花。外稃长卵形，暗绿色带紫色；3 脉，侧脉不明显，中脉上部粗糙，具极小的粒状腺点；内稃迟落或宿存于小穗轴，具 2 脊，脊上具短纤毛或无；颖果极易脱落，矩圆形，两侧略扁；红棕色；长 0.8 毫米，宽 0.45 毫米。表面具隐约可见的细粒纵纹；顶端圆，具柱头基小突起；基部由腹面向背面斜切，背面具隆起的深色胚，胚两侧凹陷，胚根下伸呈小尖头状。果脐圆形，色浅，有时为白色，位于腹侧（图 2－197）。

分布：世界各地。

图 2－197　画眉草

十四、羊茅属 *Festuca*

羊茅 *Festuca ovina* L.

小穗含 3～6 花，长 4～6 毫米，深黄褐色或带紫色，颖披针形，第一颖具 1 脉；第二颖具 3 脉。外稃披针形，长 2.8～4.0 毫米，先端具长约 1 毫米的芒尖；内稃与外稃近等长，脊上粗糙。内外稃易与颖果分离。颖果长椭圆形；长 1.5～2.4 毫米，宽约 0.8 毫米；深紫褐色；背面突圆，腹面具宽沟；顶端钝圆，具淡黄色的茸毛，基部稍尖。胚近圆形；种脐不明显（图 2－198）。

分布：我国西北、西南地区，以及欧洲、亚洲、北美洲的温带地区。

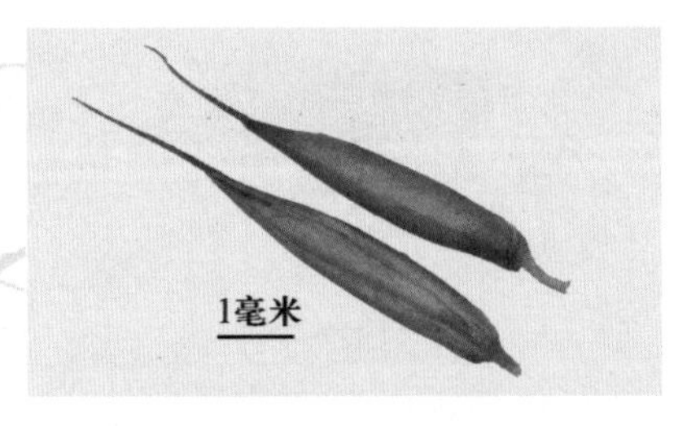

图 2－198　羊　茅

十五、黑麦草属 *Lolium*

分种检索表

1. 外稃通常无芒，或偶有短芒，或具极微弱的细芒………………………………………………………………… 2
1. 外稃有极明显的芒……………………………………………………………………………………………… 4
2. 颖果瘦长，背腹显著扁平划船形中凹，整个果体近等厚，带稃颖果长4.5～7毫米，宽1.25～1.5毫米，外稃先端短尖或钝圆，小穗含6～10花，千粒重2.0～2.2克……………………………… 黑麦草
2. 颖果粗短而膨胀，背腹略扁，整个果体不等厚，侧面观背面平直，腹面显著呈弓形、隆起………… 3
3. 带稃颖果长3～5毫米，宽1.1～2.0毫米，厚1.0～1.5毫米，椭圆形，通常无芒或具长不超过5.5毫米的细芒，千粒重3～4克……………………………………………………………………… 细穗毒麦
3. 带稃颖果长5.5～8.0毫米，宽2.5～3.0毫米，厚约2.5毫米，通常无芒或具微弱的短芒，小穗含7～8花，千粒重10～11克 ………………………………………………………………………… 田毒麦
4. 颖果粗短而膨胀，整个果体不等厚，侧面观背面较平直，腹面明显弓形、隆起………………………… 5
4. 颖果瘦长而不膨胀，背腹显著扁平，整个果体近等厚，侧面观腹面不呈弓形、不隆起，带稃颖果长4～6毫米，宽1.25～1.50毫米，厚约0.5毫米，芒自顶端膜质下方伸出，芒长约5毫米或近10毫米，千粒重1.8～2.5克………………………………………………………………………… 多花黑麦草
5. 小穗含4～6花，常5花，带稃颖果长6～9毫米，宽2.2～2.8毫米，厚1.5～2.5毫米，外稃芒自顶端稍下方0.5毫米处伸出，芒长约10毫米，内外稃顶端较尖，千粒重10～13克 ……………… 毒麦
5. 小穗含6～9花，有时达11花，常9花，芒长在10毫米以上，内外稃顶端较钝，千粒重9～10克
…… 长芒毒麦

1. 多花黑麦草（意大利黑麦草）*Lolium multifloum* Lam.

小穗含10～15花，第一颖退化，第二颖长15毫米左右。带稃颖果矩圆形，背腹扁；淡黄色至黄色；长（不包括芒）6毫米，宽1.7毫米。外稃具5脉，顶端膜质透明，中脉延伸出3～5毫米长细芒；内稃与外稃等长，2脊，脊上具微小纤毛。小穗轴近矩形，扁，上部渐宽，顶端近平截，具微毛。基盘小，横棱状颖果与内外稃紧贴，不易剥离，倒卵形或矩圆形，背腹扁；褐色至棕色；顶端圆，有毛（图2-199）。

分布：原产于地中海沿岸及亚洲西南。现世界许多国家引种作牧草。

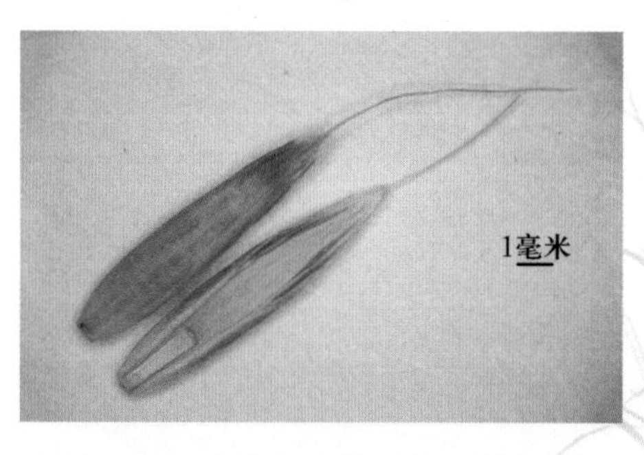

图2-199　多花黑麦草（意大利黑麦草）

2. 黑麦草（宿根黑麦草）*Lolium perenne* L.

小穗含7～11花，第一颖除顶生小穗外皆退化，第二颖位于小穗外方。带稃颖果矩圆状披针形，扁，淡黄色至黄色；长 6 毫米，宽约 1.2 毫米。外稃质地柔软，5 脉，顶端尖，无芒或仅上部小穗具短芒；内稃与外稃等长，2 脊，脊上具短纤毛。小穗轴节间矩圆形，扁，顶端截平。基盘小，垫状。颖果与内外稃紧贴，不易剥离，矩圆形，棕褐色至深棕色；顶端钝圆，具黄白色毛茸，背部圆，腹部略凹（图 2－200）。

分布：欧洲、非洲北部、亚洲热带、北美洲和大洋洲。世界许多国家引种作牧草。

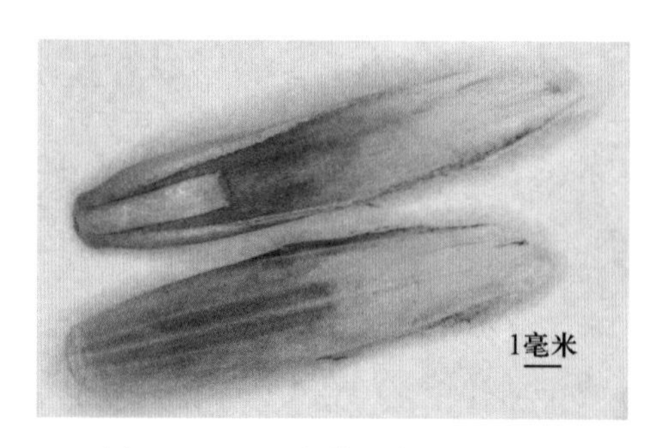

图 2－200 黑麦草（宿根黑麦草）

3. 细穗毒麦 *Lolium remotum* Schrank

小穗含 4～8 花，成熟后节节脱落。带稃颖果矩圆形至椭圆形，背腹扁；黄褐色；长 5 毫米，宽 2 毫米。外稃隆起，顶端钝圆，膜质，无芒，常常折断；内稃具纵沟，中央隆起，上部斜倾，与外稃近等长；小穗轴与内稃紧贴，扁，向上加宽，顶端斜切。颖果椭圆形；棕褐色；顶端圆，有时有白色毛茸。胚椭圆形，凹陷（图 2－201）。

分布：地中海沿岸及巴基斯坦。

图 2－201 细穗毒麦

4. 毒麦 *Lolium temulentum* L.

小穗含 4～5 花，除顶生小穗外第一颖皆退化，第二颖位于小穗外方，超出小穗。带稃颖果卵状阔椭圆形；黄褐色至污褐色；长（不包括芒）6 毫米，宽 2.2 毫米。外稃 5 脉，顶部两侧膜质，具 10 毫米长扁芒；内稃与外稃等长，2 脊窄翼状，有短纤毛，稃体中部以上向内斜折。小穗轴扁矩形，无毛，顶部近平截，紧贴内稃。基盘小，垫状。颖果不易剥离，矩圆形，褐黄色至棕色；顶端圆，腹面具沟（图 2－202）。

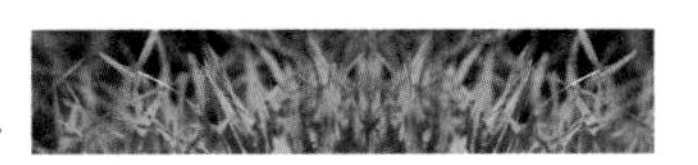

分布：欧洲、亚洲、非洲、北美洲、南美洲和大洋洲。

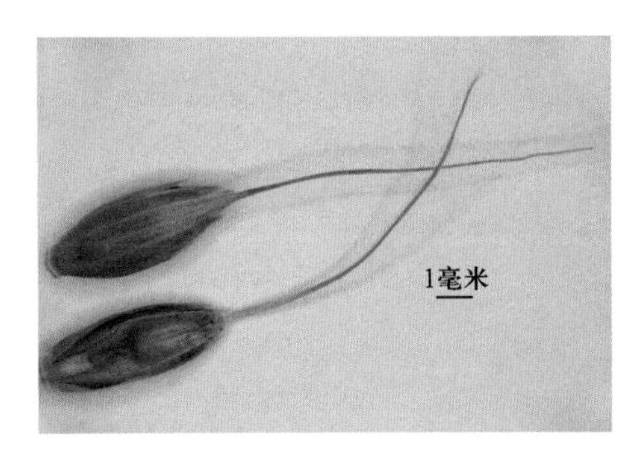

图 2-202　毒　麦

5. 田毒麦 *Lolium temulentum* var. *arvense* Bab.

小穗含 4～5 花，外侧具坚硬并长于小穗的第二颖（第一颖退化）。带稃颖果椭圆形，膨胀；淡黄色；长 6 毫米，宽 2.5 毫米。外稃隆起，顶端膜质，分裂成 2 个大裂片，近裂片基背部伸出 1 短芒，长稍超或不超出稃顶；内稃具深纵沟，中央微隆起，上部稍斜倾，与外稃近等长。小穗轴与内稃紧贴，扁柱状，向上稍宽，顶端平截。颖果椭圆形，膨胀；棕褐色；背凸腹凹，顶端具黄色翼。基部钝尖。胚菱形至倒卵形（图 2-203）。

分布：欧洲、美洲。

图 2-203　田毒麦

6. 长芒毒麦 *Lolium temulentum* var. *longiaristatum* Parnll

为毒麦的一个变种。其植株形态和带稃颖果的颜色、形状、大小与原种极为相似。它们的共同特征有：稃的长度与小穗同长或较之略长或稍短；稃上的脉 5～7 个；芒的着生部位相同，在尖端稍下方伸出。

其主要不同点是，长芒毒麦每小穗通常含 6～9 花，有时可达 11 花，常 9 花；而毒麦是以 5 花为多。长芒毒麦内外稃顶端较钝，千粒重 9～10 克；而毒麦内外稃顶端较尖，千粒重为 10～13 克。长芒毒麦颖果的芒都相当长，相对要比毒麦的芒长（图 2-204）。

分布：欧洲、美洲和大洋洲。

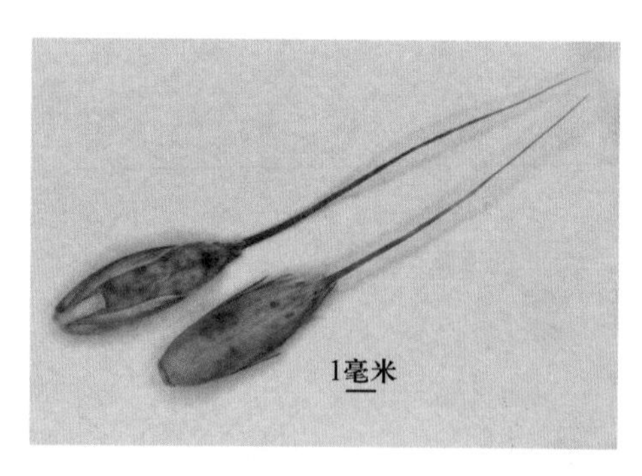

图 2-204 长芒毒麦

十六、早熟禾属 *Poa*

早熟禾 *Poa annua* Linn.

小穗含 3～5 花。带稃颖果椭圆状阔披针形，黄白色至暗黄色；长 2.5 毫米，宽 0.7 毫米。小穗轴柱形顶平。外稃薄草质，舟形，5 脉，中脉成背脊，顶端钝，边缘宽膜质（易磨掉），脊和侧脉近基部 1/2 具柔毛；内稃与外稃近等长，2 脊上具短纤毛。颖果偏斜纺锤形，呈三棱；深黄褐色；长 1.5 毫米，宽 0.5 毫米。背面平直；腹面拱出。顶端有毛茸。胚椭圆形，外凸，长为颖果的 1/4（图 2-205）。

分布：我国大部分省份，以及亚洲其他地区和北美洲。

图 2-205 早熟禾

十七、沙鞭属 Psammochloa

沙鞭 *Psammochloa villosa*（Trin.）Bor

小穗白色或灰白色，长 10～16 毫米；具短梗，含 1 小花。两颖几相等或第一颖较短，具 3～5 脉，被微毛。外稃长 10～12 毫米，背部被长柔毛，具 5～7 脉；基盘无毛，芒直立，易脱落，长 7～10 毫米；内稃与外稃等长，生有长柔毛，具 5 脉（图 2-206）。

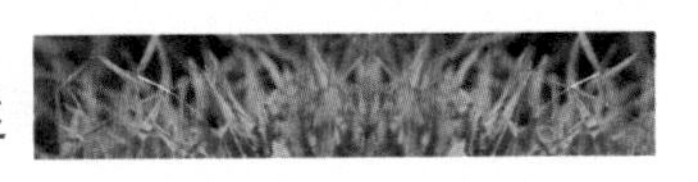

分布：我国内蒙古的几个沙区，如巴丹吉林沙漠、乌兰布和沙漠、腾格里沙漠、库布齐沙漠以及毛乌素沙地，还有同上述沙漠毗邻的沙区，如甘肃河西走廊、宁夏中北部和陕西北部的沙区、青海、新疆等；在国外主要分布在蒙古国。

图 2-206　沙　鞭

十八、鹅观草属 *Roegneria*

分种检索表

1. 带稃颖果长 8～9 毫米，椭圆状披针形，顶端延伸出长 10～30 毫米的芒，向后反曲，内稃长约为外稃的 2/3，顶端钝圆 ………………………………………………………………………… 纤毛鹅观草
1. 带稃颖果长 8～12 毫米，披针形，顶端渐窄而尖突，有长 20～40 毫米的芒，劲直，顶端稍弯曲，内稃稍长或短于外稃，顶端钝圆 ………………………………………………………………… 鹅观草

1. 纤毛鹅观草 *Roegneria ciliaris*（Trin.）Nevski

小穗多花，成熟后相互分离。小花长椭圆形；黄色，长（不包括芒）10 毫米，宽 2 毫米。外稃长椭圆状披针形，内卷，5 纵脉，背面常见短毛，边缘布密集长纤毛，顶端由中脉延伸为向背面反曲的芒，长约 15 毫米。芒基部一侧或两侧有稃尖小裂片；内稃长倒卵形，内卷，无毛，顶端钝圆，只有外稃 2/3 长。小穗轴顶及基盘斜截，两侧及腹面具短细毛。颖果贴生，棕褐色，难以剥出（图 2-207）。

分布：我国东北、华北地区。

图 2-207　纤毛鹅观草

2. 鹅观草 *Roegneria kamoji* Ohwi

小穗多花，成熟后互相分离。带稃颖果纺锤形，内卷呈半筒状；黄褐色；长（芒除外）12毫米，宽1.5毫米。外稃长披针形，具宽膜质边缘，内卷5纵脉，背面及边缘无毛或疏生短刺状毛，顶端由中脉延伸的芒，长20～40毫米，芒基无裂齿；内稃长椭圆状披针形，顶钝尖，与外稃等长。小穗轴顶端及基盘斜截，无毛或近无毛。颖果与内稃形状相近，棕褐色，顶端具白色毛茸，不易剥出（图2-208）。

分布：我国大部分地区，以及朝鲜和日本。

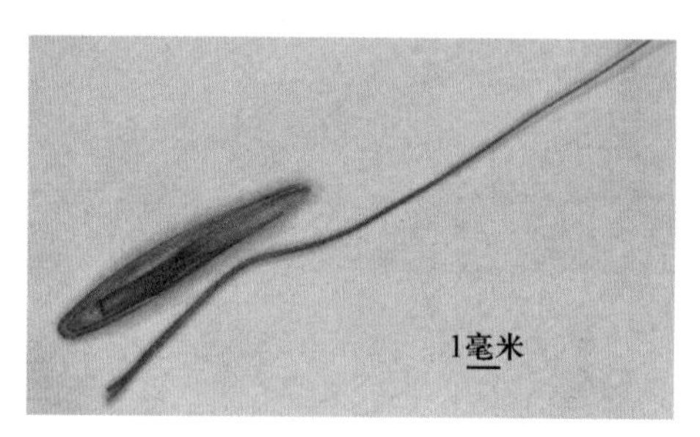

图2-208 鹅观草

十九、狗尾草属 *Setaria*

分种检索表

1. 小穗第二颖长为小穗的1/2，基部有时宿存刚毛 ………………………………………… 金狗尾草
2. 小穗第二颖长略短于小穗，基部不宿存刚毛 ……………………………………………… 狗尾草

1. 金狗尾草 *Setaria glauca*（L.）Beauv.

小穗2花，阔椭圆形，背凸腹平，有时具下位刚毛簇。第一颖卵形或卵状三角形，顶尖，长为小穗的1/3；第二颖钝，长为小穗的1/2。第一花不育，仅存与小穗等长的草质外稃和膜质内稃；第二花结实。带稃颖果阔椭圆形；黄色或黄绿色；长3毫米，宽2毫米。稃骨质，具显著横皱纹，外稃边缘包内稃；内稃基部有1圆形隆起。颖果椭圆形，平凸；灰绿色，密被小黑点；胚椭圆形，长约为颖果的4/5；腹基具椭圆形黑绿色果脐，脐下具白色隆起物（图2-209）。

分布：欧亚大陆的温带和热带地区。

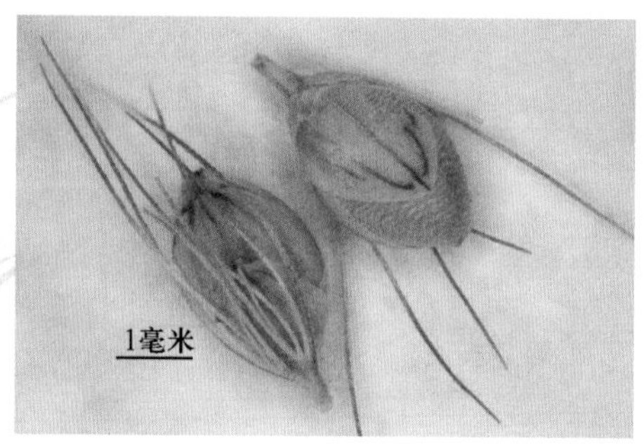

图2-209 金狗尾草

2. 狗尾草 *Setaria viridis*（L.）Beauv.

小穗椭圆形，背凸腹平，位于平面的第一颖，卵状三角形，顶圆，长为小穗的1/3；位于凸面的第一颖，等长或略短于小穗，顶端尖。带稃颖果椭圆形，平凸状；灰绿色、淡黄色至淡紫色；长2毫米，宽1毫米。外稃软骨质隆起具显著横皱纹，边缘包卷内稃；内稃与外稃同质等长，2脊间具网纹。颖果卵状椭圆形，平凸，淡灰色至灰绿色，具小黑点；背微凸具长为颖果4/5的胚，腹基具卵状椭圆形褐色果脐（图2－210）。

分布：世界各地。

图2－210　狗尾草

二十、高粱属 *Sorghum*

分种检索表

1. 无柄小穗菱状披针形，长约4.5毫米，宽约1.5毫米，厚1.0毫米，先端急尖，具1短细尖，通常无颖近革质，红褐色至紫黑色 ………………………………………… 拟高粱
1. 无柄小穗披针形至椭圆状长圆形或近椭圆状披针形，长≥4.5毫米，宽≥2毫米，厚≥2.0毫米 … 2
2. 无柄小穗长圆状披针形，暗红色或黄褐色，长6～8毫米，周围基部具毛，接近顶端具稀疏贴生的绢状毛；具膝曲下部扭转的长芒；成熟时与穗轴节间及有柄小穗一起脱落 ……………… 苏丹草
2. 无柄小穗近椭圆状披针形，长6毫米或略短，黄褐色、红褐色至紫黑色；具长芒或无芒 …………… 3
3. 无柄小穗长6.0毫米或略短，宽2.0毫米，颖片平滑，第一颖顶端三齿裂，小穗轴顶端具关节，小穗均由关节自然整齐脱落 ………………………………………… 假高粱
3. 无柄小穗长6.0毫米，宽2.25～2.50毫米，颖片光亮，第一颖顶端锐尖，小穗轴顶端有或无关节，成熟时小穗多由穗轴折断而分离，也有自然脱落而具关节 ……………… 黑高粱

1. 黑高粱 *Sorghum almum* Parodi

无柄小穗披针形，中部较宽，顶端略急尖，颖果通常稍短于颖片。小穗长6.0毫米，宽2.5毫米，厚约1.8毫米，颖硬革质，黄褐色、红褐色或紫黑色，表面平滑，有光泽。稃片膜质透明，具芒或无芒。小穗腹面具折断的小穗轴1枚或2枚，偶有自然整齐脱落为具1枚或2枚有关节的小穗轴。颖果卵形或椭圆形，长3.0～3.5毫米，宽1.8～2.0毫米，栗色至淡黄色（图2－211）。

分布：美国、阿根廷、南非、澳大利亚。

图 2-211　黑高粱

2. 假高粱 *Sorghum halepense*（L.）Pers.

无柄小穗卵状披针形，长 4.5～6.0 毫米，宽 2.0 毫米，厚 1.25～1.50 毫米，颖硬革质，黄褐色、红褐色至黑色，表面平滑，有光泽。基部、边缘及顶部 1/3 具纤毛；稃片膜质透明，从外稃先端裂齿间伸出芒，膝曲而扭转，极易断落，有时无芒。小穗第二颖背面有自然整齐脱落且明显具关节的小穗轴 2 枚，小穗轴边缘上具纤毛。颖果倒卵形或椭圆形，长 2.6～3.2 毫米，宽 1.5～1.8 毫米，暗红褐色，表面乌暗而无光泽；顶端钝圆，具宿存花柱；果脐圆形，深紫褐色。胚椭圆形，大而明显。长为颖果的 2/3（图 2-212）。

分布：我国华南、华东、西南的局部地区及世界其他地区。为恶性杂草。

图 2-212　假高粱

3. 拟高粱 *Sorghum propinquum*（Kunth）Hitchc.

无柄小穗菱状披针形，长 3.5～5.0 毫米，宽 1.5 毫米，厚约 1.0 毫米，顶端突然尖锐，具 1 短细尖，通常无芒。颖硬革质，下部暗红褐色，上部或顶端黄色；第一颖扁平，两侧脊上有纤毛，脉不明显，边缘包第二颖；第二颖隆起，中脊突出，基部穗轴节间和小穗柄各 1 枚，顶端膨大内陷具白色长柔毛。颖果倒卵形，平凸，紫褐色至棕褐色，长约 2.0 毫米，宽约 1.8 毫米，顶端具 2 枚合生的花柱残基。胚长约为颖果全长的 2/3（图 2-213）。

分布：我国广东、海南、福建，以及东南亚。

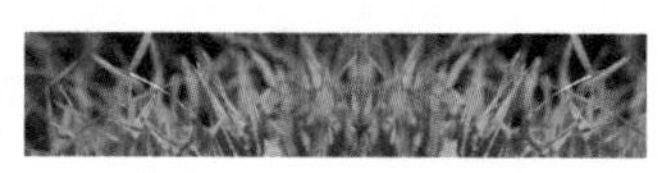

图 2-213　拟高粱

4. 苏丹草 *Sorghum sudanense*（Piper）Stapf

无柄小穗呈披针形至阔椭圆状，中部宽，顶端稍尖，长 5.5～6.5 毫米，宽 2.5～2.8 毫米，厚约 2.0 毫米，周围基部具毛，接近顶端具稀疏贴生的绢状毛；具膝曲下部扭转的长芒，芒易脱落。成熟小穗常呈暗红色或黄褐色。颖片革质，有光泽，黄褐色、红褐色至紫黑色，第一颖具 2 脊，脊上有短纤毛，第二颖具 1 脊，脊近顶端有纤毛，第一小花内外稃均膜质透明，外稃先端 2 裂，芒从齿裂中间伸出，芒长 8.5～12 毫米，颖果倒卵形，长 4.0～4.5 毫米，宽 2.5～2.8 毫米；顶端钝圆，基部稍尖，果皮赤褐色，胚体大（图 2-214）。

分布：原产于苏丹。全世界各国引种。

图 2-214　苏丹草

二十一、针茅属 Stipa

戈壁针茅 *Stipa tianschanica* var. *gobica*（Roshev.）P. C. Kuo

圆锥花序下部被顶生叶鞘包裹，分枝细弱、光滑、直伸，单生或孪生；小穗绿色或灰绿色；颖狭披针形，长 20～25 毫米，上部及边缘宽膜质，顶端延伸呈丝状长尾尖，2 颖近等长。第一颖具 1 脉，第二颖具 3 脉；外稃长 7.5～8.5 毫米，顶端关节处光滑，基盘尖锐，长 0.5～2 毫米，密被柔毛；芒一回膝曲，芒柱扭转、光滑，长约 15 毫米；芒针急折弯曲近呈直角，非弧状弯曲，长 40～60 毫米，着生长 3～5 毫米的柔毛，柔毛向顶端渐短（图 2-215）。

分布：我国内蒙古高原、黄土高原、青藏高原、甘肃、新疆等地，以及蒙古国。

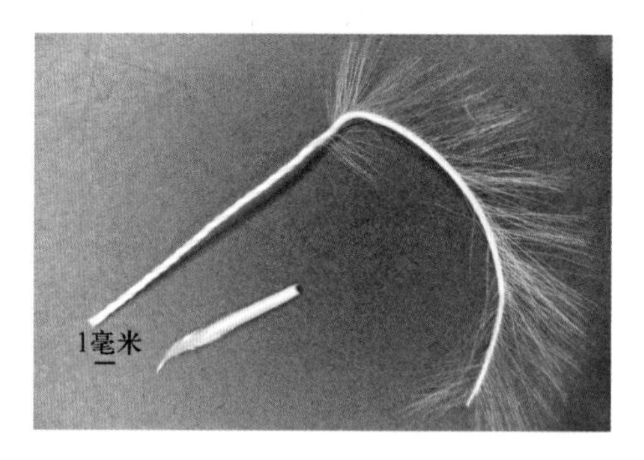

图 2-215 戈壁针茅

第二十七节 鸢尾科 Iridaceae

蒴果成熟时室背开裂；种子多数，半圆形或为不规则的多面体，少为圆形，扁平，表面光滑或皱缩，常有附属物或小翅。

分属检索表

1. 种子球形，黑紫色，有光泽 ………………………………………… 射干属
1. 种子梨形、半圆形或扁圆形，为不规则多面体 ………………………… 鸢尾属

一、射干属 *Belamcanda*

射干 *Belamcanda chinensis*（L.）DC

蒴果倒卵形或椭圆形，长 2.5～3.0 厘米，直径 1.5～2.5 厘米，顶端无喙，黄绿色，成熟时 3 瓣裂；种子圆球形，黑紫色，有光泽，直径约 5 毫米，表面细颗粒质，种脐淡黄色（图 2-216）。

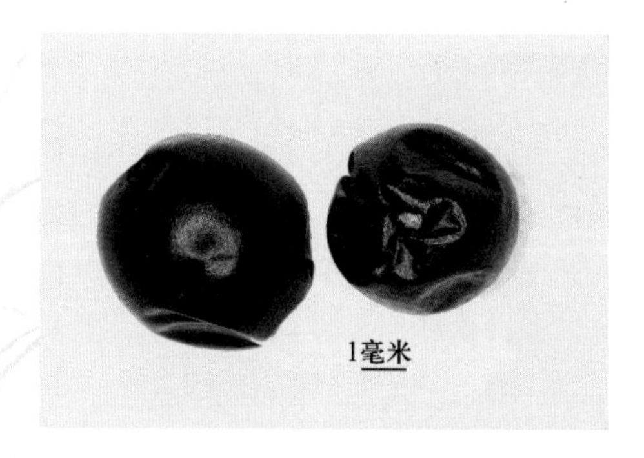

图 2-216 射 干

分布：我国吉林、辽宁、河北、山西、山东、河南、安徽、江苏、浙江、福建、台湾、湖北、湖南、江西、广东、广西、陕西、甘肃、四川、贵州、云南、西藏，以及朝鲜、日本、印度、越南、俄罗斯。

二、鸢尾属 *Iris*

马蔺 *Iris lactea* var. *chinensis*（Fisch.）Koidz.

蒴果长椭圆状柱形，顶端细长4～6厘米，直径1.0～1.4厘米，有6条明显的肋，顶端有短喙；种子为不规则的多面体，梨形、半圆形和扁圆形，黄褐色至棕褐色，少数为黑褐色，略有光泽。种子表面粗糙，沙砾质，略有细皱纹，有明显皱褶和棱角，基部有黄棕色或淡棕色的种脐，顶端有略突起的合点。种子坚硬，不易破碎（图2-217）。

分布：我国黑龙江、吉林、辽宁、内蒙古、河北、山西、山东、河南、安徽、江苏、浙江、湖北、湖南、陕西、甘肃、宁夏、青海、新疆、四川、西藏，以及朝鲜、俄罗斯和印度。

图2-217　马　蔺

第二十八节　唇形科 Labiatae

本科“种子”实为果实分裂成的小坚果，多三棱三面体，腹部被隆起的中脊分为2个斜面，仅有个别种类呈双凸透镜状，种子胚直生，无胚乳或具少量胚乳。

分属检索表

1. 小坚果非三面体形，腹面中脊隆起不明显或背腹面不明显分化………………………… 2
1. 小坚果三面体状，腹面中部具隆起的中脊………………………………………………… 3
2. 小坚果扁球形或卵圆形，背腹面不明显分化，表面具瘤或突起 ………………… 黄芩属
2. 小坚果近双凸透镜状，腹面中脊隆起不明显，表面具浅网纹，网线较细 ………… 紫苏属
3. 小坚果卵状三棱形或椭圆状三棱形或圆锥状三棱形………………………………… 4
3. 小坚果宽卵形、椭圆形、倒卵形、楔形、倒圆锥形、矩圆状倒卵形……………………… 8

4. 小坚果圆锥状二棱形 …………………………………………………………………… 兔唇花属
4. 小坚果椭圆状或卵状三棱形…………………………………………………………………………… 5
5. 小坚果椭圆状三棱形……………………………………………………………………………………… 6
5. 小坚果卵状三棱形………………………………………………………………………………………… 7
6. 小坚果果脐白色 V 字形或为两边上翘的唇形 ……………………………………………… 青兰属
6. 小坚果果脐不同上述，表面具网状纹或短条状瘤状突起，两侧边缘成锐脊 ………………… 益母草属
7. 小坚果表面散生不规则的白色蜡质小瘤状突起 ………………………………………………… 野芝麻属
7. 小坚果表面散布略隆起而不规则的泡状褐色斑纹 ……………………………………………… 夏至草属
8. 小坚果表面具有瘤、刺状或细颗粒状粗糙突起或具蜡质斑…………………………………………… 9
8. 小坚果表面平滑或粗糙，无瘤、突起，不具蜡质斑 …………………………………………………… 10
9. 小坚果表面具颗粒状粗糙突起或瘤，小坚果卵形，顶端钝 ………………………………… 薄荷属
9. 小坚果表面密布黄褐色的蜡斑或糠秕状蜡质物 ……………………………………………… 鼬瓣花属
10. 表面平滑、近平滑或有穴陷………………………………………………………………………… 11
10. 表面粗糙…………………………………………………………………………………………………… 13
11. 表面近平滑，密布细密短纹状或细颗粒状…………………………………………………………… 12
11. 表面光滑或有穴陷，湿时具黏液，基部有 1 白色果脐………………………………………… 罗勒属
12. 表面密布细密短纹……………………………………………………………………………………… 香薷属
12. 表面细颗粒状，表面具明显的油质光泽，背面有数条纵纹………………………………… 夏枯草属
13. 小坚果三棱状卵形，顶部被毛…………………………………………………………………… 藿香属
13. 小坚果顶端被毛………………………………………………………………………………………… 14
14. 表面具不规则的、大小不一的粗网纹…………………………………………………………… 水棘针属
14. 表面具点状或颗粒状突起…………………………………………………………………………… 鼠尾草属

一、藿香属 *Agastache*

藿香 *Agastache rugosa*（Fisch. et Meyer.）B. Ktze

小坚果矩圆形，三棱状，暗褐色、黑褐色，有时黄褐色；长约 1.6 毫米，宽约 0.9 毫米。表面粗糙。背面拱凸，具 3～6 条细纵棱；腹面被中央的锐纵脊四分成斜面；顶端平钝，密布灰白色长茸毛。种脐位于腹部纵脊下方，不规则三角形，中央具白色球体状覆盖物（图 2-218）。

分布：我国各地区，以及朝鲜、日本、俄罗斯和北美洲各国。

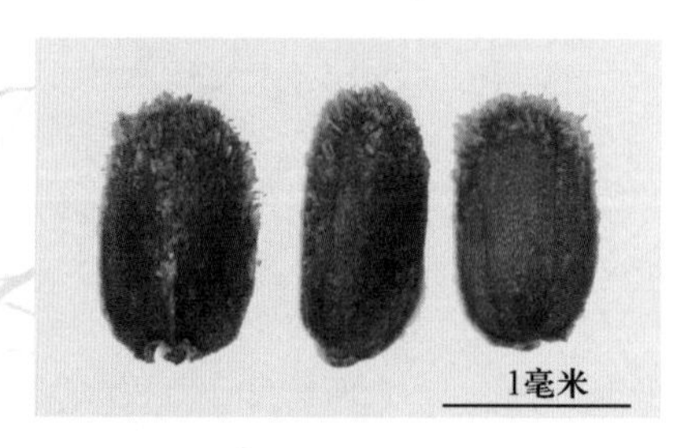

图 2-218 藿 香

二、水棘针属 *Amethystea*

水棘针 *Amethystea caerulea* L.

小坚果倒卵形楔形；绿褐色至褐色，长约 1.5 毫米，宽约 1 毫米。表面粗糙，具网纹状皱褶。顶端圆钝，基部楔形，背面圆形拱起；腹面稍凹，中间隆起纵脊棱把腹部分成 2 个凹斜面。果脐凹陷，位于腹面。果内含种子 1 粒。种皮膜质，腹面有 1 条显著的褐色线纹（图 2-219）。

分布：我国大部分省份，以及朝鲜、日本、蒙古国、伊朗和俄罗斯。

图 2-219 水棘针

三、青兰属 *Dracocephalum*

香青兰 *Dracocephalum moldavica* L.

小坚果矩圆状三面体；深褐色或近黑色；长 2.5 毫米，宽 1.2 毫米。表面颗粒状粗糙。背面较宽而平，稍圆钝。腹面中央具 1 纵脊，把腹面分成 2 个斜面。2 平面稍凹。顶端平截面三角形，边缘有窄棱；果基部尖，果脐白色呈 V 形，位于腹面，稍凹，V 形尖端常见 1 褐色小穴（图 2-220）。

分布：我国北方各省份，以及蒙古国、印度和欧洲。

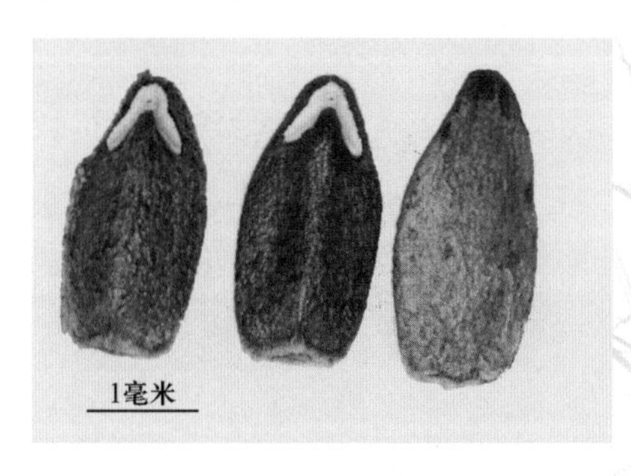

图 2-220 香青兰

四、香薷属 *Elsholtzia*

香薷 *Elsholtzia ciliata*（Thunb.）Hyland.

小坚果矩圆状倒卵形，不明显三面体；黄色或棕黄色；长 1.1 毫米，宽 0.6 毫米。表面近光滑，密布细密短纹。背面隆起；腹面中线高，形成 2 个平面；顶部较平；基部侧面渐收缩，于基底成棱线。果脐位于基底棱线腹面一端，深褐色（图 2－221）。

分布：我国各省份，以及朝鲜、日本、蒙古国、印度和一些欧洲国家。

图 2－221　香　薷

五、鼬瓣花属 *Galeopsis*

鼬瓣花 *Galeopsia bifida* Boenn.

小坚果阔倒卵形，略扁；三面体；棕褐色或黑褐色杂深色斑；长 2.0～2.5 毫米，宽 2.0～2.2 毫米。表面散布糠秕状黄褐斑。背面略拱起。腹面被中间隆起的 1 条纵脊分成 2 个斜面，纵脊钝圆，果顶圆，基部收缩，基底圆。果脐位于腹面中脊下方，横向菱状椭圆形，微凹，暗灰白色（图 2－222）。

分布：我国黑龙江、吉林、内蒙古、青海、湖北和西南地区，以及朝鲜、日本、蒙古国和欧洲。

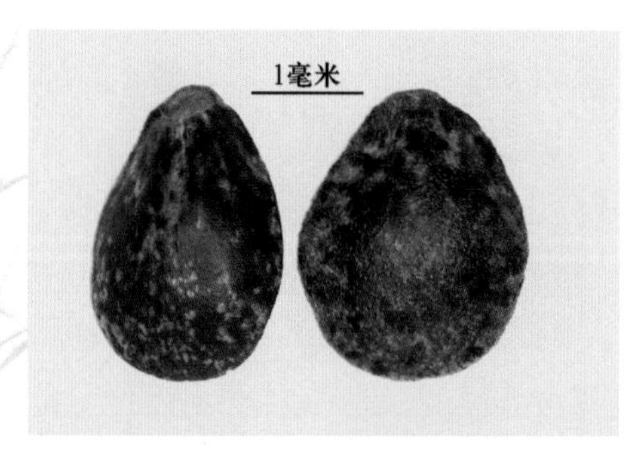

图 2－222　鼬瓣花

六、兔唇花属 *Lagochilus*

冬青叶兔唇花 *Lagochilus ilicifolius* Bunge ex Benth

小坚果阔楔形，略扁，三面体；背面拱凸，棕黄色；长约 3.5 毫米，宽约 2.1 毫米。表面粗糙，颗粒质。背部圆钝，腹面被纵锐中脊分成 2 个斜面，斜面较平，边缘锐。顶端平截，三角形，稍向腹面倾斜。基端具圆形凹陷并稍向腹面倾斜。果脐具稍隆起的黄色棱边（图 2－223）。

分布：我国内蒙古、宁夏、甘肃、陕西北部，以及俄罗斯、蒙古国。

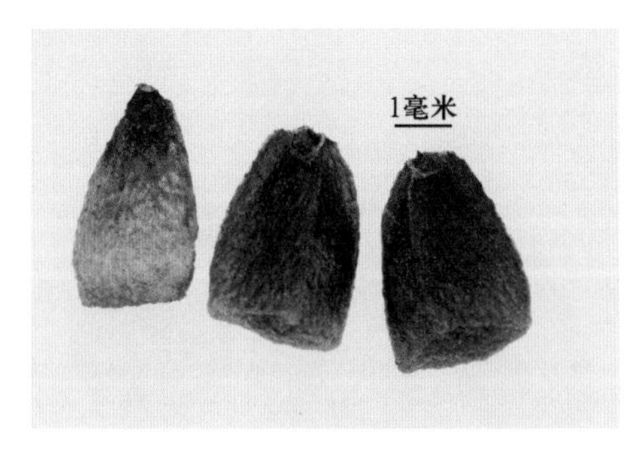

图 2－223　冬青叶兔唇花

七、夏至草属 *Lagoposis*

夏至草 *Lagopsis supina*（Steph. ex Willd.）Ik. －Gal. ex Knorr.

小坚果长倒卵形，三面体状；黑褐色，长约 1.2 毫米，宽约 0.9 毫米。表面粗糙，常覆盖有黄褐色蜡质斑块或斑点。背面隆起圆钝，腹面被中央较锐的四纵棱分成 2 个界面；顶端平截，向腹部形成倾向面；两端边棱较锐，基部具菱形或近圆形的果脐，位于纵棱下方，凹陷（图 2－224）。

分布：我国大部分地区，以及朝鲜、蒙古国、俄罗斯的西伯利亚。

图 2－224　夏至草

八、野芝麻属 *Lamium*

短柄野芝麻 *Lamium album* L.

小坚果长卵圆形，三棱状；长 3.0～3.5 毫米，直径 1.5～1.7 毫米；深灰色，无毛。表面细颗粒状粗糙，间有蜡斑质小突起。背面平缓，腹面中脊高高隆起，两侧面陡起；顶端平截，向腹部呈三角形倾斜，上部边缘延伸成薄膜质宽翼；腹面两侧较平，果脐位于中脊末端（图 2－225）。

分布：我国新疆北部，甘肃、山西及内蒙古，以及欧洲、西亚经伊朗至印度、蒙古国、日本及加拿大。

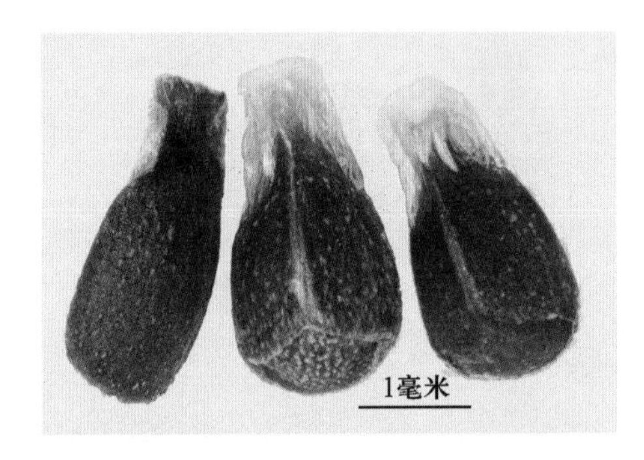

图 2－225　短柄野芝麻

九、益母草属 *Leonurus*

益母草 *Leonurus japonicus* Houtt

小坚果矩圆状楔形，三面体状；黑色；长约 2 毫米，宽约 1.5 毫米。表面粗糙，具灰白色或灰黄色斑块覆盖。背部圆钝；腹面被纵锐中脊分成 2 个斜面，斜面较平，边缘锐。顶端平截，三角形，稍向腹面倾斜，截面边缘具半透明膜质窄翅。基端具三角形凹陷并稍向腹面倾斜的果脐（图 2－226）。

分布：我国各地区，以及朝鲜、日本、俄罗斯远东地区，亚洲热带地区、非洲和美洲。

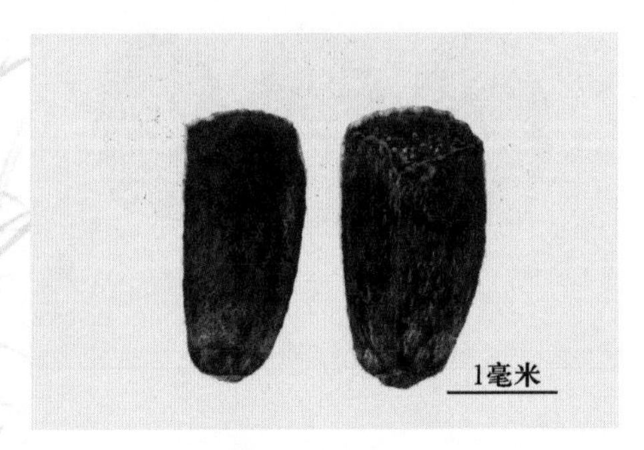

图 2－226　益母草

十、薄荷属 *Mentha*

野薄荷 *Mentha haplocalyx* Briq

小坚果阔卵形，三面体状；灰黄色，有光泽；长 0.9 毫米，宽 0.6 毫米。表面为细颗粒状，背面稍拱；腹面中部纵向隆起形成 2 个钝圆侧面；背腹界棱钝圆；顶部近急尖；基部宽阔楔状，被巨大果脐所包围。果脐白色，略凹陷，腹面呈开展的蝶翅状，背面呈三角形，果底具三角形尖端，褐色（图 2 - 227）。

分布：我国东北、内蒙古，以及朝鲜、日本和俄罗斯远东地区。

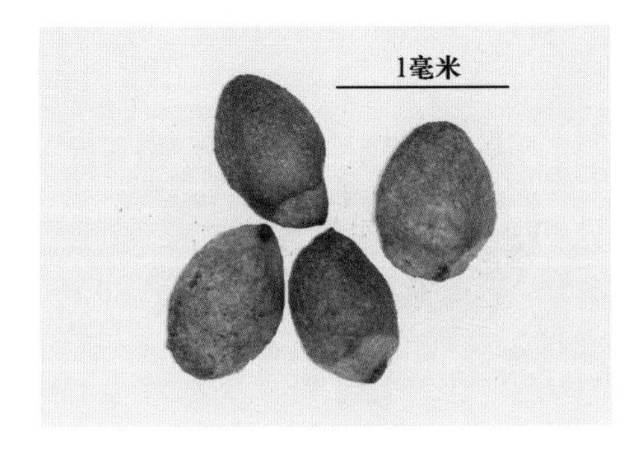

图 2 - 227　野薄荷

十一、罗勒属 *Ocimum*

罗勒 *Ocimum basilicum*

小坚果卵珠形，略呈三面体；长约 2.5 毫米，宽约 1 毫米，黑褐色，略有光泽，表面粗糙，密布颗粒质。顶端圆钝，基部收缩，基部有 1 白色果脐，果皮坚硬，水湿后籽液状（图 2 - 228）。

分布：原产非洲、美洲及亚洲热带地区。我国新疆、吉林、河北、河南、浙江、江苏、安徽、江西、湖北、湖南、广东、广西、福建、台湾、贵州、云南及四川。

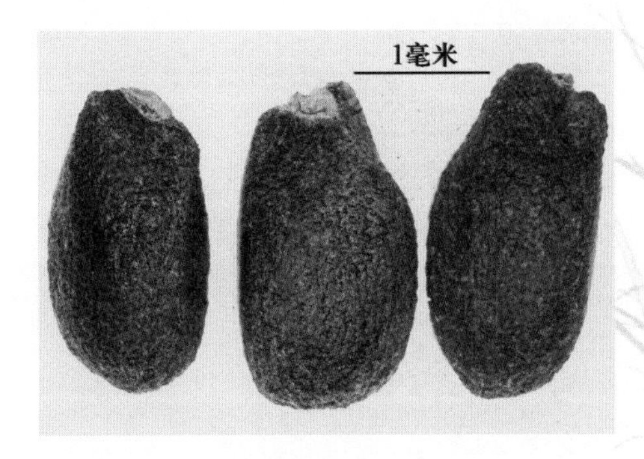

图 2 - 228　罗　勒

十二、紫苏属 *Perilla*

紫苏 *Perilla frutescens*（L.）Britt.

小坚果圆形或阔倒卵形，半球状三面体，近双凸状；紫黑色具灰褐色斑；长约 1.8 毫米，宽约 1.5 毫米。果皮厚，坚硬，表面具大网纹。背面圆形弓曲，腹面较平，中部稍隆起。果顶圆，果脐位于腹面基部，较大，矩圆形或宽椭圆形，灰白色，具较细边棱，上部边棱模状。脐下部具 1 小突起（图 2－229）。

分布：东亚、东南亚。

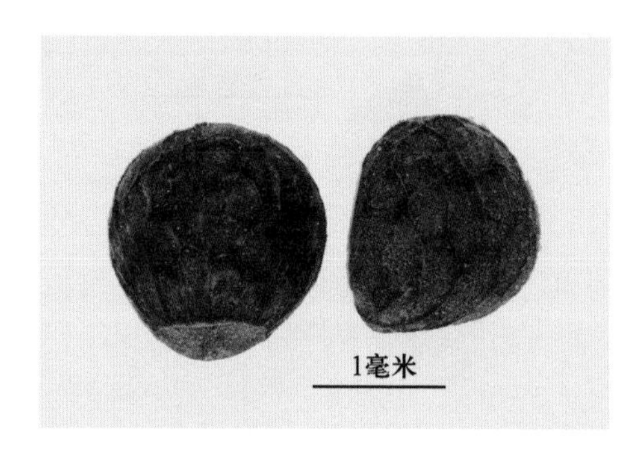

图 2－229　紫　苏

十三、夏枯草属 *Prunella*

夏枯草 *Prunella asiatica* L.

小坚果阔椭圆形，褐色或棕褐色；长约 1.5 毫米，宽约 1.1 毫米。表面细颗粒状，有油漆光泽。背面较平或微凸，中央具 1 较宽的双线浅沟；腹部中央具隆起的双线宽脊，把腹面分为 2 个斜面；顶端圆钝，基部较尖。果脐着生在腹面纵脊尾端，覆以白色 V 形附属物，背面观为白色小突尖。易被误认为发芽（图 2－230）。

分布：我国“三北”地区，以及日本、朝鲜和俄罗斯沿海地区。

图 2－230　夏枯草

十四、鼠尾草属 *Salvia*

1. 芡欧鼠尾草（奇亚籽）*Salvia hispanica* L.

小坚果椭圆形，长 1.5～2.0 毫米，宽约 1.2 毫米，厚 0.88 毫米；表面光滑，有光泽，颜色从白色、米黄色至深咖啡色，表面带有大理石纹脉络线（图 2－231）。

分布：原产于墨西哥南部和危地马拉等北美洲地区。

图 2－231 芡欧鼠尾草（奇亚籽）

2. 丹参 *Salvia miltiorrhiza* Bge.

小坚果黑色，椭圆形，长约 3.2 毫米，宽 1.5 毫米。表面砾质粗，满布小颗粒。背面稍隆起，腹面中间隆起较大，形成 2 个侧面；顶端圆，基部渐窄，基端平截。果脐着生于平截面上，三角状圆形，白色或黄褐色（图 2－232）。

分布：我国大部分地区，以及亚洲其他地区和大洋洲。

图 2－232 丹 参

十五、黄芩属 *Scutellaria*

半枝莲 *Scutellaria barbata* D. Don.

小坚果扁球形，径长约 1.1 毫米；背面拱形，腹面中间突起，果皮黄褐色至褐色。质地坚硬，粗糙，表面密布小瘤状突起，无光泽。果脐小，点状，位于腹部突起基端，脐面覆盖着白色物，果内含 1 粒种子，种皮膜质，无胚乳，胚直生（图 2－233）。

分布：我国长江以南地区，北方的河北、山东、陕西南部及河南；印度及中南半岛、日本也有分布。

图 2－233　半枝莲

第二十九节　豆科 Leguminosae

本科果实为荚果，成熟时有的种类通常沿背、腹缝线开裂，有的种类在种子间缢缩或横断成结荚；果肉含 1 至数粒种子，有时 1 节仅含 1 粒种子。种脐着生位置为种子腹面，种子通常无胚乳或具少量胚乳，胚体大型，子叶肥厚。

本科种子主要分类依据：种子和种脐形状、大小、种皮的颜色，合点的位置及胚根的长短等。

分属检索表

1. 荚果成熟后不开裂或横断成结荚……………………………………………………… 2
1. 荚果开裂，散出种子 ……………………………………………………………… 11
2. 荚果含 1 粒或 2 粒种子，荚果较小，两面无粗壮而隆起的网状纹及树脂状腺点……………………… 3
2. 荚果含少数至多数种子………………………………………………………………… 4
3. 荚果含 1～2 粒种子，两面的网状脉纹明显凸出，或具皱纹，无毛…………………………… 草木樨属
3. 果实为短荚果，内含种子 1 粒，荚果周缘较薄，有棱角 ………………………………… 胡枝子属
4. 荚果成熟后横断成结荚，荚果扁平，两面中央有极明显的瘤状突起，或粗糙；种子呈肾形，种脐广椭圆形，凹陷 ……………………………………………………………………………… 合萌属
4. 荚果成熟后不开裂……………………………………………………………………… 5
5. 荚果螺旋状，表面具钩刺或网纹 …………………………………………………… 苜蓿属
5. 荚果不呈螺旋状………………………………………………………………………… 6
6. 荚果肿胀，近无毛，荚果圆形或卵圆形，果瓣膜质或革质；种子肾形 …………………… 苦马豆属
6. 荚果不肿胀……………………………………………………………………………… 7
7. 荚果线形，平直或弯曲，在种子间微缢缩，呈不明显的串珠状，几无毛，种子肾形或近正方形，常弯曲 …………………………………………………………………………………… 骆驼刺属
7. 荚果镰刀状矩圆形，种子椭圆形，淡黄色，种子为不规则肾形，中部粗且下沉，两端较尖而收拢，种

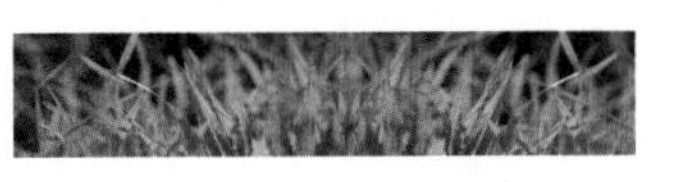

脐偏向一侧 …………………………………………………………………………………… 扁蓄豆属
11. 种子无胚乳或有极薄1层 ……………………………………………………………………… 12
11. 种子具胚乳 ……………………………………………………………………………………… 16
12. 种脐大，位于种子端部或近端部，种子呈绵羊头状，顶端稍平或微凹，表面粗糙而凸凹不平 ………
…………………………………………………………………………………………………… 鹰嘴豆属
12. 种子长、宽相等或近相等，或宽略大于长 ……………………………………………………… 13
13. 种子扁平，圆形，呈双凸透镜形，表面平滑，种脐短线状 …………………………………… 兵豆属
13. 种子球形、近球形或扁圆形 ……………………………………………………………………… 14
14. 种脐广椭圆形或卵状椭圆形，极少呈线形；种子表面具颗粒状或弯曲状突起，有时表面平滑，有强烈光泽及不同颜色的花纹 …………………………………………………………………… 香豌豆属
14. 种子表面无上述突起，呈其他形状，种皮不为上述情况 ……………………………………… 15
15. 种脐线形，种子表面无上述突起，乌暗或略有光泽 …………………………………………… 野豌豆属
15. 种子椭圆形或近球形，暗褐色或半红半黑，有光泽 …………………………………………… 相思子属
16. 种子长大于宽 …………………………………………………………………………………… 17
16. 种子宽大于长 …………………………………………………………………………………… 18
17. 种脐位于种子端部，种子呈卵圆形、斜方形或菱状圆柱形 ………………………………… 决明属
17. 种脐位于种子腹面的中部，种子较大，呈肾形，胚根端部与子叶明显分开，直或弯或呈钩状 ………
…………………………………………………………………………………………………… 猪屎豆属
18. 种子呈肾形，表面近平滑，稍有光泽 …………………………………………………………… 黄耆属
18. 种子长圆状卵形，表面呈颗粒状，粗糙，无光泽 ……………………………………………… 胡卢巴属

一、相思子属 *Abrus*

相思子 *Abrus precatorius* L.

荚果菱状长椭圆形，稍膨胀；表面密生平伏短粗毛，内含4～6粒种子。种子阔卵形，长约6毫米，宽约5毫米。种皮平滑具光泽，上部约2/3为朱红色，下部1/3为乌黑色。种脐阔椭圆形，白色，位于种子黑色的部分。种瘤突起，与脐条相连，脐条半段黑色、半段红色。种皮革质，内无胚乳，胚体大，子叶肥厚（图2-234）。

分布：我国福建、台湾、云南、广东、广西，以及泰国、印度尼西亚、菲律宾、越南、印度和其他热带地区。

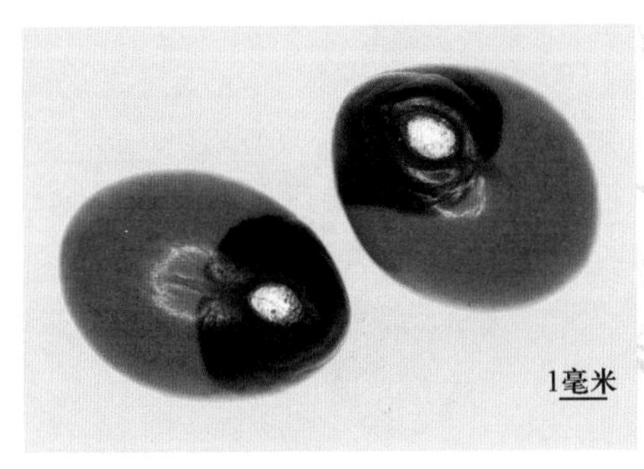

图2-234　相思子

二、合萌属 *Aeschynomene*

合萌 *Aeschynomene indica* L.

成熟荚果分节脱落，每节片矩形或方形，扁，棕褐色；长约 5 毫米，宽约 4.5 毫米，表面中部具瘤状皱褶。种子肾形；绿色、绿褐色、棕褐色至近黑色；长约 4 毫米，宽约 2.5 毫米，表面光滑，有光泽。种脐位于腹侧凹陷处，矩圆形，周围有 2 圈晕环，外圈黄色，内圈褐色；脐面中部具脐沟，两侧具小瘤和白色屑状物。脐一端为深褐色种孔，另一端为隆起的种瘤（图 2－235）。

分布：我国大部分省份，以及朝鲜、日本和大洋洲。

图 2－235 合 萌

三、骆驼刺属 *Alhagi*

骆驼刺 *Alhagi sparsifolia* Shap.

荚果为不太明显的串珠状，常弯曲，几无毛；长 1.5～2.5 厘米，宽约 2.5 厘米。节间椭圆体形，不开裂。含种子 1～6 枚，彼此被隔膜分开。种子肾形，深褐色至褐色，长 2.5～3.0 毫米，宽约 2 毫米，表面粗糙，无明显纹饰，隐约分布有稀疏小点突（图 2－236）。

分布：我国宁夏、新疆、甘肃、内蒙古，以及哈萨克斯坦、乌兹别克斯坦等。

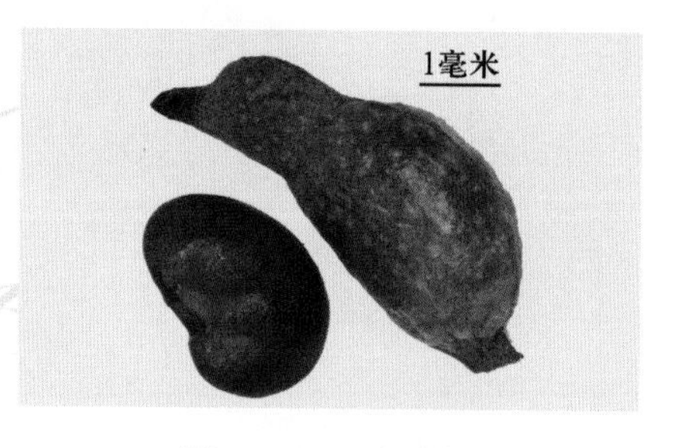

图 2－236 骆驼刺

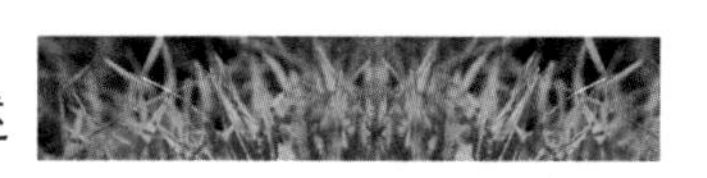

四、紫穗槐属 *Amorpha*

紫穗槐 *Amorpha fruticosa* Linn.

果实为短荚果，长 7～9 毫米，宽 2～3 毫米；暗灰褐色；弯成近镰刀形，两侧扁，表面具椭圆形树脂状的瘤状腺点，暗褐色，成熟后不开裂，内含种子 1 粒。种子长 4.2～4.6 毫米，宽 2.2～3.0 毫米，厚约 1.5 毫米；褐色至棕褐色；长椭圆形，两侧稍扁，表面近平滑，具油脂状黏性物质，两端钝圆。基部胚根外突并向腹部弯曲，略呈喙状。种脐位于腹面的凹陷内，圆形；合点位于种脐相对的另一端部，两者之间有一深色线纹（图 2-237）。

分布：原产于美国。我国东北、华北及山东、河南、安徽、江苏、湖北、四川等地有栽培。

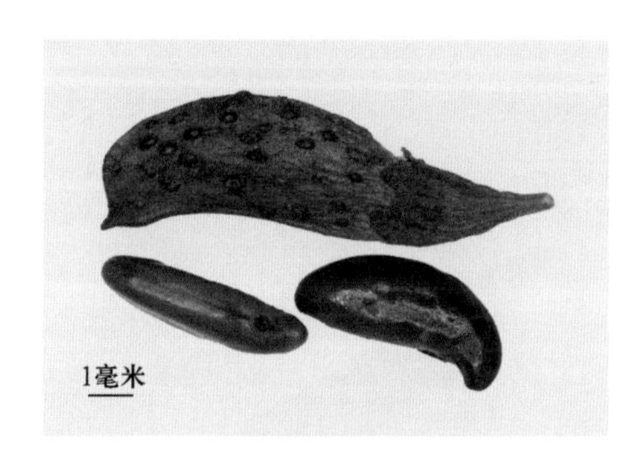

图 2-237 紫穗槐

五、黄耆属 *Astragalus*

分种检索表

1. 荚果宽倒卵状球形或椭圆形，种子暗褐色，倒卵状肾形，胚根尖与子叶间凹缺较深 … 草木樨状黄耆
1. 荚果长圆形，种子倒卵形，胚根尖与子叶间凹缺较浅 ………………………… 2
2. 荚果矩圆形，长 7～18 毫米，背缝凹入成沟槽，假 2 室，种子腹面凹缺较浅 ……………… 斜茎黄耆
2. 荚果线状长圆形，长 17～30 毫米，种子腹面凹缺深沟状 ……………………………… 灰叶黄耆

1. 斜茎黄耆 *Astragalus adsurgens* Pall.

荚果长圆形，长 7～18 毫米，两侧稍扁，背缝凹入成沟槽；顶端具下弯的短喙，被黑色、褐色或白色混生毛，假 2 室。种子肾形，黄褐色，略扁，背部弓曲，厚，腹面略薄并有深凹缺，凹缺位于中部，内有白色种脐，圆形（图 2-238）。

分布：我国东北、华北、西北、西南地区，以及俄罗斯、蒙古国、日本、朝鲜和北美温带地区。

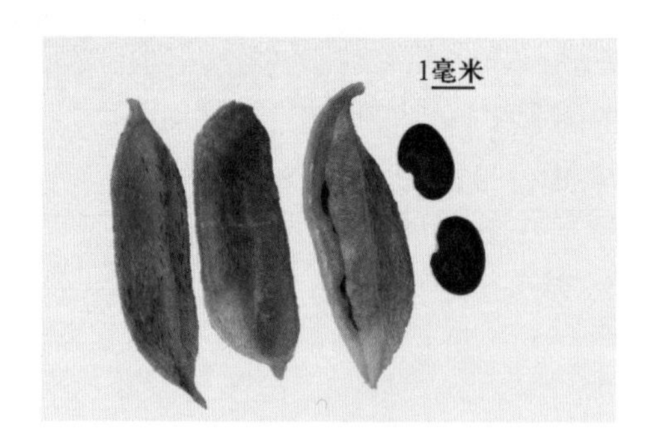

图 2-238　斜茎黄耆

2. 灰叶黄耆 *Astragalus discolor* Bunge ex Maxim.

荚果扁平筒状，稍弯，线状长圆形，长 17～30 毫米。果柄比萼长，顶端有短喙。基部有露出花萼的长果颈，被黑白色混生的伏贴毛。种子长肾形，略扁，黑色，有光泽，长 1.8 毫米，宽 1 毫米；背面弓曲较厚，腹面略薄并有深凹缺，凹缺位于中部，内有白色种脐，圆形（图 2-239）。

分布：我国内蒙古、河北、山西、陕西（北部）、宁夏，以及蒙古国。

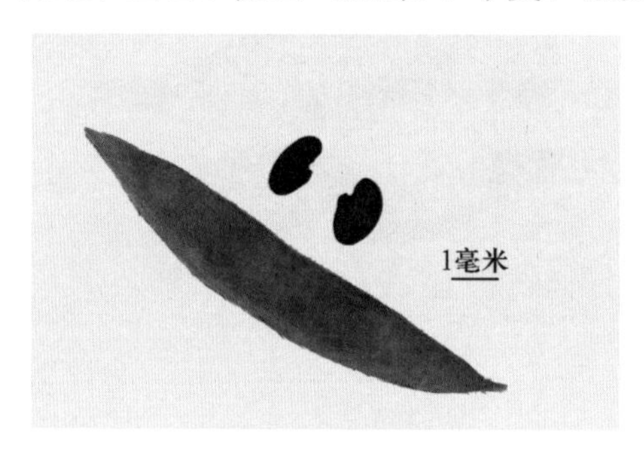

图 2-239　灰叶黄耆

3. 草木樨状黄耆 *Astragalus melilotoides* Pall.

荚果宽倒卵状球形或椭圆形，略扁，先端微凹，具短喙，暗褐色；长 2.5～3.5 毫米，宽 2.2 毫米，假 2 室。背部具稍深的沟，有横纹；种子 4～5 粒，倒卵状肾形，略扁；暗褐色，长约 2 毫米，宽 1.3 毫米。表面光滑，有光泽；背面弓曲，厚，腹面略薄并有深凹缺，凹缺位于中部，内有白色种脐，圆形（图 2-240）。

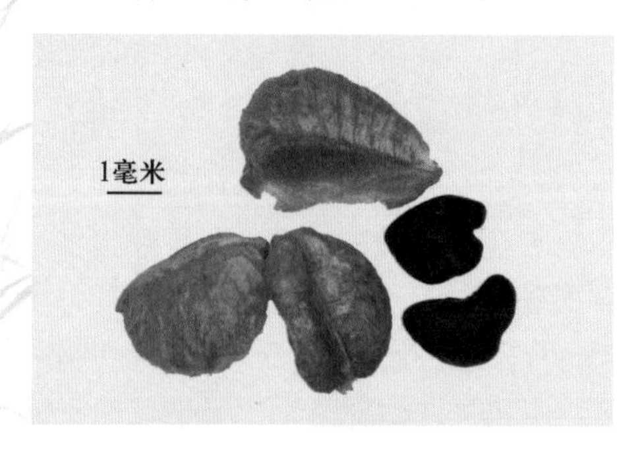

图 2-240　草木樨状黄耆

分布：我国长江以北各地区，以及俄罗斯、蒙古国。

六、决明属 *Cassia*

分种检索表

1. 种子呈菱形，光亮，两面各有 1 条窄带状斑纹 ………………………………………… 决明
1. 种子呈歪倒阔卵形，两面各有 1 椭圆形的斑块 ………………………………………… 槐叶决明

1. 槐叶决明 *Cassia sophera* L.

种子歪阔卵形或倒阔卵形，扁平；咖啡色或带橄榄绿；长 4～5 毫米，宽约 4 毫米。表面幼时有辐射状开裂的白膜质物，脱膜后为颗粒状；顶端平或稍凹，基部向下收缩，基端钝尖；两平面中央各有 1 椭圆形平底凹陷斑状，内有横向隆起的皱。种脐位于基部尖端的一侧，卵圆形，突出，黄褐色，周围隆起，上部敞开，有 1 黑色线。种瘤位于一端中央，褐色。种脐与种瘤间有 1 长的脐条（图 2-241）。

分布：我国华南和世界其他热带国家，我国华北也有种植。

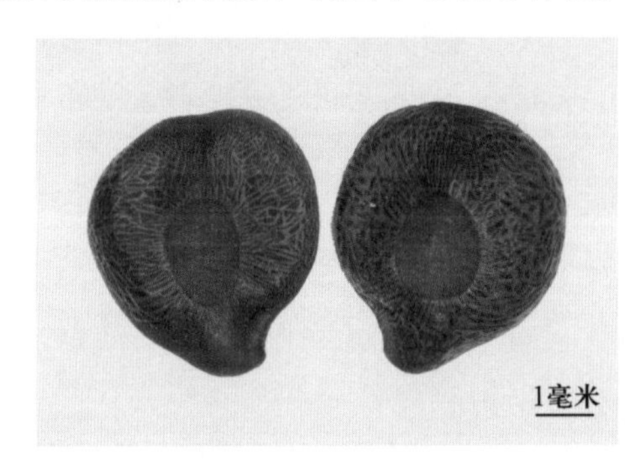

图 2-241　槐叶决明

2. 决明 *Cassia tora* L.

种子多为菱状短圆柱形，一端具明显突出的角状体；棕褐色或绿褐色；长 5 毫米，宽 3 毫米。表面密布细微小瘤，有光泽，两侧斜对角各具 1 稍弯的黄色带状条纹。种脐在角状体顶端一侧，椭圆形，两侧隆起，下端延伸为角状体的圆形尖端，上部具 1 长的脐条，直达种子另一端的种瘤处（图 2-242）。

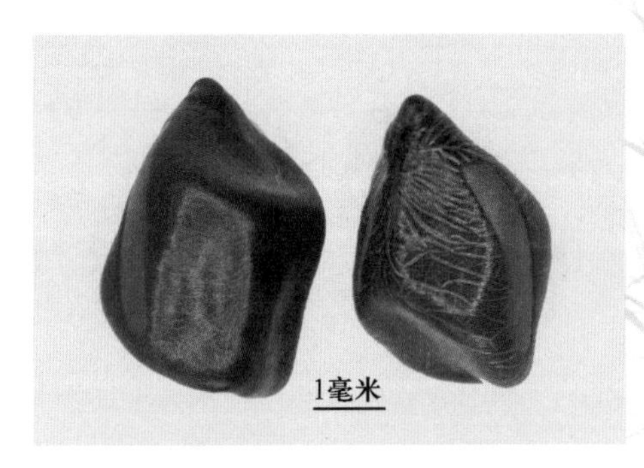

图 2-242　决　明

分布：原产于热带美洲。我国各地常有栽培。

七、鹰嘴豆属 *Cicer*

鹰嘴豆 *Cicer arietinum* L.

种子三角形，背面观如羊头；黄褐色至棕褐色；长 8～10 毫米，宽 6 毫米。表面粗糙，凸凹，具细瘤。顶部马鞍形；基部尖嘴状；背面拱起，隆起的胚根如鹰嘴般下伸；腹面较平。种脐位于腹面基端，椭圆形，深陷，具明显脐沟。种脐与种瘤间有棱状脐条。种瘤位于腹部中央，三角垫状，黑褐色（图 2－243）。

分布：我国西北地区，河北、广东也有栽培。

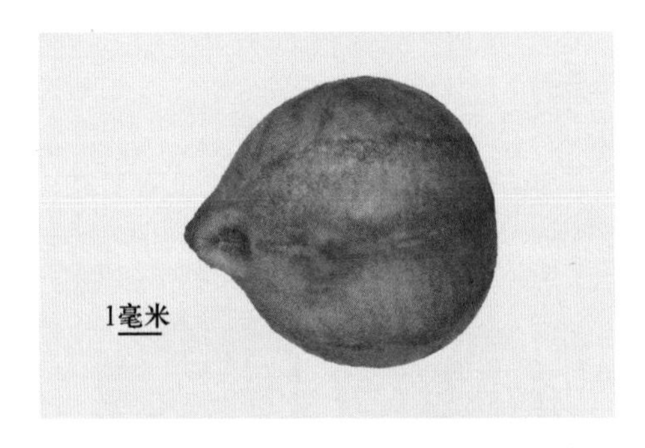

图 2－243　鹰嘴豆

八、猪屎豆属 *Crotalaria*

美丽猪屎豆 *Crotalaria spectabilis* Roth

种子肾形，扁平；暗黄褐色；长 4～5 毫米，宽 3～3.8 毫米。表面光亮颗粒质，两侧面中部具弧形凹陷区；胚根长为子叶的 1/2 以上，根尖近黑色，与子叶分开并弯抵种脐。种脐位于腹面凹入处，椭圆形，为胚根尖所覆盖。种瘤位于种脐下方，微隆起（图 2－244）。

分布：热带、亚热带地区，美国南部有栽培。

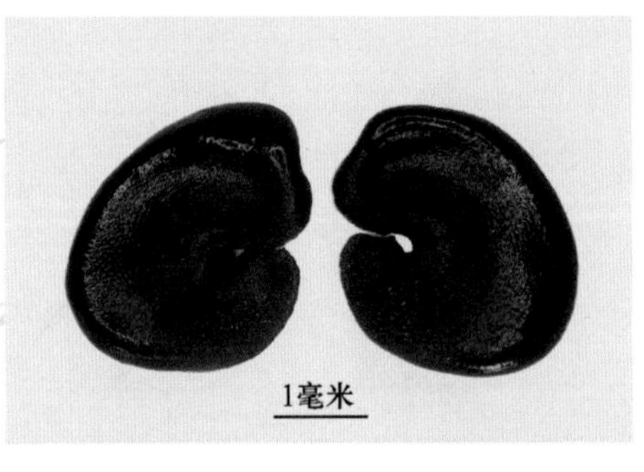

图 2－244　美丽猪屎豆

九、米口袋属 *Gueldenstaedtia*

少花米口袋 *Gueldenstaedtia verna*（Georgi）Boriss.

种子肾形，略扁；棕黄色或棕黑色，具光泽；长 1.6 毫米，宽 1.2 毫米。表面密布深而大的凹点；背面弓曲；腹面上部钩状内陷（胚根与子叶分离）。种脐位于沟状内陷底部，圆形，周围具白膜质环（图 2－245）。

分布：我国东北、华北、西北、华东、中南地区，以及朝鲜、俄罗斯。

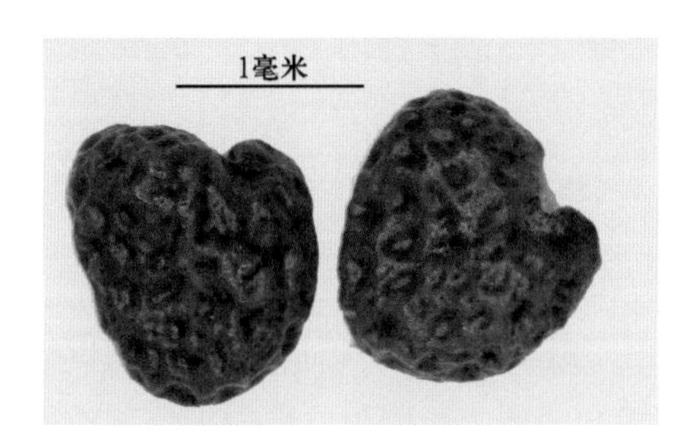

图 2－245　少花米口袋

十、岩黄耆属 *Hedysarum*

短翼岩黄耆 *Hedysarum brachypterum* Bunge

荚果念珠状，具 1～3 荚节，有小针刺和白色柔毛，节荚圆形或椭圆形，两侧稍膨起，呈双凸透镜形，具明显隆起的脉纹，边缘无明显的边，荚果不开裂（图 2－246）。

分布：我国河北西北部和内蒙古中部地区，以及蒙古国。

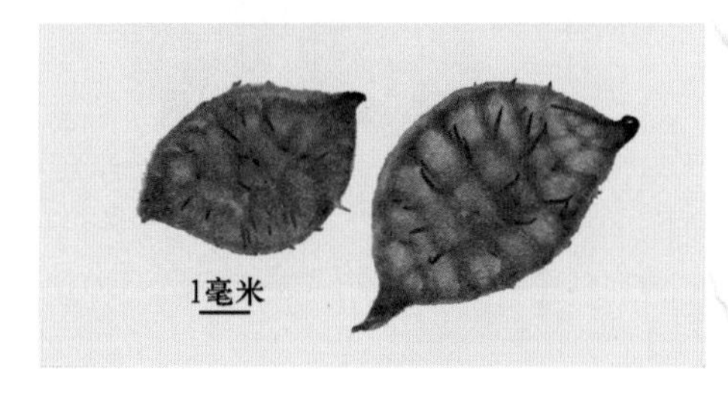

图 2－246　短翼岩黄耆

十一、兵豆属 *Lens*

兵豆 *Lens culinaris* Medic.

种子圆而扁，双凸透镜状；褐色至棕褐色；直径 5～6 毫米。表面光滑，周缘具锐棱。种脐位于种子边缘，短条形，白色。种瘤位于种脐一端，小丘状隆起，暗褐色至黑褐色

（图 2－247）。

分布：我国东北、西北、华北、西南部分地区，以及欧洲。

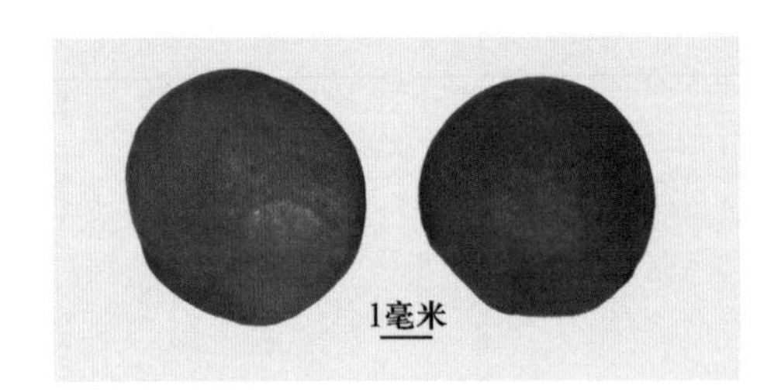

图 2－247　兵　豆

十二、胡枝子属 *Lespedeza*

中华胡枝子 *Lespedeza chinensis* G. Don

荚果卵圆形，先端具喙，基部稍偏斜，表面有网纹，密被较短的白色伏毛。长约 4 毫米，宽 2.5～3.0 毫米。种子倒卵形，两侧扁；紫黑色杂黄褐色斑或黄褐色杂紫褐色斑；长 2～3 毫米，宽 1.5～2.0 毫米。种脐位于腹侧中下部，圆形，黄褐色，有明显脐沟，边缘具高高隆起的淡黄色环状脐冠。种瘤远离种脐，位于基端，黑色，微隆起（图 2－248）。

分布：我国江苏、安徽、浙江、江西、福建、台湾、湖北、湖南、广东、四川等地区。

图 2－248　中华胡枝子

十三、苜蓿属 *Medicago*

分 种 检 索 表

1. 荚果松散螺旋，2～3 旋，脊棱上无尖刺或刺状突起 …………………………………………………… 紫苜蓿
1. 荚果松散盘旋，2～4 旋，脊棱上有长尖刺，刺较粗短而劲直，刺端呈钩状 …………………… 南苜蓿

1. 南苜蓿 *Medicago polymorpha* L.

荚果螺旋形，4～5 层，灰黑色；直径 6～7 毫米（不含刺），边缘具 2 排稍长的刺，

刺尖具小钩，常折断成直刺。表面粗糙，具粗脉纹。每圈具棘刺或瘤突 15 枚；种子肾形，两侧扁；淡黄色至黄褐色，平滑；长 2.5 毫米，宽 1.25 毫米。种脐位于腹侧凹缺内，圆形，白色，周围具稍隆起的晕环，与种皮同色。种瘤位于种脐下方、色较种皮深的脐条中部，黑褐色，稍隆起。胚根为种子长的 1/2，两侧具白色斜线（图 2-249）。

分布：原产于欧洲南部和地中海区域，世界各地皆有引种栽培。

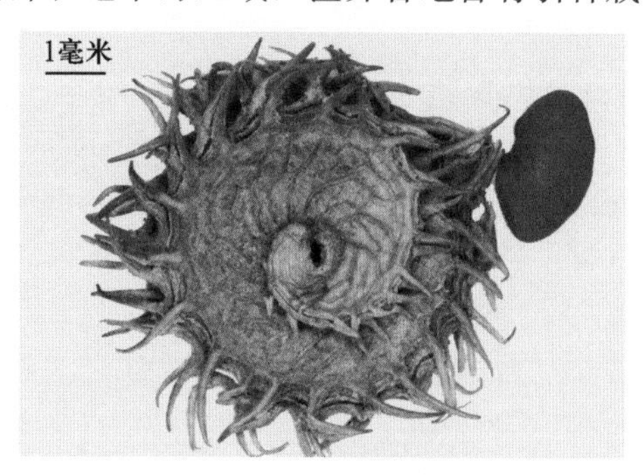

图 2-249　南苜蓿

2. 紫苜蓿 *Medicago sativa* L.

荚果带形，螺旋叠立 2～3 层，直径 6～8 毫米；果皮褐色，内含种子多数。种子长肾形，扁；黄色至深褐色；长 2.7 毫米，宽 1.5 毫米。表面光滑，具绒质感，稍有光泽；背面弓曲；腹面平直，有凹缺；两扁面凸或不平。种脐位于腹侧中央偏下，圆形，黄白色，周围晕轮色稍深。靠近种脐下方具稍隆起的种瘤。胚根紧贴子叶，长为子叶的 2/3，稀为 1/2（图 2-250）。

分布：原产于欧洲。我国“三北”地区，世界各国均有栽培。

图 2-250　紫苜蓿

十四、草木樨属 *Melilotus*

分种检索表

1. 荚果较小，长 2.5～3.0 毫米，表面具横向粗皱纹，宿存花萼基部膨胀，种子黄色至黄褐色，子叶顶端圆形 ………………………………………………………………………… 黄花草木樨

1. 夹果较大，长 3～4 毫米，表面具网状皱纹，宿存花萼基部不膨胀，种子绿黄色至淡黄褐色或红褐色，子叶顶端近平直或圆形…………………………………………………………………… 2
2. 夹果长 3.0～3.2 毫米，表面网状较细，种子红褐色，无深色或黑褐色斑点，子叶顶端较平直………
…………………………………………………………………………………… 白花草木樨
2. 夹果长 3～4 毫米，表面网状较粗，种子绿黄色至淡黄褐色，有深色或黑褐色斑点，子叶顶端圆形
…………………………………………………………………………………… 细齿草木樨

1. 白花草木樨 *Melilotus albus* Desr.

荚果椭圆形至长圆形，略扁；灰黑褐色，长 3.0～3.5 毫米，宽 2 毫米。先端锐尖，具尖喙，表面具网纹。表面脉纹细，网状，棕褐色，老熟后变黑褐色；有种子 1～2 粒。种子肾状椭圆形，两侧扁，其中一侧稍隆起；黄褐色至深褐色，表面具细瘤点；长 2.1 毫米，宽 1.6 毫米。表面近绒毡质。种顶圆，种基平截。种脐位于腹面下部 1/4～1/3 凹缺处，圆形，外具一环细颗粒区。脐条条斑状，种瘤位于其中下部，稍突出（图 2－251）。

分布：世界各国。

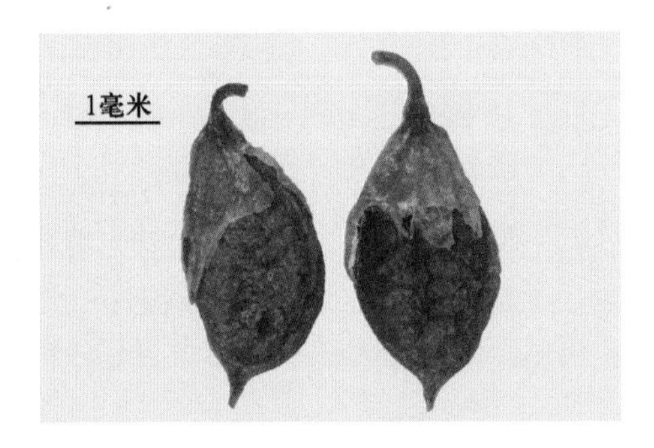

图 2－251　白花草木樨

2. 细齿草木樨 *Melilotus dentatus*（Waldst. et Kit.）Pers.

荚果近圆形至卵形，长 4～5 毫米，宽 2.0～2.3 毫米；宿存花萼基部尖小，萼齿三角形，顶端急尖呈刺状；顶端宿存花柱长突；果实先端圆，表面具网状细脉纹，腹缝呈明显的龙骨状增厚，褐色；有种子 1～2 粒。种子圆形，径约 1.5 毫米，厚约 1 毫米，卵状椭圆形；绿黄色至淡黄褐色，常具深色或黑褐色斑点，略有光泽；胚根外突，短于子叶，子叶顶端圆形。种脐位于胚根端部的凹陷内。圆形，白色凹入（图 2－252）。

分布：我国华北、东北地区，以及欧洲、蒙古国。

图 2－252　细齿草木樨

3. 草木樨 *Melilotus officinalis*（L.）Pall.

荚果卵形，长3～5毫米，宽约2毫米；先端具宿存花柱，表面多具凹凸不平的横向粗皱纹；有种子1～2粒。种子阔椭圆状肾形，两侧扁，其中一侧稍圆；黄色、黄绿色或浅褐色，平滑；长2毫米，宽1.5毫米。表面绒毡质。种脐位于腹面下部1/3凹入处，圆形。具白色屑状物，周围具稍隆起的褐色晕轮。种脐下具宽而中缢的块状褐色脐条，末端为稍突出的种瘤，褐色或浅褐色。种脐上方具褐斑（图2-253）。

分布：原产于我国东北、华北、华南、西南地区，其余各省份常见栽培。欧洲地中海东岸、中东、中亚、东亚均有分布。

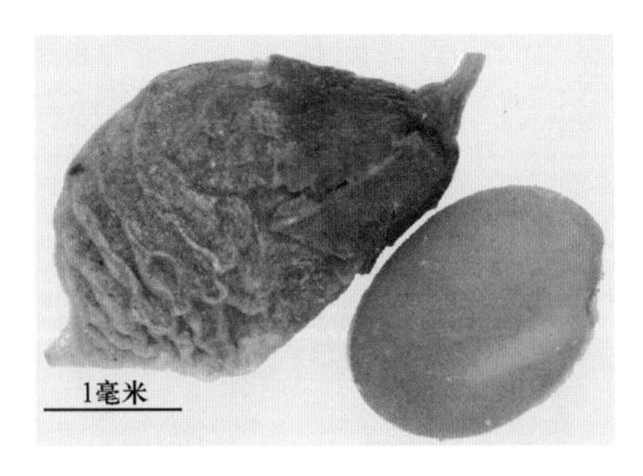

图2-253　草木樨

十五、扁蓄豆属 *Melissitus*

扁蓄豆 *Melissitus ruthenian*（L.）Peschkoua

荚果长圆形，扁平，顶部有小而弯曲的喙。含种子2～6粒。种子椭圆形，略扁；暗绿色至黄褐色；长205毫米，宽2毫米。表面绒质，被丘状小突，胚根与子叶平行，稍短于子叶，两者间有深沟，胚根尖内倾。种脐位于种子基端的缺口内，圆形，黄褐色，常覆有絮状物。种瘤位于种脐下的深绿色脐条末端，距离为4～5倍种脐直径，椭圆形，黑绿色。生于田边、路旁、草甸草原（图2-254）。

分布：我国东北、内蒙古，以及蒙古国和俄罗斯的西伯利亚。

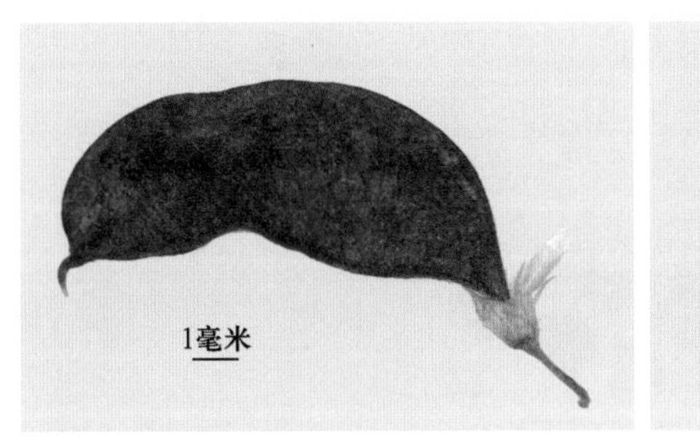

图2-254　扁蓄豆

十六、含羞草属 *Mimosa*

含羞草 *Mimosa pudica* L.

荚果长圆形，长 10～20 毫米，宽约 5 毫米，扁平，稍弯曲，荚缘波状，具刺毛，成熟时节间脱落，荚缘宿存；果节多为距圆形；棕褐色；长 3 毫米。果皮质薄易碎。每节 1 粒种子。种子双凸透镜卵形，边缘较锐；绿褐色或棕褐色；直径 3.5 毫米。表面呈细微颗粒状无毛，两面各有 1 圈椭圆形隆起棱，靠近边缘一侧与边缘的条形种脐会合（图 2-255）。

分布：我国华东、华南、西南及世界热带地区。

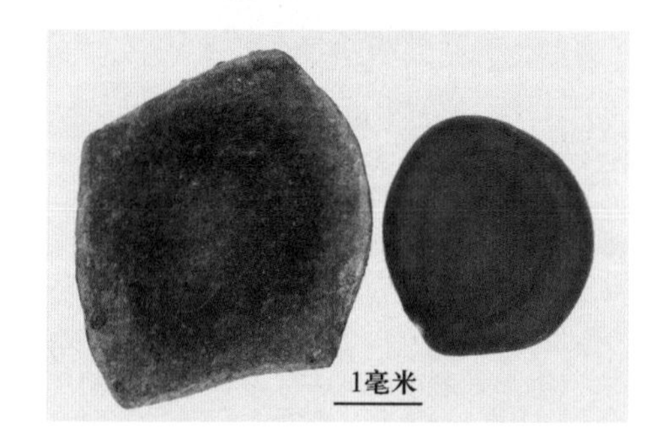

图 2-255　含羞草

十七、棘豆属 *Oxytropis*

砂珍棘豆 *Oxytropis racemosa* Turcz.

荚果伸出花萼外，荚果具隔膜。荚果膜质，卵状球形，膨胀，长约 10 毫米。先端具钩状短喙，腹缝线内凹，密被短柔毛，隔膜宽约 0.5 毫米，不完全 2 室。种子肾状圆形，两侧扁；长约 1 毫米，暗褐色（图 2-256）。

分布：我国各地，以及蒙古国、朝鲜。

图 2-256　砂珍棘豆

十八、槐属 *Sophora*

分种检索表

1. 荚果圆串珠状，成熟时常开裂成 2 瓣，种子卵球形、梨形、不规则形等，稍扁 ……………… 苦豆子
1. 荚果稍四棱形，成熟时开裂成 4 瓣，种子阔椭圆形，膨胀 ……………………………………… 苦参

1. 苦豆子 *Sophora alopecuroides* L.

荚果串珠状，被绢毛，长 8～13 厘米，较直，具多数种子。种子卵球形或不规则肾形、梨形等，稍扁，乳黄色或黄褐色，少数为褐色或黄褐色，种子表面革质化且有蜡质，较光滑，有明显稍凹陷的小坑穴，种皮坚硬（图 2-257）。

分布：我国内蒙古、河北、河南、山西、陕西、甘肃、新疆、西藏，以及俄罗斯。

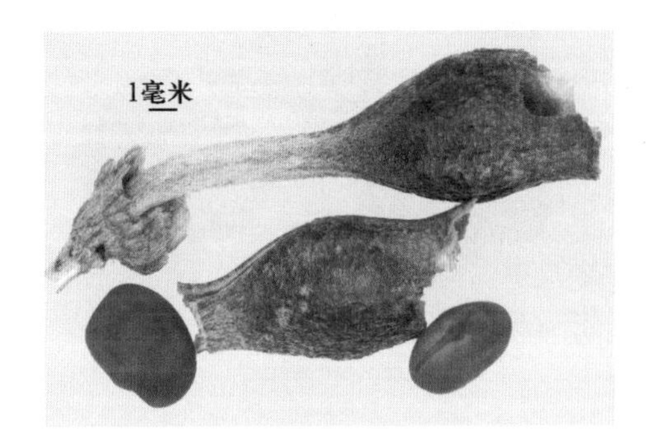

图 2-257　苦豆子

2. 苦参 *Sophora flavescens* Alt.

种子阔椭圆形，膨胀，背腹略扁；黄褐色至紫褐色；长 5 毫米，宽 3.5 毫米。表面细颗粒状绒质；背面稍平，具 1 纵脊；腹面平坦，上半部具深陷的种脐。种脐位于腹部上部，倒卵形至长卵形，色深，具 1 纵沟，周围具隆起晕轮。种瘤位于种脐下方脐条的末端，稍隆起，与种皮同色或较深。胚根很短，为凸（图 2-258）。

分布：我国大部分地区，以及日本和俄罗斯。

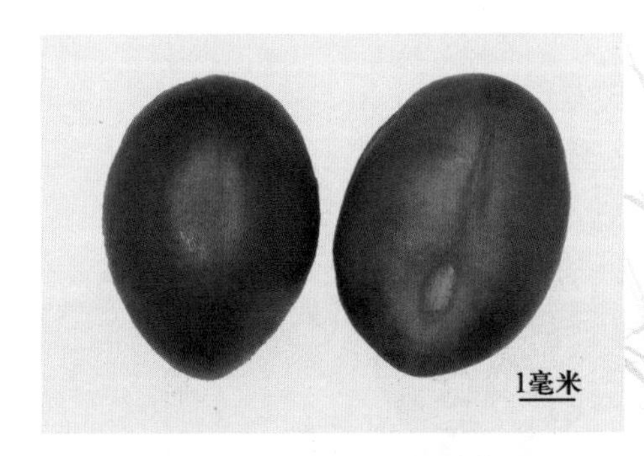

图 2-258　苦　参

十九、苦马豆属 *Sphaerophysa*

苦马豆 *Sphaerophysa salsula*（Pall.）DC.

荚果椭圆形至卵圆形，膨胀，长 1.7～3.5 厘米，直径 1.7～1.8 厘米，先端圆，果颈长约 10 毫米，果瓣膜质，外面疏被白色柔毛，缝线上较密；种子肾形至近半圆形，长约 2.5 毫米，褐色，珠柄长 1～3 毫米。种子肾形，径约 2 毫米，褐色，表面有凹坑。种脐圆形凹陷（图 2-259）。

分布：我国吉林、辽宁、内蒙古、河北、山西、陕西、宁夏、甘肃、青海、新疆等，以及蒙古国、俄罗斯。

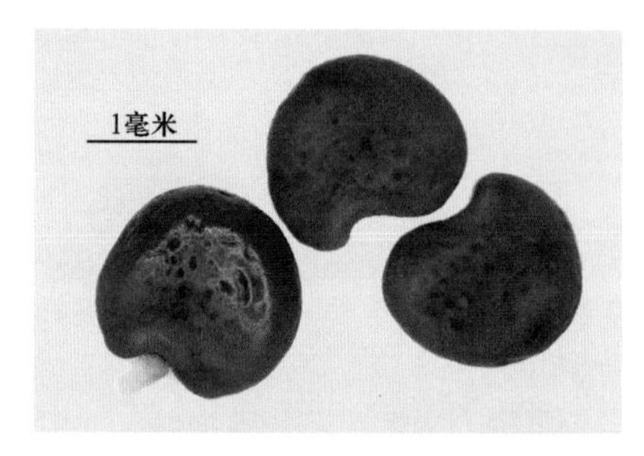

图 2-259　苦马豆

二十、胡卢巴属 *Trigonella*

胡卢巴 *Trigonella foenum-graecum* L.

荚果圆筒状，长 7～12 厘米，径 4～5 毫米，直或稍弯曲，无毛或微被柔毛；先端具细长喙，喙长约 2 厘米。背缝增厚，表面有明显的网纹，内含种子 10～20 粒。种子长圆状卵形，黄色或浅灰褐色，长 4.8 毫米，宽 3 毫米。表面凹凸不平，背面平直；腹面中部以下具缺刻；两侧扁，胚根长为子叶的 1/2，与子叶紧贴，两者间具沟；两端或一端截平。种脐位于腹面缺刻处，圆形，褐色。有时具白色屑状物或白色残存种柄，其下有明显脐条，种瘤不明显（图 2-260）。

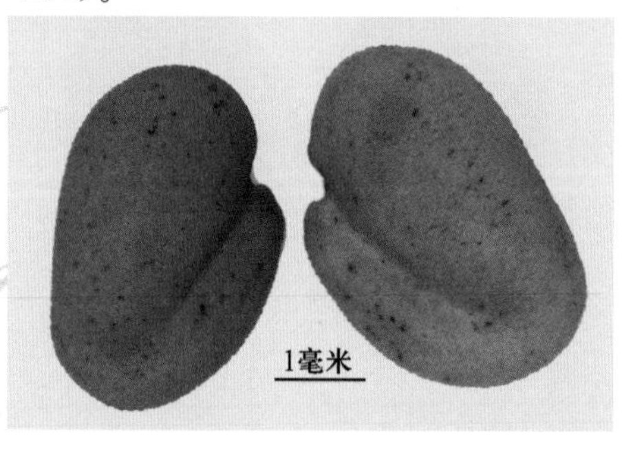

图 2-260　胡卢巴

分布：我国南北各地区均有栽培，在西南、西北地区呈半野生状态；地中海东岸、中东、伊朗高原至喜马拉雅地区。

二十一、野豌豆属 *Vicia*

分种检索表

1. 种脐短，线形 …………………………………………………………………… 2
1. 种脐短，椭圆形，脐长 1.8～2.0 毫米，宽 0.75～1.0 毫米，种子近球形或球状椭圆形，直径 2.5～4.0 毫米 ……………………………………………………… 长柔毛野豌豆
2. 种子近球形，长 2～3 毫米 ……………………………………………………… 3
2. 种子矩圆形，两侧扁，长约 2.5 毫米，宽 2.0～2.5 毫米，种脐长 2.0～2.5，宽不及 0.5 毫米 …… ……………………………………………………………………… 小巢菜
3. 种脐与种子近等长或稍长 ……………………………………………… 广布野豌豆
3. 种子略扁，种脐长约种子的 1/4 ………………………………………………… 歪头菜

1. 广布野豌豆 *Vicia cracca* Linn.

果实为荚果，长 1.5～2.5 厘米，矩圆形，膨胀，褐色，两端突起，具柄，内含种子 3～5 粒。种子近球形；直径 2～3 毫米；暗褐色，有时具淡褐色、黄绿色或浅黑色的花斑，表面平坦，具黄褐色细绒毛，无光泽。种脐线状，长 2.5～3.0 毫米，约与种子直径近等长或较长，在较宽的一端宽为 0.4 毫米，与种子表面平齐，脐缘明显，中央有 1 条淡褐色的细线纹；合点距离种脐约 1 毫米，微突出。种子横切面近圆形；子叶黄褐色，质地硬；种子无胚乳（图 2-261）。

分布：我国各地区，以及俄罗斯、日本和美洲。

图 2-261 广布野豌豆

2. 小巢菜 *Vicia hirsuta*（Linn.）S. F. Gray

荚果矩椭圆形，长 7～10 毫米，扁平，黄褐色，表面被棕黄色柔毛，成熟时开裂，一般内含种子 2 粒。种子圆而略呈方形，稍扁；黄褐色至褐色杂有紫黑色不规则花斑；直径 2.1～2.6 毫米。表面平滑，具光泽。种脐条形，位于种子的一侧，与种子近等长，常为咖啡色的条形种柄残余所覆盖，脱落后显出深褐色脐；种瘤位于种脐下方，稍隆起，色较种皮深，呈黑色（图 2-262）。

分布：我国华中、华东、西南等地区，以及欧洲的北部、东部和北美。

图 2-262　小巢菜

3. 歪头菜 *Vicia unijuga* A. Br.

荚果扁，长圆形，长 2.0～3.5 厘米，宽 0.5～0.7 厘米；无毛，表皮棕黄色，近革质，两端渐尖；先端具喙，成熟时腹背开裂，果瓣扭曲。内含种子 3～7 粒，种子扁圆球形，直径 2～3 毫米；种皮黑褐色，革质；种脐长相当于种子周长 1/4（图 2-263）。

分布：我国西南、东北、华东、华北等地区，以及蒙古国、朝鲜、俄罗斯和日本。

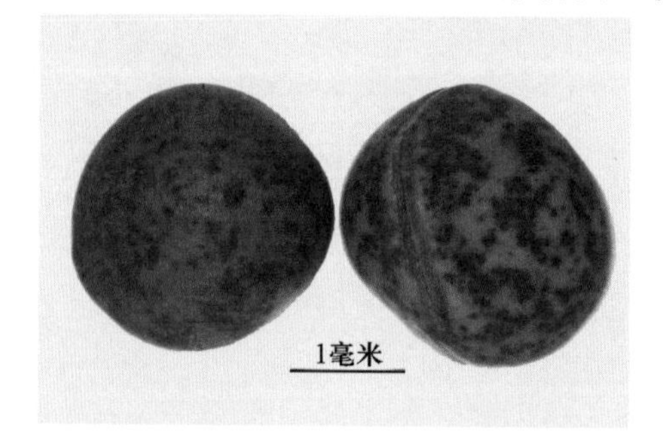

图 2-263　歪头菜

4. 长柔毛野豌豆 *Vicia villosa* Roth.

荚果矩长椭圆形，长约 3 厘米，两侧扁，两端急尖，果皮平滑，成熟时开裂，内含 2～8 粒种子。种子近球形，略扁；黑色或黄色，具深褐色花斑；直径 3.5～5.0 毫米。表面绒质。种脐短而宽长椭圆状条形，长 1.8～2.0 毫米，宽 0.75～1.0 毫米，与种皮同色或较深，脐周边下陷并有凸起边棱，脐中央有条形脐沟，黄褐色或与种皮同色。种瘤位于种脐端下方，丘状，距种脐 1.5 毫米（图 2-264）。

分布：我国北方、华东地区，以及欧洲中南部、北美洲。

图 2-264　长柔毛野豌豆

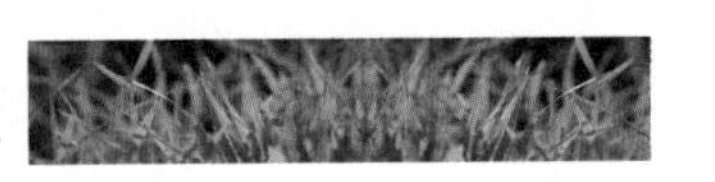

第三十节　百合科 Liliaceae

本科果实为蒴果，成熟时室背或室间开裂，稀为肉质浆果，不开裂。种子胚直立或略弯曲，有丰富的胚乳。

分种检索表

1. 浆果红色，含 3～5 粒种子，种子圆球形，直径 5～8 毫米，种脐圆形，白色 …………… 戈壁天门冬
1. 蒴果，种子非圆球形，扁，长宽均小于 5 毫米，种脐条形 ……………………………………… 2
2. 种子近半圆形或三角状倒卵形，表面皱褶较少 …………………………………………………… 3
2. 种子表面显著多皱 …………………………………………………………………………………… 4
3. 种子近半圆形，长 3～4 毫米，宽约 3 毫米，种皮表面细鳞状颗粒明显突起 ………………………… 葱
3. 种子三角状倒卵形，长 1.5～2.0 毫米，宽约 1.5 毫米，种皮表面布满鳞片状网纹 …………… 细叶韭
4. 种子不规则三角形至半圆形，长 3～4 毫米，背腹面不明显，一侧具平直截面 ……………………… 韭
4. 种子矩圆状倒卵形 …………………………………………………………………………………… 5
5. 种子背腹侧顶部钝圆，稍突出而隆起，近基部内凹 ……………………………………………… 雾灵韭
5. 种子背面稍凸，腹面平或凹 ………………………………………………………………………… 6
6. 种子长 3.1～3.6 毫米，宽 2.2～2.6 毫米，胚乳乳白色透明 …………………………………… 野韭
6. 种子长 2.2～2.7 毫米，宽约 1.7～1.9 毫米，胚乳白色 ………………………………………… 山韭

一、葱属 *Allium*

1. 葱 *Allium fistulosum* L.

种子半圆形，扁，黑褐色，无光泽，长 3～4 毫米，宽 2～3 毫米。表面具密细网纹，具明显的颗粒状突起，不规则排列。顶端钝圆，基端近平截或中部稍凹，侧面有棱线 1～2 条，基部有 2 个向上突起。种脐位于基端，条形，灰棕色或灰白色（图 2-265）。

分布：我国各地广泛栽培，国外亦有栽培。

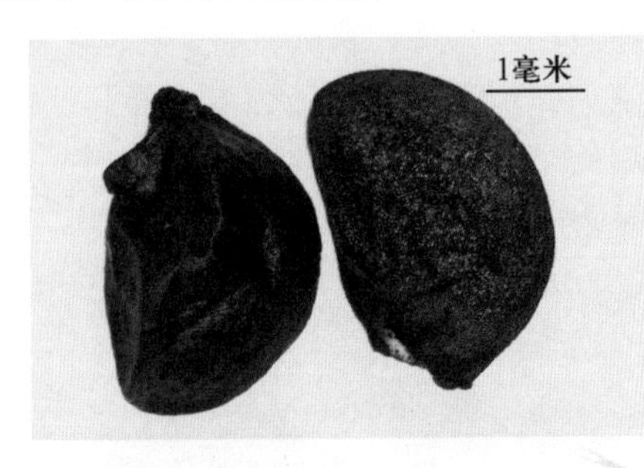

图 2-265　葱

2. 野韭 *Allium ramosum* L.

种子倒卵形，黑色，有光泽，扁；长 3.3～3.6 毫米，宽 2.2～2.6 毫米。胚乳乳白色透明，胚弯曲白色，种皮表面具山脉状皱褶，沟谷较深，呈不规则多边形（图 2-266）。

分布：我国黑龙江、吉林、辽宁、河北、山东、山西、内蒙古、陕西、宁夏、甘肃，青海和新疆，以及俄罗斯、蒙古国、哈萨克斯坦。

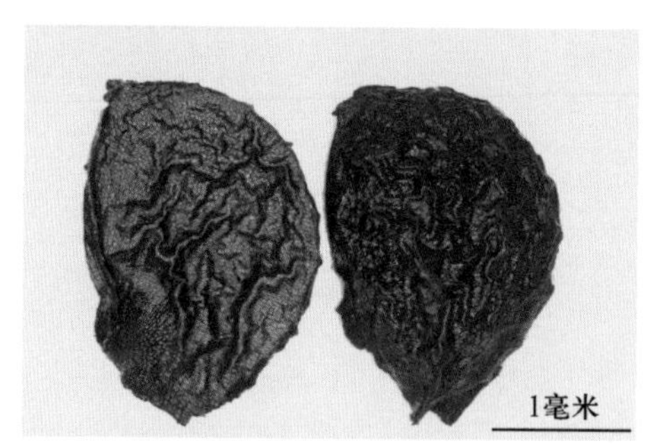

图 2－266 野 韭

3. 山韭 *Allium senescens* L.

种子矩圆形，扁，背凸腹平或凹；黑色；长 2.2～2.7 毫米，宽 1.7～1.9 毫米。表面具细网纹，无光泽。背面略凸，具浅皱，下半部微凹；腹面稍凹近平，周缘三面具上升的翅，呈簸箕状。顶端厚，近平，基端近薄翅状，平截或中部稍凹。种脐位于基底，条缝状，白色。胚乳白色，胚弯曲，白色，种皮表面纹饰呈网纹状（图 2－267）。

分布：我国黑龙江、吉林、辽宁、河北、山西、内蒙古、甘肃、新疆和河南，以及朝鲜、蒙古国、俄罗斯、哈萨克斯坦等国。

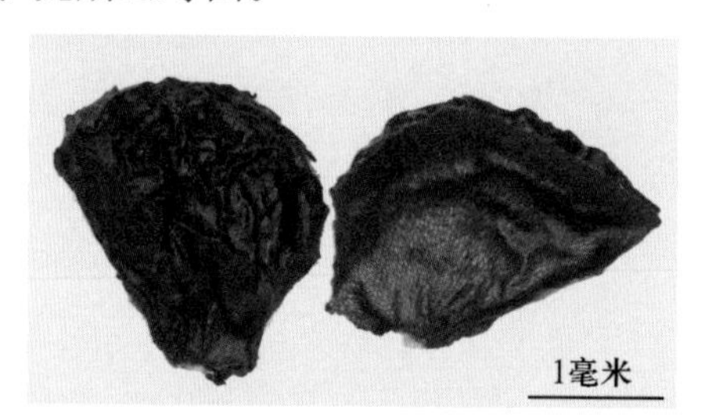

图 2－267 山 韭

4. 雾灵韭 *Allium stenodon* Nakai et Kitag.

种子矩圆状倒卵形，扁，黑，有光泽，长 2～3 毫米，宽约 1.5 毫米。表面具圆形网纹；略具皱褶，沟谷较浅；两侧面顶端钝圆，稍突出而隆起，近基部两侧内陷，基部稍收缩，具小凹缺。种脐位于基端的小凹缺内，条形，白色（图 2－268）。

分布：我国内蒙古、河北、山西、河南等。

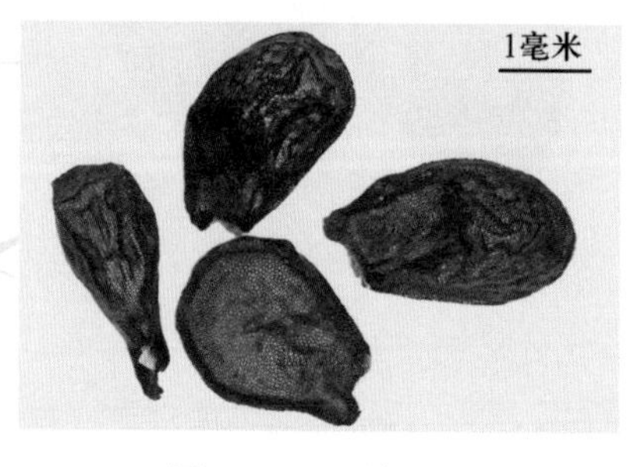

图 2－268 雾灵韭

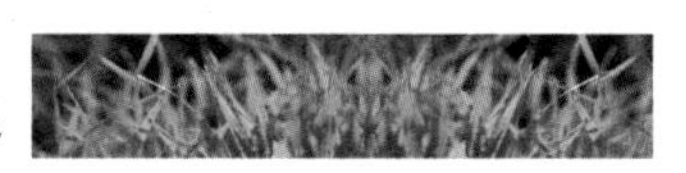

5. 细叶韭 *Allium tenuissimum* L.

种子三角状倒卵形，略扁；凹凸状；黑色；长1.8～2.1毫米，宽1.2～1.8毫米。表面有崎岖的皱褶和细网纹，有光泽。背面隆起，有不规则局部塌陷；腹面近平，有不规则内陷，种子近基部两侧内陷。种脐位于种子基端的腹部一侧，圆形、椭圆形或条形，灰白色（图2-269）。

分布：我国黑龙江、吉林、辽宁、山东、河北、山西、内蒙古、甘肃、四川、陕西、宁夏、河南、江苏和浙江，以及俄罗斯西伯利亚地区及蒙古国。

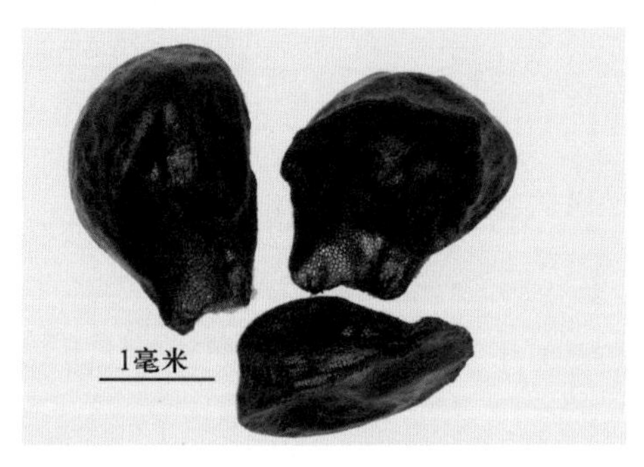

图2-269　细叶韭

6. 韭 *Allium tuberosum* Rottler ex Sprengle

种子不规则三角形至半圆形，扁，黑色；长3.2～4.0毫米，宽2.4～2.8毫米。表面具细网纹；具山脉状皱褶；一侧薄而圆，另一侧厚，具平直断面，顶端钝圆，基部稍收缩，具小凹缺。种脐位于基端的小凹缺内，条形，白色。胚乳乳白色；胚弯曲白色。种皮表面纹饰呈不规则多边形（图2-270）。

分布：世界各地广泛栽培。

图2-270　韭

二、天门冬属 *Asparagus*

戈壁天门冬 *Asparagus gobicus* Ivan. ex Grubov

浆果球形，熟时红色，直径5～8毫米，含种子3～5粒。种子黑色，圆球形，有的种子相互贴合的一面较平。种子表面有稍隆起的纵棱网纹状，不规则的、斑块似地铺满种皮表面。种脐位于腹面中心，圆形，白色（图2-271）。

分布：我国内蒙古、陕西、宁夏、甘肃和青海，以及蒙古国。

图 2-271　戈壁天门冬

第三十一节　亚麻科 Linaceae

果实为室背开裂的蒴果或为含 1 粒种子的核果。种子具微弱发育的胚乳，胚直立。

一、亚麻属 *Linum*

亚麻 *Linum usitatissimum* Linn.

种子长卵形，扁平；深褐色（咖啡色）；长约 4.5 毫米，宽约 2.3 毫米。种皮革质，表面光滑，有油漆光泽，具细小凹点；两侧较薄，边缘具棱线，一侧为白色；顶端圆；基部钝尖，弯向白色一侧。种脐位于基端，条形（图 2-272）。

分布：我国东北；全世界广泛栽培。

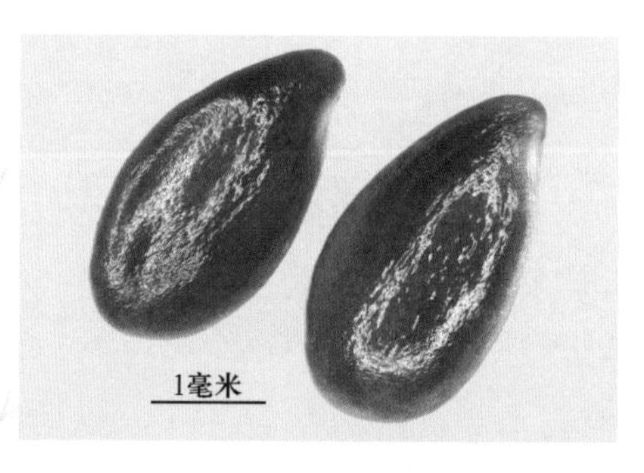

图 2-272　亚　麻

第三十二节　锦葵科 Malvaceae

果实为蒴果，成熟后分离为多个分果瓣或为浆果，胞间分裂成裂果瓣。果瓣圆肾形或三面体状。每果瓣含 1 粒种子，有的种子不脱离果瓣，种子多肾形、倒卵形或三面体状。种脐明显，种子常含少量胚乳。胚直立或稍弯曲，子叶常为折叠状。

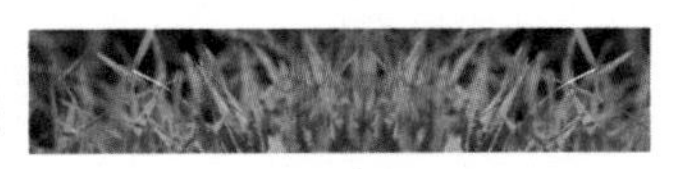

分属检索表

1. 蒴果，由几个分离心皮组成，成熟时分裂为分果瓣，种子肾形或其他形状……………………………… 2
1. 蒴果由合生心皮组成，成熟时开裂，种子呈肾形或球形…………………………………………………… 5
2. 蒴果较大，近半球形，陀螺状、磨盘状或灯塔状，分果瓣顶端有 2 长芒刺，种子肾形或三角肾形 …… 苘麻属
2. 蒴果较小，盘状，分果瓣顶端无或有 2 个芒刺……………………………………………………………… 3
3. 分果瓣顶端有 2 个芒刺，背面有横皱纹或横皱纹不明显，侧面有网状纹或结网状的纵皱纹；种子表面无波状横纹 ……………………………………………………………………………………………… 黄花稔属
3. 分果瓣顶端无芒刺，两侧面扁或扁平……………………………………………………………………… 4
4. 分果瓣背面有条纹或网状纹，侧面有辐射状纵纹；种子表面具微弱的波状细横纹或颗粒纹 … 锦葵属
4. 分果瓣的外缘有鸡冠状的边，上边具辐射状排列的皱纹，种子表面具白点状颗粒 …………… 蜀葵属
5. 蒴果矩圆状球形，直径约 1 厘米，有粗毛，胞背开裂成 5 辨。种子肾形，较小，表面被毛或有不规则的颗粒状突起 ………………………………………………………………………………………… 木槿属
5. 蒴果长圆锥状，长 4～5 厘米，室背开裂，密被长硬毛。种子肾状卵圆形，表面有绒毛构成的同心圆状细纹 ……………………………………………………………………………………………… 秋葵属

一、秋葵属 *Abelmoschus*

咖啡黄葵 *Abelmoschus esculentus*（L.）Moench

蒴果筒状尖塔形，长 10～25 厘米，直径 1.5～2.0 厘米，顶端具长喙，疏被糙硬毛；种子多数，球形，直径 4～5 毫米，淡黑色，背部弓形，腹部内凹；种皮褐色，外皮粗糙，颗粒质呈同心圆状排列，被细毛，具毛脉纹。种脐近圆形，黄白色，边缘有 1 圈放射状棕色绒毛，其上覆盖着残存珠柄。种皮质硬，内含少量胚乳（图 2－273）。

分布：原产于印度。我国各地引入栽培；广泛栽培于热带和亚热带地区。

图 2－273　咖啡黄葵

二、苘麻属 *Abutilon*

苘麻 *Abutilon theophrasti* Medicus

蒴果，半球形，直径约 2 厘米，分果片 15～20 个，有粗毛。分果片长肾形，长约

1.5厘米，直径8毫米，黑褐色，先端具芒，背缝附近具长柔毛，腹缝上端具1向下的喙状突起，内含种子3粒。种子三角状肾形，两侧压扁，长3～5毫米，宽3毫米，灰褐色或黑褐色。表面细颗粒状，具较稀疏的丁字形毛，白色或浅黄色；背面较厚，三角形弓曲，腹面较薄，具深凹缺和密集的棕色短柔毛，两平面圆形微凹。种脐位于腹面凹缺内，有1舌状种柄残余覆盖其上方（图2-274）。

分布：世界各国。

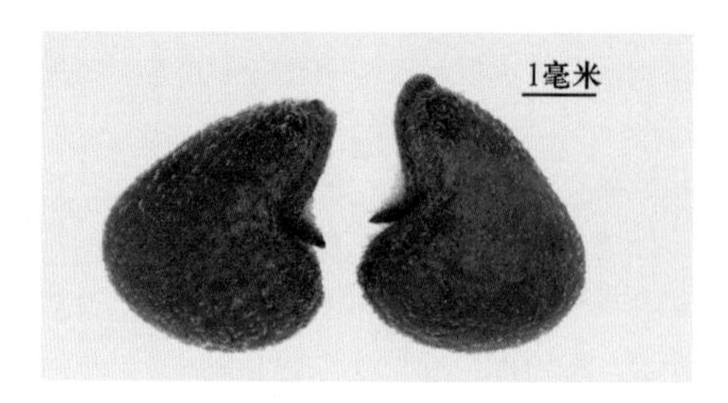

图2-274 苘 麻

三、蜀葵属 *Althaea*

蜀葵 *Althaea rosea* L.

分果瓣圆扇形，侧面扁；淡黄色，中央棕褐色；内径6毫米。表面有放射状皱纹，中部隆起，色深，无皱；背部厚，弓曲具深沟，沟内密生长毛；腹部薄，有小缺刻。种子半圆状肾形，棕褐色；长4毫米，宽3.2毫米。表面具白点状颗粒；背部厚，有浅沟，腹面渐薄。种脐位于腹部最薄处的边缘，条形，黄褐色，脐上为长的茸毛状物所覆盖（图2-275）。

分布：原产于我国。已传至世界各国，广泛栽培供观赏。

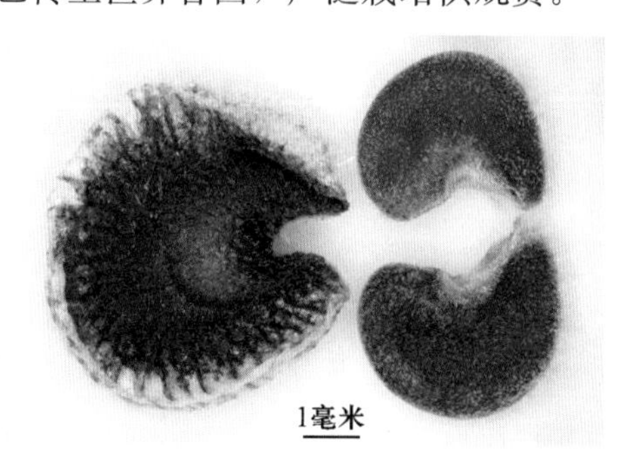

图2-275 蜀 葵

四、木槿属 *Hibiscus*

野西瓜苗 *Hibiscus trionum* L.

种子元宝状肾形，扁；黑褐色或灰褐色；长2.1毫米，宽2毫米。表面具细密网纹，并覆以不规则排列的浅褐色瘤，瘤基星状，瘤尖为小圆头；两扁面各有1凹陷；背面弓

曲，较厚；腹面凹入。种脐位于腹面凹入处，脐上方有1黑褐色翘起的盖状物（种柄残余），除掉盖状物可见黑色的种脐，其上有放射状纹，周围浅灰白色（图2-276）。

分布：我国各地，以及蒙古国、朝鲜、日本，欧洲、北美洲和非洲。

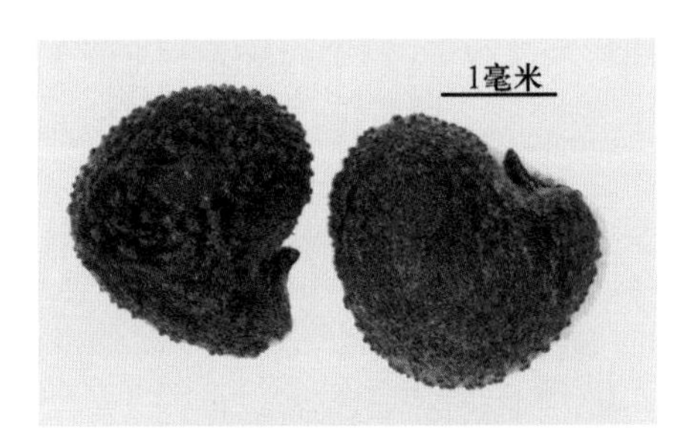

图2-276　野西瓜苗

五、锦葵属 *Malva*

分种检索表

1. 分果瓣背面呈网状……………………………………………………………………………… 2
1. 分果瓣背面不呈网状，仅边缘被横条纹，种皮红褐色，近腹侧处种皮黑褐色，表面有模糊不规则波状横纹，外被1薄层与种皮同色的蜡质物 ………………………………………………………… 野葵
2. 分果瓣背面横脉和纵脉突起较高明显成脊，交织成粗大网纹，密被短柔毛，种子表面的波状细横纹较清晰，外被1薄层白色蜡质物 ……………………………………………………………… 圆叶锦葵
2. 分果瓣背面横脉纹突起较低，纵纹突起不明显或模糊，分果瓣有稀疏长柔毛或无毛，种子黑褐色，表面细颗粒状波纹 ………………………………………………………………………… 锦葵

1. 锦葵 *Malva cathayensis* M. G. Gilbert

蒴果由9～11个分果瓣组成，扁圆形，淡黄色至黄褐色。分果瓣近圆形，直径2.0～2.5毫米，表面薄膜质，边缘具短放射纹或无；背面厚，具网纹。种子圆肾形，两侧扁；棕褐色至黑褐色；直径约2毫米，表面细颗粒状波纹；背部厚；腹部薄，具缺口。种脐位于腹部缺口内，覆以污白色屑状物（图2-277）。

分布：我国南北各地常见栽培，偶有逸生；欧洲、亚洲和美洲各国。

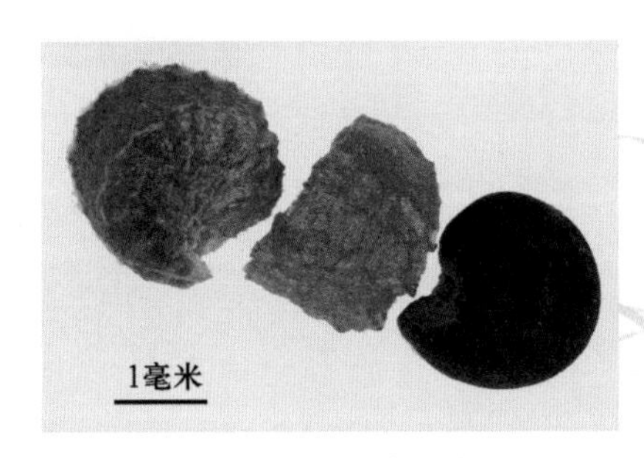

图2-277　锦　葵

2. 圆叶锦葵 *Malva pusilla* Smith

蒴果由 10～12 个分果瓣组成，扁圆形，黄褐色，被毛。分果瓣近圆形，斜扁，直径 1.5～2.5 毫米；两侧面扁平，具显著隆起的辐射状纵纹 10 余条，有时纵纹略呈波状，背面较宽厚，具明显突起成脊的粗大网纹，腹面较窄薄。种子近圆形，褐色至红褐色，两侧扁，直径 1.3～2.0 毫米，表面具清晰的波状细横纹，外被 1 薄层白色易擦掉的蜡质物；背面厚，向腹面渐薄，腹面有小凹缺。种脐位于腹侧凹口内，黑褐色，周围灰白色，常覆有残余珠柄（图 2－278）。

分布：原产于北欧及俄罗斯。现分布于北美和澳大利亚等。

图 2－278　圆叶锦葵

3. 野葵 *Malva verticillata* L.

蒴果由 10～11 个分果瓣组成，淡黄褐色，扁圆形。分果瓣近圆形，直径 2.0～2.5 毫米，两侧面扁平，质地较软，有辐射状纵纹呈脊状。背面宽厚，圆形，有网纹，网脊明显较低，腹面较窄薄，近中部有 1 凹口，自腹部凹口处发出数条放射状纹；背部厚，向腹部渐薄。果皮易剥开。种子圆肾形，直径约 2 毫米，红褐色，近腹侧处种皮黑褐色。表面颗粒质，有模糊不规则波状横纹，外被 1 薄层与种皮同色的蜡质物；背部厚，腹部薄并具凹缺；两侧面扁，中部微凹。种脐位于腹侧凹口内，黑褐色，有时为残留种柄所覆盖（图 2－279）。

分布：我国各地，以及印度和欧洲。

图 2－279　野　葵

六、黄花棯属 *Sida*

白背黄花棯 *Sida rhombifolia* Linn.

分果瓣近半圆形，三面体状；黄褐色至灰褐色；长约 3.1 毫米，宽约 2 毫米。背面

厚，具纵沟，沟内有细棱，果瓣肩部有丘状突起；腹部薄，平直，近顶端有1小缺口；果瓣顶端具1毫米以上的相连短芒刺2个。种子形状与果瓣相似；黑褐色至近灰黑色；长约2.1毫米，宽1.6毫米。表面细颗粒质。种脐位于腹侧基部凹缺内，密生褐色短毛，其上有舌状附属物覆盖（图2-280）。

分布：我国华南、西南地区，以及世界热带地区。

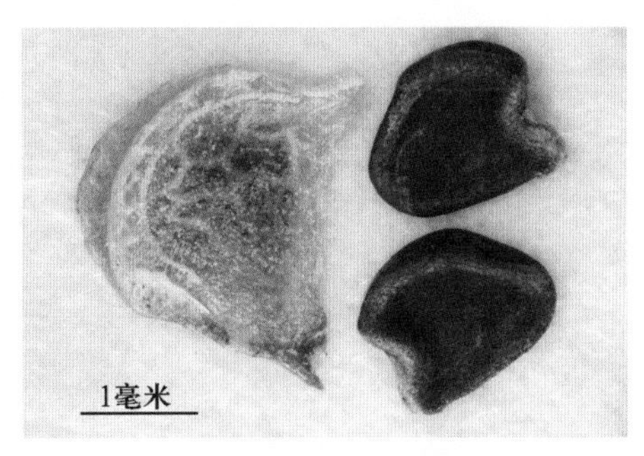

图2-280　白背黄花棯

第三十三节　柳叶菜科 Onagraceae

果实常为蒴果、浆果，稀为不开裂的、包含1～4粒种子的坚果。种子有毛或无毛，无胚乳。

月见草属 *Oenothera*

夜来香 *Oenothera biennis* Linn.

种子不规则多棱形，圆锥状、半月状、多棱形状等，紫褐色或红褐色；长1.2～2.0毫米，宽1.0～1.2毫米。表面起皱粗颗粒状，具锐角棱，各棱角具隆起的细棱线。种脐位于种子基端，白色短线状，有的不明显。自脐部至种子顶端有1条深色线纹（图2-281）。

分布：我国东北、华北地区，以及北美洲、欧洲等。

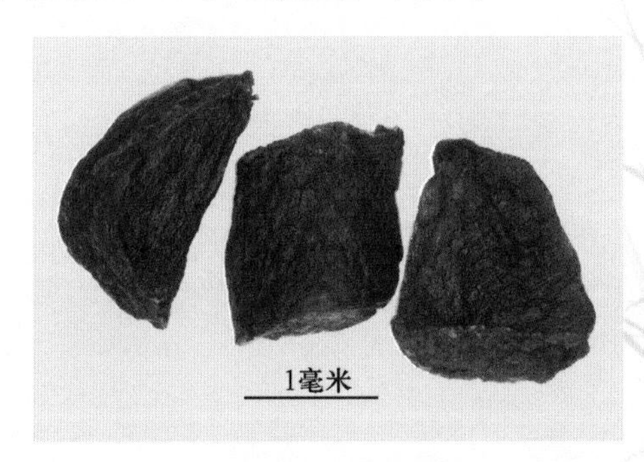

图2-281　夜来香

第三十四节 列当科 Orobanchaceae

蒴果卵球形或椭圆形，2瓣开裂，内含种子多数。种子极细小，似灰尘。种皮具凹点状或网状纹饰，胚乳肉质。

列当属（*Orobanche*）

向日葵列当 *Orobanche cumana* Wallr.

蒴果3～4纵裂，内含大量深褐色粉末状的微小种子。种子形状不规则，椭圆形、圆锥形、短圆柱形不等，坚硬，表面具皱褶状纵横粗网纹，紫褐色至黑褐色；体积很小，长0.14～0.5毫米，宽0.2～0.3毫米。种子大小差异很大（图2-282）。

分布：我国河北、北京、新疆、山西、内蒙古、黑龙江、辽宁、吉林等地区，以及俄罗斯、缅甸、印度、哥伦比亚等国。

图2-282 向日葵列当

第三十五节 罂粟科 Papaveraceae

本科果实为蒴果，孔裂或瓣裂，稀有蓇葖果或坚果。种子细小，球形、卵圆形或近肾形，具鸡冠状突起或光滑的种脊或假种子，种子表面具网状纹或平滑，胚微小，埋于丰富的肉质或油脂的胚乳中。

分种检索表

1. 种子较大，长在1.4毫米以下，呈近圆球形 ………………………………………… 2
1. 种子较小，长在1.2毫米以下，呈近肾形 ………………………………………… 3
2. 种子黑褐色，表面密布排列整齐的网纹，腹面有种脊1条，暗灰色 ……………… 蓟罂粟
2. 种子黄褐色至褐色，表面密布排列不规则的粗网状纹，腹面有淡褐色种脊1条 ……… 花菱草

3. 种子长不及 1 毫米，肾形，黄褐色至深褐色 ………………………………………… 虞美人
3. 种子长 1.0～1.2 毫米，肾形，淡黄色至褐色 ………………………………………… 罂粟

一、蓟罂粟属 *Argemone*

蓟罂粟 *Argemone mexicana* L.

蒴果长圆形或宽椭圆形，长 2.5～5.0 厘米，宽 1.5～3.0 厘米，疏被黄褐色的刺，4～6 瓣自顶端开裂至全长的 1/4～1/3。种子球形，直径 1.5～2.0 毫米，具明显排列整齐的网纹，网眼四角形至六角形，网背明显突起。种子背面圆隆，腹面中部略内凹，中间具 1 条种背。种脐长椭圆形，凹陷，种皮质硬而脆。胚乳丰富，胚体微小（图 2－283）。

分布：主要分布于北温带，我国有栽培。

图 2－283　蓟罂粟

二、花菱草属 *Eschscholtzia*

花菱草 *Eschscholtzia californica* Cham.

蒴果狭长圆柱形，长达 5～8 厘米，自花托上脱落后，2 瓣自基部向上开裂，具多数种子。种子球形，直径 1.0～1.5 毫米，具明显的网纹。种皮黄褐色或褐色，表面网纹排列不规则，呈淡黄色，网眼四角形、五角形或不规则形，大网眼底部又有密而细的小网纹。种脐圆形，脐部沿腹面直至顶端有 1 条浅黄色种脊，种皮质硬，内含丰富胚乳，胚微小（图 2－284）。

分布：原产于美国加利福尼亚州。我国广泛引种作庭园观赏植物。

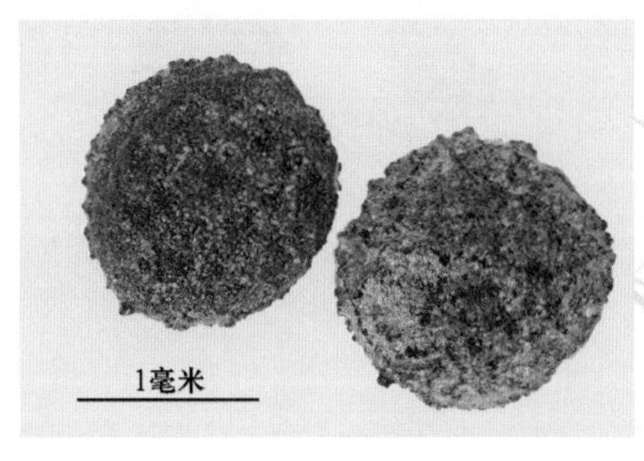

图 2－284　花菱草

三、罂粟属 *Papaver*

1. 罂粟 *Papaver somniferum* Linn.

蒴果，近球形，果皮光滑，含乳汁，成熟时果实顶端边缘有 1 圈孔裂，内含多数种子。种子肾形，略扁；灰色至深灰色（未成熟者黄褐色）；长 1 毫米，宽 0.8 毫米。表面具显著粗网纹，网壁清晰，网眼深，多为四角形至六角形；背面圆形弓曲，较厚；腹面凹缺在中部，稍薄。种脐位于腹面凹缺下缘，海绵状，黄褐色。种皮薄，内含丰富的油质胚乳，胚体小（图 2－285）。

分布：原产于欧洲南部。印度、缅甸、老挝及泰国北部有栽培。

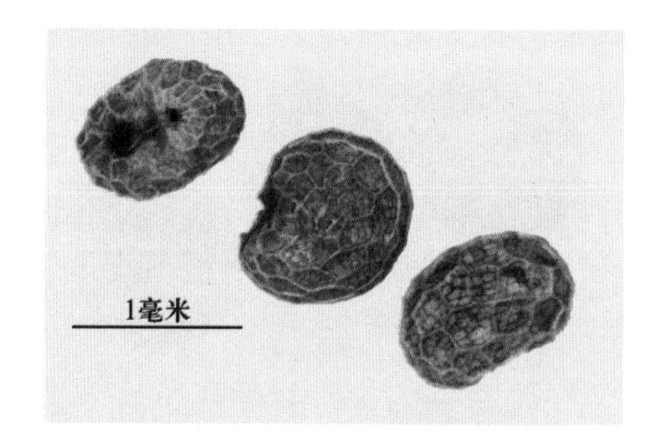

图 2－285　罂　粟

2. 虞美人 *Papaver rhoeas* L.

蒴果宽倒卵形，长 1.0～2.2 厘米，无毛，具不明显的肋。种子多数，肾状长圆形，长约 1 毫米。种皮褐色、深褐色或黑褐色，表面具明显的网纹，网眼呈四角形或五角形。种脐呈海绵状，成熟时淡白色。种皮薄而脆，胚乳油质丰富，胚体小（图 2－286）。

分布：原产于欧亚温带大陆。我国有大量栽培，现已引种至新西兰、澳大利亚和北美。

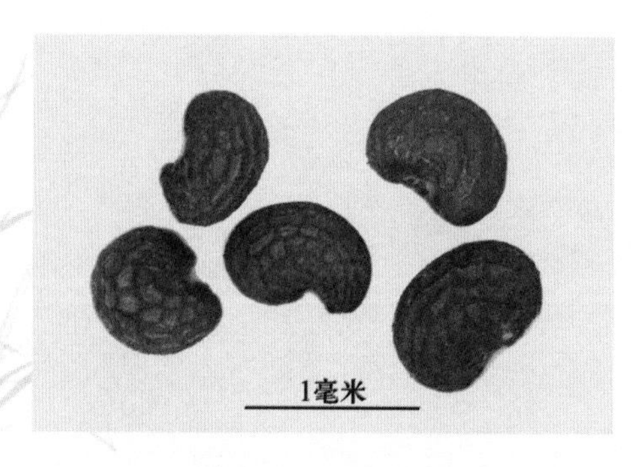

图 2－286　虞美人

第三十六节　骆驼蓬科 Peganaceae

骆驼蓬属 *Peganum*

骆驼蓬 *Peganum harmala* L.

蒴果近球形，褐色；3瓣裂开；种子呈圆锥状三角形四面体，棕色至褐色；长2～4毫米，中部直径1～2毫米。顶端较狭而尖，可见脐点，下端钝圆，表面粗糙，被小瘤状突起，表面皱缩呈蜂窝状，用水浸泡后膨胀，表面平滑（图2-287）。

分布：我国宁夏、内蒙古、甘肃、新疆、西藏，以及蒙古国、伊朗、印度（西北部）和非洲北部等地区。

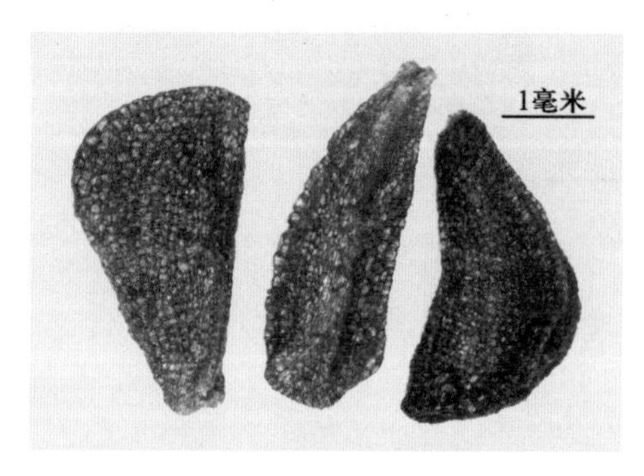

图2-287　骆驼蓬

第三十七节　车前科 Plantaginaceae

本科果实为蒴果，成熟时盖裂或周裂，稀骨质坚果。果内含种子1至多数，种子呈舟形或多角形，盾状着生。胚直生，稀弯曲，有胚乳。

车前属 *Plantago*

分种检索表

1. 种子腹面内凹，呈舟形…………………………………………………………… 2
1. 种子腹面凸、平或微凹，不呈舟形………………………………………………… 3
2. 种子长椭圆形，长2.5毫米，腹面凹陷呈沟状，沟沿内卷 ………………… 长叶车前
2. 种子长倒卵形，长3毫米左右，腹面凹陷，宽，边缘上翘 …………………… 小车前
3. 种子黑色，腹面较平，或略内弯 ……………………………………………… 平车前
3. 种子黄褐色至黑褐色……………………………………………………………… 4

4. 种子长 2 毫米，腹面较平或略内弯 …………………………………………………………………… 车前
4. 种子长不到 2 毫米，表面具皱纹，具切削状边，腹面明显凸起较大 ………………………… 大车前

1. 车前 *Plantago asiatica* L.

种子矩圆形或不规则多面体，背腹压扁，长 1～2 毫米，宽 0.7～1.0 毫米。背面略隆起，腹面较平。种脐位于腹部近中央，椭圆形微凹，具白色残余物。种皮黄棕色至黑褐色，表面具不规则的波状条纹突起，有油脂状光泽（图2－288）。

分布：我国各地区，以及朝鲜、日本、俄罗斯和尼泊尔。

图 2－288　车　前

2. 平车前 *Plantago depressa* Willd.

种子多为矩圆形，稀为不规则多面体；黑色；长 1.0～1.5 毫米，宽 0.7 毫米。背腹压扁，背面较凸；腹面较平或略凹。表面颗粒质，微皱无光泽。种脐位于腹部中央，矩圆形，覆有白色残余物（图 2－289）。

分布：我国各地区，以及朝鲜、蒙古国、俄罗斯。

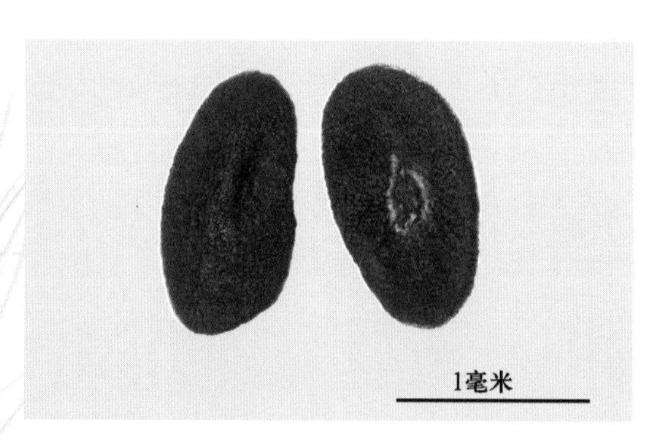

图 2－289　平车前

3. 长叶车前 *Plantago lanceolata* L.

种子长椭圆形，舟状；深褐色至黑褐色；长 2.5～3.0 毫米，宽 1.2～1.5 毫米。表面微粗糙或光滑，有光泽。背面隆起；腹面中央具 1 深沟，沟沿内卷。种脐位于腹面沟槽中央，椭圆形，褐色或黑褐色（图 2－290）。

分布：我国辽宁、山东、江苏、浙江、江西和台湾等地区，以及朝鲜、日本和欧洲。

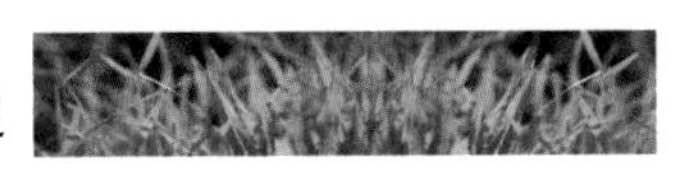

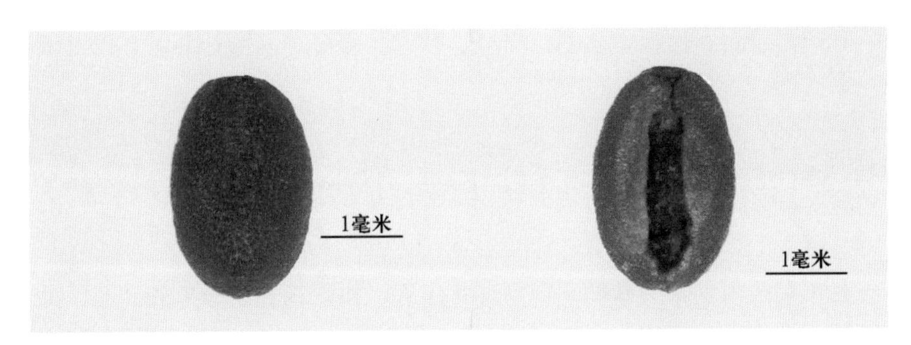

图 2-290　长叶车前

4. 大车前 *Plantago major* L.

种子形状不规则，切削呈菱形、三角形、五角形或椭圆形等，均具切削状边；浅褐色至深褐色；大小不等，长 0.8～1.5 毫米，宽 0.4～0.7 毫米。表面具皱纹，纹间粗糙，点状突起，稍有光泽。背面较平，皱纹纵向排列；腹面凸，皱纹由边缘走向中央脐部。种脐位于腹部中央，椭圆形，常覆以白色膜质屑状物（图 2-291）。

分布：我国东北地区，以及朝鲜、日本。

图 2-291　大车前

5. 小车前 *Plantago minuta* Pall.

种子长倒卵形，扁或舟状；深黄色至深褐色，有光泽；长 2.8～3.5 毫米，宽 1.3～1.5 毫米。表面颗粒状至沙砾质粗糙。背面拱起，具 1 条中脊，有时不明显；腹面内呈舟状或浅舟状。种脐位于腹面中上部，条形围起，与种皮同色（图 2-292）。

图 2-292　小车前

分布：我国内蒙古、山西、陕西、宁夏、甘肃、青海、新疆、西藏，以及俄罗斯、哈萨克斯坦、蒙古国。

第三十八节　白花丹科 Plumbaginaceae

蒴果包藏于萼筒内，常沿基部不规则环状破裂，顶端相连或分离的 5 瓣。种子有薄层粉质胚乳。

补血草属 *Limonium*

细枝补血草 *Limonium tenellum*（Turcz.）Kuntze

小坚果椭圆状梭形，背腹面稍隆起，形成 2 个侧面，两侧面有棱翅边；上端 3/4 深棕色三角形，明显较其他部分色深；顶端急尖，其余部分黄褐色，基部稍钝尖，果体长约 3.5 毫米，宽约 0.9 毫米。表面砾质粗糙，有光泽；果脐着生在基底（图 2－293）。

分布：我国甘肃、宁夏、内蒙古，以及蒙古国。

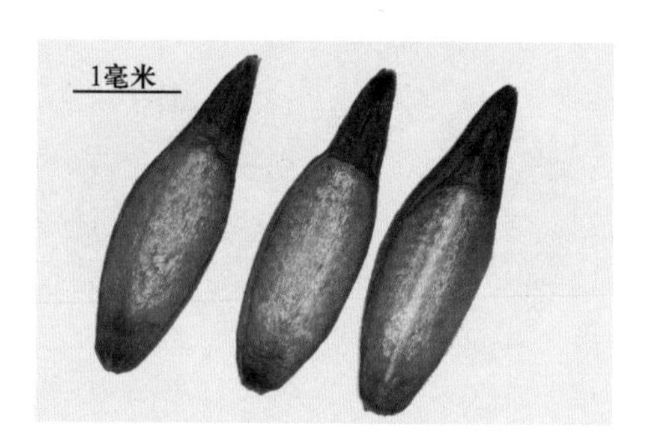

图 2－293　细枝补血草

第三十九节　蓼科 Polygonaceae

本科植物的果实为宿存的花萼所包，成熟时不开裂，内含 1 粒种子，种子实为坚果或瘦果，呈三棱、双凸或扁平。种子胚歪生，具丰富的粉质胚乳。

本科分类的主要依据：瘦果的大小、形状和瘦果横切面的形状，以及胚在胚乳中的位置。

分属检索表

1. 宿存花被筒状坚硬，3 棱，外轮花被顶端延伸为 3 枚硬刺；瘦果难以剥出 ………………… 刺酸模属
1. 宿存花被不同上述，无刺；瘦果容易剥出 ……………………………………………………………… 2

2. 瘦果通常为宿存花被所包，花被片具翅和网状脉，或基部有瘤，瘦果具 3 棱，棱脊锐，表面有光泽 ……………………………………………………………………………………… 酸模属

2. 瘦果包被的宿存花被易破碎，致使瘦果裸露；或花被不明显增大，脉纹不呈网状，基部也无瘤状物，瘦果具 2 棱或 3 棱 ……………………………………………………………………………… 3

3. 瘦果较大，长 4 毫米以上，具 3 棱，棱脊钝，表面粗糙或高低不平，暗而无光泽，有时棱脊呈翅状 ……………………………………………………………………………………… 荞麦属

3. 瘦果较小，长 4.0 毫米以下，具 2 棱或 3 棱，表面平滑有光泽，或稍粗糙 ………………………… 4

4. 瘦果长 3～4 毫米，具 3 棱、暗黑色，完全包于宿存花被内 ……………………………… 何首乌属

4. 瘦果长 3 毫米以下，具 3 棱或双凸镜状，暗红褐色，包于宿存花被内或突出花被之外 ……… 蓼属

一、刺酸模属 *Emex* Neck.

1. 总苞（宿存花被）顶刺粗大，近呈 45°；每面上部两侧各有 1 凹陷，呈短条形；基部向内骤缩，棱两侧深深陷入；内轮花被阔三角状卵圆形，顶端短尖 ……………………………………… 南方三棘果

1. 总苞（宿存花被）刺较细；每面上部有 6～10 个凹陷，呈横孔或圆状孔；脊和棱近中部具小外突，外突以下部分收拢呈锥形；内轮花被线状披针形，顶端急尖 ……………………………………… 刺亦模

1. 南方三棘果（南方刺酸模、三刺果、三棘果）*Emex australis* Steinh.

瘦果包藏于合生的、已木质化的筒状宿存花被形成的总苞内，花被 3 棱 3 面；灰色、褐色至红褐色，乌暗；长 5.0～8.0 毫米，宽 9.0～10.0 毫米；刺长 5.0～10.0 毫米。3 枚外轮花被片的中脉延伸或平展呈近 45°的粗大而尖锐的直刺；每面上部两侧各有 1 凹陷，呈短条形；基部向内骤缩，棱两侧深深陷入；内轮花被阔三角状卵圆形，顶端短尖。总苞横切面近不规则的六角形；瘦果和种子位于其中央；果脐为宽卵状近圆形，边缘突起中央成凹穴，最下端有时残存果柄。瘦果三角状卵形，长 3.7～4.0 毫米，宽为 1.8～2.1 毫米；深红褐色，表面光滑，有光泽；顶端锐尖，有 3 棱，基部近圆形，其横切面呈圆三角形。种子长 3.5～3.8 毫米，宽为 1.6～2.0 毫米；三棱状锥形或卵状锥形，黄褐色，表面有褐色的斑点和斑纹，内胚乳丰富，白色；胚位于种子的一侧。基部向内皱缩，棱两侧深深凹入（图 2－294）。

分布：原产于南非。大洋洲、地中海地区和美国有分布。

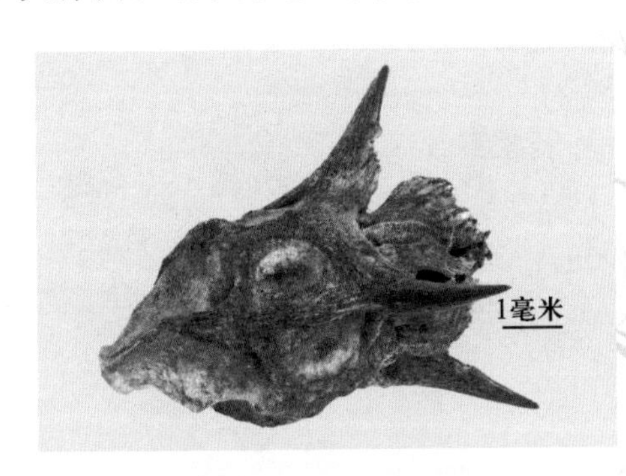

图 2－294　南方三棘果

2. 刺亦模 *Emex spinosa*（L.）Campd.

瘦果包藏于已木质化的筒状宿存花被形成的总苞内，花被片有内外 2 轮，灰色至褐色，呈三面体；长 4.0～8.0 毫米，宽 2.4～5.0 毫米；刺长 2.0～4.0 毫米，较细。外轮花被 3 枚合生，其中脉于顶端各延伸出 1 刺，反折、平展或斜生；每枚外轮花被背面隆起成脊，边缘相互连接成纵棱。棱两侧各具 1 排凹陷，6～10 个，呈横孔或圆状孔；下部两侧各具 1 凹穴，较大。脊和棱中部具小外突，外突以下部分收拢呈锥形。内轮花被 3 枚，与外轮互生，基部愈合，顶部合拢呈喙状，位于中央。瘦果三棱状，黄褐色至深色；长 4.0～5.0 毫米，宽 2.0～3.0 毫米。种脐多变；胚周边形，J 状，子叶长于胚根；胚乳可见（图 2-295）。

分布：亚洲、非洲、北美洲、南美洲、欧洲、大洋洲等地区。

图 2-295 刺亦模

二、荞麦属 *Fagopyrum*

苦荞麦 *Fagopyrum tataricum*（L.）Gaertn.

瘦果三角状卵形，三棱状；灰褐色至黑褐色；长 4～5 毫米，宽约 3.2 毫米。表面粗糙，无光泽，具 3 个侧视呈波浪形的纵棱，上部棱较锐，下部棱圆钝；纵棱之间具纵沟纹；上部渐收缩，顶端钝；下部渐加宽，基部较平，具较短的果柄和宿存花被。果脐圆形，位于果实基部，稍凸出，内含种子 1 粒（图 2-296）。

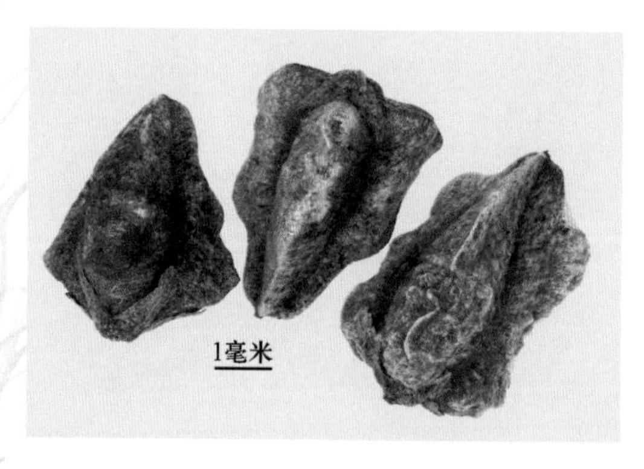

图 2-296 苦荞麦

分布：我国东北、西北、西南地区，以及欧亚大陆和美洲。

三、何首乌属 *Fallopia*

蔓首乌（卷茎蓼）*Fallopia convolvula*（L.）Love

瘦果常包藏于宿存花被内，花被片5，暗黄褐色，但极易破碎与脱落。瘦果阔椭圆形，三棱状；长约3毫米，宽约2.1毫米。表面密布细颗粒状点，无光泽；3平面内凹，3纵棱高耸；顶端突尖，嫩时具褐色花柱基痕；基端钝圆。果脐位于基底圆形，稍凹，具黄白色至淡黄色絮状物（图2－297）。

分布：我国东北、华北、陕北、甘肃、新疆等地，以及朝鲜、日本、菲律宾、印度、蒙古国、巴基斯坦、伊朗、阿富汗等及欧洲、非洲、北美洲。

图2－297　蔓首乌（卷茎蓼）

四、蓼属 *Polygonum*

分属检索表

1. 瘦果3棱3面 ………………………………………………………………………………… 2
1. 瘦果2棱2面或为圆球形 ……………………………………………………………………… 3
2. 瘦果3面不等宽，1面宽而较平，另2面窄而稍凹，表面细颗粒质，无光泽，长3毫米左右 … 扁蓄
2. 瘦果3面等宽，表面光滑，有光泽，长5毫米以上，棕色至棕褐色 ……………………… 叉分蓼
3. 瘦果近圆形，双凸，边缘脊上具1条细沟或细棱，2凸面各具3～4条隐约可见的细纵沟 ………………………………………………………………………………………… 柳叶刺蓼
3. 瘦果桃形，扁平，3毫米以上，表面细密点，有光泽，瘦果黑色，2平面具2条平行的浅凹或合并为1条带状宽浅沟，侧视下部比上部厚 …………………………………………… 红蓼

1. 扁蓄 *Polygonum aviculare* L.

瘦果稍露出宿存花被，三棱状卵形；红褐色至棕褐色；长2.5～3.0毫米，宽1.1～2.0毫米。表面细颗粒质，无光泽。3个面不等宽，1个面稍宽较平，另2个面稍窄，有浅凹。3纵棱钝圆。顶端渐尖；基部较宽，基部具突出的果柄残余，果柄脱落显出三角形果脐（图2－298）。

分布：我国各地；北温带地区广泛分布。

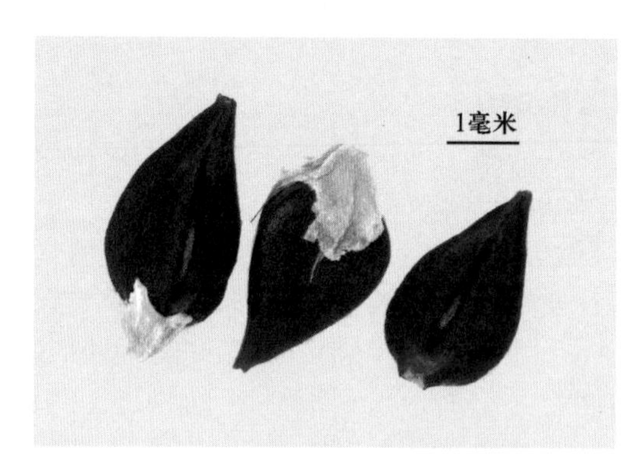

图 2-298　扁　蓄

2. 柳叶刺蓼 *Polygonum bungeanum* Turcz.

瘦果包藏于宿存花被内，顶端微露。果体近圆形，径长约 2.2 毫米；两侧稍扁，一面隆起比另一面高，横切面则呈近半圆形，顶端具残存花柱，基部圆形。果皮黑色，表面有极细的点状网纹。果脐近圆形，凹陷，位于果实基端。果皮革质，内含 1 粒种子。种子与果实同形。种皮膜质，淡黄色，内含丰富的白色粉质胚乳，胚沿着种子内侧边缘弯生（图 2-299）。

分布：我国东北各地区，以及朝鲜、俄罗斯、日本。

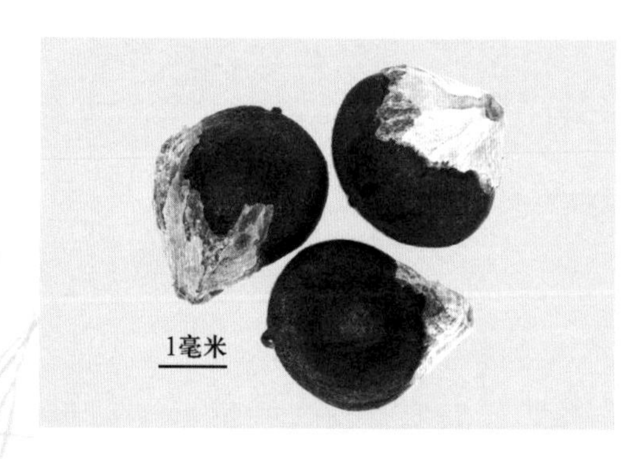

图 2-299　柳叶刺蓼

3. 叉分蓼 *Polygonum divaricatum* L.

瘦果菱状三棱形，下部 3/4 常为宿存花萼所包围；棕色至棕褐色；长 5.5 毫米，宽 3 毫米。表面光滑，有光泽。3 个棱较锐。顶端突尖；基部收缩为较粗的短柄，柄端具白色三角形梗痕，除掉果柄则显出棕色凹陷的圆形果脐，内含 1 粒种子。种子与果实同形，种皮膜质，表面有一层黑色的糠秕状附属物，易剥落（图 2-300）。

分布：我国东北、华北及山东，以及朝鲜、蒙古国、俄罗斯。

4. 红蓼 *Polygonum orientale* L.

瘦果包在宿存花被内，花被黄褐色或灰黄色；瘦果桃形，扁平；长 3 毫米（不包括果柄），宽 3 毫米。表面具细密点，有光泽；2 平面具 2 条平行的浅凹或合成 1 带状纵凹，

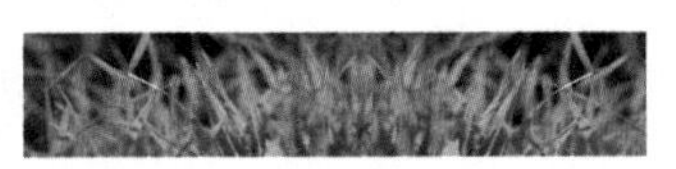

图 2-300　叉分蓼

纵凹两侧常有 1～2 条细棱或细沟，侧视下部比上部厚；顶端稍突出，具小柱状残存花柱基或圆形花柱痕；基部圆，具短果柄，长 0.5 毫米，与花被同色（图 2-301）。

分布：我国各地（除西藏外），以及朝鲜、日本、菲律宾、印度、欧洲和大洋洲。

图 2-301　红　蓼

五、酸模属 *Rumex*

1. 内花被片果时边缘近全缘，无针刺，宽卵形，基部近截形，通常全部具小瘤 ……………… 皱叶酸模
1. 内花被片果时边缘具锐齿和较长的针刺……………………………………………………………… 2
2. 内花被片果时狭三角形，宽 1.5～2.0 毫米（不包括针刺），边缘每侧具 2～4 个针刺，针刺长 2.0～2.5 毫米 ……………………………………………………………………………………… 刺酸模
2. 内花被片果时三角状卵形，宽 2～3 毫米（不包括刺状齿），边缘具刺状齿。长 3.5～4.0 毫米，顶端急尖；刺状齿长 1.5～2.0 毫米 ……………………………………………………………… 齿果酸模

1. 皱叶酸模 *Rumex crispus* L.

瘦果具有 2 轮宿存花被片，外轮 3 枚较小，椭圆形，平展于 2 个相邻内花被片下缘；内花被片 3 枚很大，阔卵状三角形，具网脉，向背面对折，背面具较大海绵质瘤，边缘具不整齐的锐齿。瘦果三棱状梭形，中部最宽，棱突出，红褐色；长 2.2 毫米，宽 1.2 毫米。表面光滑，有光泽；基部果脐三角形，微凸突（图2－302）。

分布：我国东北、华北、西北、山东、河南、湖北、四川、贵州和云南，以及哈萨克斯坦、蒙古国、朝鲜、日本、欧洲和北美。

图 2－302　皱叶酸模

2. 齿果酸模 *Rumex dentatus* L.

瘦果包在宿存花被片内。花被片 2 轮，外轮 3 枚较小，贴附于内轮花被，有的脱落；内轮花被片大，长三角状卵形，每片背部下方具小丘状隆起瘤，边缘具 3～5 枚齿状短刺。瘦果阔卵形或椭圆形，三棱状褐色，有光泽；长 2.5 毫米，宽 1.5 毫米；3 个棱脊尖锐，3 平面内凹；果顶尖；果基钝，底部具三角形果脐，黄褐色（图 2－303）。

分布：我国华北、西北、华东、华中、四川、贵州和云南，以及尼泊尔、印度、阿富汗、哈萨克斯坦及欧洲东南部。

图 2－303　齿果酸模

3. 刺酸模 *Rumex maritimus* L.

瘦果包在宿存花被内。花被片 2 轮，外轮 3 枚较小，位于基部，平展或下弯，有时脱落；内轮 3 枚很大，卵形，每枚背部有巨大的海绵质长卵形瘤，具网纹，每枚花被片边缘有 2～6 枚长针刺。瘦果椭圆形或卵状椭圆形，三棱状；深褐色，有光泽；长 1.5 毫米，宽 0.8 毫米。表面呈细微粒状，3 个棱脊尖锐，具有窄翅，3 平面较凸。果顶尖，常具花柱残基或反折柱头；果基尖，突出呈小柄状（图 2－304）。

分布：我国东北、华北、陕西西部和新疆，以及高加索地区、哈萨克斯坦、蒙古国、欧洲及北美。

图 2-304　刺酸模

第四十节　马齿苋科 Portulacaceae

本科果实为蒴果，横列，环状盖裂或纵裂，稀为坚果，果实内含种子多数，稀少数，胚环状，环绕着胚乳。

一、马齿苋属 *Portulaca*

分 种 检 索 表

1. 蒴果 3 果瓣，种子脐膜小，呈颗粒状 ………………………………………………………… 土人参
1. 蒴果盖裂，种子脐膜小，呈蝶翅状………………………………………………………………… 2
2. 种子黑色，无珍珠光泽 ………………………………………………………………………… 马齿苋
2. 种子铅灰色、灰褐色或灰黑色，有珍珠光泽 ………………………………………… 大花马齿苋

1. 大花马齿苋 *Portulaca grandiflora* Hook.

蒴果近椭圆形，盖裂；种子细小，多数，肾状卵形或三角状圆形，略扁，长 0.8～1.0 毫米，宽约 0.9 毫米，铅灰色、灰褐色或灰黑色；有珍珠光泽，表面有小瘤状凸起，以同心圆状排列。种脐位于基部凹口处，其上覆有淡黄色蝶状脐膜。种皮质硬而脆（图 2-305）。

分布：原产南美、巴西、阿根廷、乌拉圭等地。我国各地均有栽培。

图 2-305　大花马齿苋

2. 马齿苋 *Portulaca oleracea* L.

蒴果圆锥形，中部环状盖裂，内含种子多数。种子阔倒卵形，略呈肾形，扁平；黑色；长 0.8 毫米，宽 0.7 毫米。表面具低平不规则瘤突，近同心圆排列，两平面下方具短而宽的沟。种脐位于沟的末端，灰褐色，大而明显，呈宽 U 形，上覆黄白色蝶翅状脐膜，种皮质硬而脆（图 2-306）。

分布：我国各地区及世界其他温带和热带地区。

图 2-306　马齿苋

3. 土人参 *Talinum paniculatum*（Jacq.）Gaertn.

蒴果近球形，直径约 4 毫米，3 瓣裂，种子多数，扁圆形，直径约 1 毫米；黑褐色或黑色，有光泽。表面密生小瘤状突起，呈同心圆状排列。种脐位于基部凹口处，上覆有颗粒状脐膜，种皮质硬（图 2-307）。

分布：原产于热带美洲。分布于西非、南美热带和东南亚等地；我国中部和南部均有栽植。

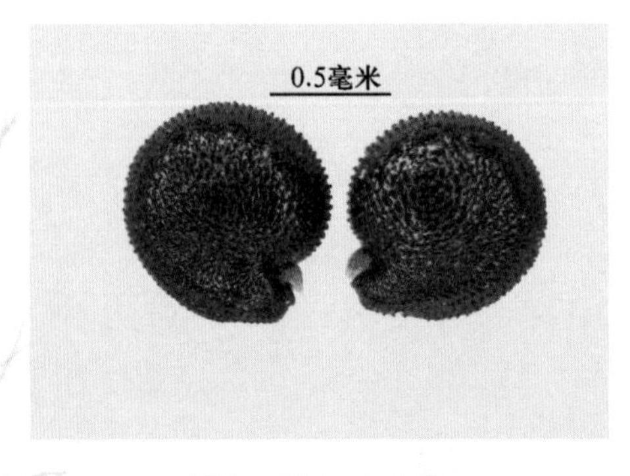

图 2-307　土人参

第四十一节　毛茛科 Ranunculaceae

本科果实为瘦果或蓇葖果，稀为蒴果或浆果。种子胚小，顶生，种子具油质胚乳。

分属检索表

1. 瘦果宿存花柱很长，并密被长柔毛 ………………………………………………………………… 铁线莲属
1. 瘦果残存花柱呈短喙状，果皮常有刺及瘤突 ……………………………………………………… 毛茛属

一、铁线莲属 *Clematis*

棉团铁线莲 *Clematis hexapetala* Pall.

瘦果倒卵形，扁平；深褐色；长5毫米（不包括宿存花柱），宽3.5毫米。表面粗糙，布满黄白色柔毛，上部毛较长；两平面稍凸；顶端圆，具布满长柔毛的花柱，花柱长1.5～3.0厘米；基部渐窄，基端较平，具果脐（图2－308）。

分布：我国东北、华北、西北地区，以及俄罗斯、蒙古国、朝鲜等。

图2－308　棉团铁线莲

二、毛茛属 *Ranunculus*

田野毛茛 *Ranunculus arvensis* L.

瘦果半圆形，两侧扁平；紫褐色；长5～7毫米（包括喙长），宽3.5毫米。两侧面及边缘具长短不一的粗刺，刺稍扁，刺端尖锐，刺长可达3毫米；背面半圆形弓起，腹面平直，周缘具脊，突起；顶端有稍突出的短喙，喙基部宽厚，顶端稍弯，长达2毫米，易折断。基部具短柄，柄端为果脐，果脐近圆形（图2－309）。

分布：我国湖北等地，以及亚洲西部、欧洲。

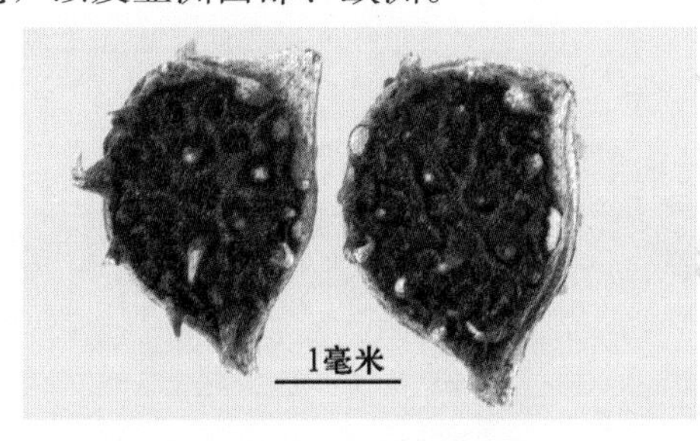

图2－309　田野毛茛

第四十二节　蔷薇科 Rosaceae

本科果实为核果、蓇葖果或瘦果，有时生于增大肉质的花托上，果实为不易脱落的宿存萼所包或瘦果裹露，胚大而直立，种子通常无胚乳。

分种检索表

1. 瘦果包于宿存的倒圆锥状花托内，密布长毛、短毛，顶端具数轮长倒钩刺 …………………… 龙牙草
1. 瘦果非上述形态……………………………………………………………………………………… 2
2. 瘦果卵圆形或半圆球形……………………………………………………………………………… 3
2. 瘦果三角状卵形……………………………………………………………………………………… 4
3. 瘦果长小于 1.3 毫米，表面颗粒状皱纹 ……………………………………………… 大萼委陵菜
3. 瘦果长 1.5 毫米，表面指纹状皱纹 ………………………………………………… 绢毛委陵菜
4. 瘦果长约 1 毫米，黄褐色斑纹 ……………………………………………………… 三裂地蔷薇
4. 瘦果长约 1.3 毫米，红褐色斑纹……………………………………………………… 砂生地蔷薇

一、龙芽草属 *Agrimonia*

龙芽草 *Agrimonia pilosa* Lab.

瘦果倒卵圆锥形，包在宿存杯状花托内，花托褐色；长 5 毫米，宽 3 毫米。表面粗糙。被淡褐色毛。具 10 条纵棱，棱脊毛较长；顶端具数轮较长的倒钩刺，围绕内方宿存花萼；果基部具弯柄，柄端具明显凸出的圆形果脐（图 2－310）。

分布：我国大部分地区，以及朝鲜、日本、俄罗斯远东地区和中南半岛。

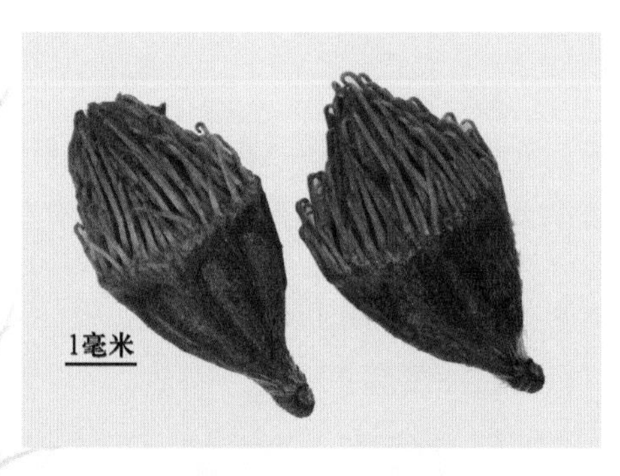

图 2－310　龙芽草

二、委陵菜属（*Potentilla*）

1. 大萼委陵菜 *Potentilla conferta* Bunge

小瘦果耳形或半球形，略扁，长 1.1～1.3 毫米，宽约 0.7 毫米，其腹部顶端具尖头

状小喙，背面弓曲，具细棱脊，腹面近平直或稍内弯，具窄翼状锐棱。果皮黄褐色，表面颗粒质、粗糙，具皱纹，稀不明显。果脐圆形，浅褐色，位于腹侧下基部，果皮木质化，内含种子1粒，种皮膜质（图2－311）。

分布：我国黑龙江、内蒙古、河北、山西、甘肃、新疆、四川、云南、西藏，以及俄罗斯、蒙古国。

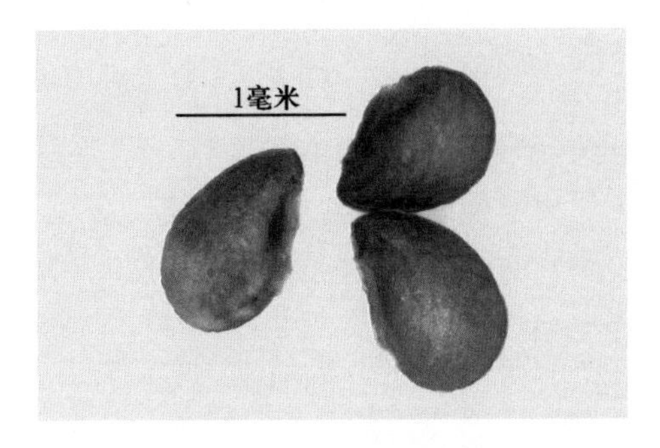

图2－311　大萼委陵菜

2. 绢毛委陵菜 *Potentilla sericea* Linn.

小瘦果耳形或阔卵形，长1.2～1.5毫米，两侧稍扁，背面拱圆，腹面凸出。果皮黄褐色，密布细凹点，表面具指纹状纹，粗糙，稍有光泽。果脐位于果实腹部中下方。果皮木质化，内含种子1粒，种皮膜质（图2－312）。

分布：我国黑龙江、吉林、内蒙古、甘肃、青海、新疆、西藏，以及俄罗斯、蒙古国。

图2－312　绢毛委陵菜

三、地蔷薇属 *Chamaerhodos*

1. 三裂地蔷薇 *Chamaerhodos trifida* Ldb.

小瘦果三角状卵形，长约1毫米，宽约0.7毫米，背面弓曲，腹面突出，顶端尖突，基部圆钝。果皮褐色，粗糙，隐约有黄色、黑色等杂色斑点。果脐位于果实腹部中下方，果皮木质化，内含种子1粒（图2－313）。

分布：我国黑龙江、内蒙古，以及蒙古国、俄罗斯。

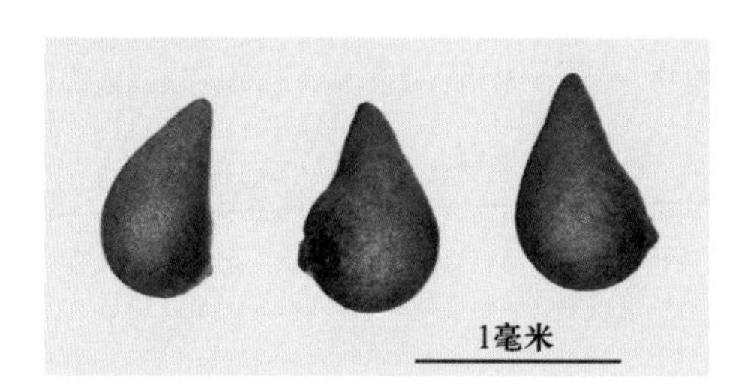

图 2-313　三裂地蔷薇

2. 砂生地蔷薇 *Chamaerhodos sabulosa* Bge.

小瘦果三角状卵形，表面粗颗粒质，具红褐色斑纹，具光泽，长 1.0～1.3 毫米，宽约 0.6 毫米。背面隆凸，两侧面向腹侧收缩回合成 1 棱边，基部圆钝，顶端锐尖。果脐位于腹面中下方，果皮木质化，内含种子 1 粒（图 2-314）。

分布：我国内蒙古、新疆、西藏，以及蒙古国、俄罗斯。

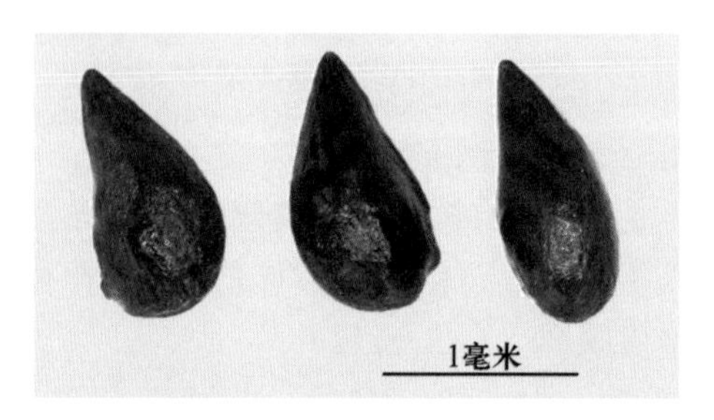

图 2-314　砂生地蔷薇

第四十三节　茜草科 Rubiaceae

果实为浆果、蒴果或核果，成熟时胞间开裂或胞背开裂，或干燥而不开裂，或为分果，有时为双果片；种子形态多样，少有具翅或有附属物，胚直生或弯曲，多有胚乳。

拉拉藤属 *Galium*

果实由 2 心皮构成，成熟时分离为 2 个相连的圆球形离果，小坚果状。离果表面有颗粒状或白色透明而基部略膨大的棘刺状突起。

分 种 检 索 表

1. 分果较小，直径 1.5～2.0 毫米，表面密被白色透明而钩状棘刺 ………………………… 猪殃殃
1. 分果较大，直径 2.5～3.5 毫米，表面密被圆形小瘤状突起 ………………………… 麦仁珠

1. 猪殃殃 *Galium aparine* L.

果实 2 珠状，果柄直，较粗。离果扁圆球形，直径 1.5～2.0 毫米，背面圆形，腹面

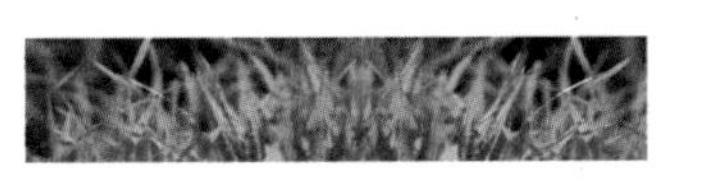

中央深凹陷，呈圆口杯状。果皮灰褐色或黄褐色，表面粗糙，密被白色透明而基部略膨大的中空钩状棘刺，钩刺脱落后残留下瘤基。果脐位于腹面中央凹陷处，椭圆形，白色。内含种子1粒，种子黄褐色至暗褐色，胚弯生，白色，位于胚乳中央（图2-315）。

分布：我国除海南及南海诸岛外，均有分布，以及日本、朝鲜、印度、尼泊尔、巴基斯坦、欧洲、非洲、美洲北部等地区。

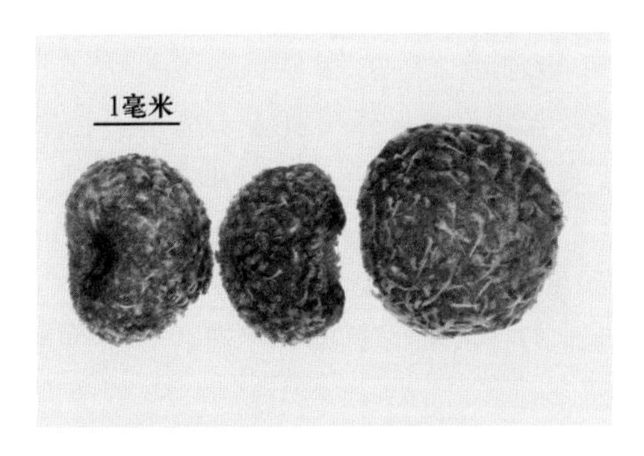

图2-315　猪殃殃

2. 麦仁珠 *Galium tricornutum* Dandy

果实2珠状，果柄较粗壮，弓形下弯。离果扁圆球形，直径2.5～3.5毫米。背面圆形，腹面中央具圆孔状深凹陷；果皮灰褐色或灰绿色，表面密被圆形小瘤状凸起，间有白点或白色针状条纹。果脐位于腹面中央凹陷处，椭圆形。胚白色，匙形，埋藏于胚乳中央（图2-316）。

分布：我国山西、陕西、甘肃、新疆、江苏、安徽、江西、河南、湖北、四川、贵州、西藏，以及印度、巴基斯坦、亚洲西部、欧洲、非洲北部、美洲北部。

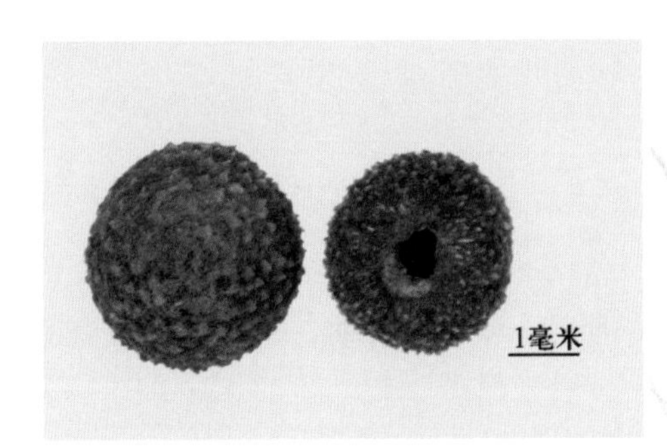

图2-316　麦仁珠

第四十四节　芸香科 Rutaceae

本科果实为1肉质的浆果或核果，或蒴果状，稀翅果状。种子有或无胚乳，子叶平凸或皱褶，常富含油点，胚直立或弯曲。

拟芸香属 *Haplophyllum* A. Juss.

成熟果开裂为2～5个分果瓣，外果皮薄壳质，内果皮暗黄色，常贴附于外果皮内，一般每瓣有种子2粒；种子肾形或马蹄铁形，有网状纹，胚乳肉质，含油丰富，胚稍弯曲。

北芸香 *Haplophyllum dauricum*（L.）G. Don

蒴果，成熟果球形而略伸长，3室，稀2室或4室；成熟果自顶部开裂，在果柄处分离而脱落。果皮黄色，上分布有深黄色油点，每分果瓣有2种子；种子肾形，褐黑色，长2.0～2.5毫米，厚1.0～1.5毫米。种皮有线状浅沟和细皱纹。种脐位于中部，条形，黑色透明。种瘤黄白色（图2-317）。

分布：我国黑龙江、内蒙古、河北、新疆、宁夏、甘肃等地区，西南地区至陕西西北部，以及蒙古国、俄罗斯。

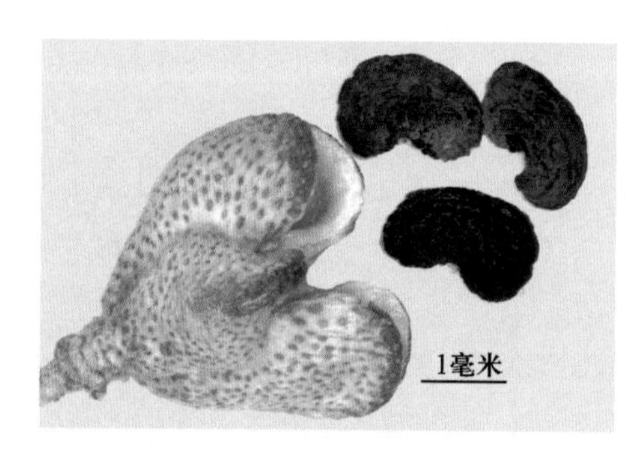

图2-317　北芸香

第四十五节　檀香科 Santalaceae

核果或小坚果，外果皮肉质，内果皮骨质；种子圆形或卵圆形，无种皮，胚小，圆柱状，直立，胚乳丰富，肉质，通常白色。

百蕊草属 *Thesium*

百蕊草 *Thesium chinense* Turcz.

坚果球形或椭圆形，长（不包括宿存花被）2.0～2.2毫米，宽2毫米，黄绿色。表面具明显的由纵脉、侧脉和横脉结成网状脉纹。顶端具长1.5毫米的宿存花被，花被筒状，5裂，裂片顶端内弯。果柄长3.5毫米，成熟时不反折（图2-318）。

分布：我国南北各地，以及朝鲜、日本和俄罗斯。

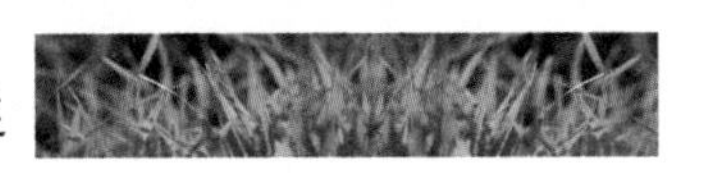

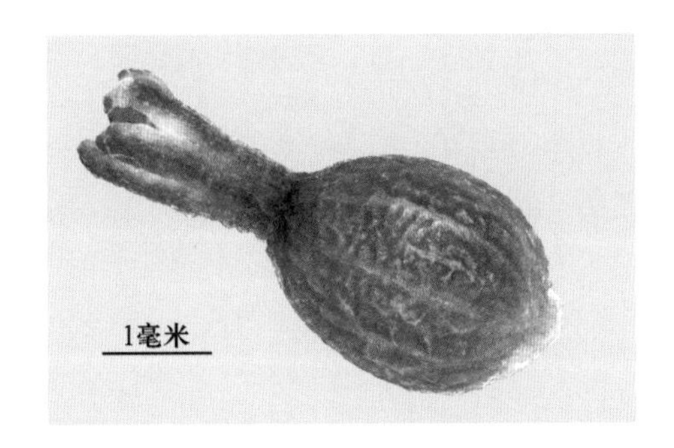

图 2-318　百蕊草

第四十六节　玄参科 Scrophulariaceae

本科果实为蒴果，成熟时多种方式开裂，如孔裂或缝裂等；少为浆果，内含种子多数而细小。种子胚直或稍弯曲，种子含肉质胚乳。

金鱼草属 *Antirrhinum*

金鱼草 *Antirrhinum majus* L.

种子矩圆状倒卵形，暗褐色至黑褐色；长约 0.9 毫米，宽约 0.6 毫米。表面具不规则的蜂窝状网纹，网壁常延展为翅；顶端平截，基部稍突出。种脐位于基端。小而不明显，胚微小（图 2-319）。

分布：原产欧洲南部。我国和世界各地都有引种栽培供观赏。常逸为野生。

图 2-319　金鱼草

第四十七节　茄科 Solanaceae

本科果实为蒴果或浆果，瓣裂、周裂或不开裂，内含种子多数。种子多扁平盘状或肾形，表面粗糙或密布网纹及凹穴等纹饰。种子胚环状或弯曲，少直生，胚乳丰富。

分属检索表

1. 种子较小，直径仅 0.5 毫米左右，种子不规则球形，多面体状 ………………………… 碧冬茄属
1. 种子直径约 1 毫米以上……………………………………………………………………………… 2
2. 种子较大，长 3～5 毫米，宽 2.3～3.5 毫米，黄褐色至黑色 ………………………………… 曼陀罗属
2. 种子一般长 3 毫米以下……………………………………………………………………………… 3
3. 种子淡黄色至黑褐色，种子倒卵形、圆形至长圆形，肾形或不规则卵圆形，长 1.5～3.0 毫米，宽 1.5 毫米以下 …………………………………………………………………………………… 茄属
3. 种子肾形或近肾形……………………………………………………………………………………… 4
4. 种子长 2.3 毫米以上，表面密布小瘤状突起，略呈同心排列，局部似网状 ……………………… 枸杞属
4. 种子长 2.1 毫米以下，表面具皱褶状网纹…………………………………………………………… 5
5. 种子长约 1.5 毫米，宽约 1 毫米，灰黄色，种子表面网纹由环形小突起组成，边缘透视突起尤为明显 ……………………………………………………………………………………… 天仙子属
5. 种子长 1.8～2.5 毫米，宽 1～2 毫米，种子表面网纹低平或不明显，边缘无突起 ………… 酸浆属

一、曼陀罗属 *Datura*

分种检索表

1. 种子肾形，褐色，较大，长约 5 毫米，宽约 1.5 毫米，表面密布点状小凹穴 ………………… 洋金花
1. 种子圆状肾形，黑褐色至黑色，较小，长 4 毫米以下，种子表面粗网纹明显，表面的小凹穴较浅 …………………………………………………………………………………………… 曼陀罗

1. 洋金花（白花曼陀罗）*Datura metel* L.

种子三角状肾形，两侧略扁平，一端较尖，另一端钝圆；背面较厚，圆形弓曲，腹面平直，中央有凹缺；长约 5 毫米，宽约 3.5 毫米，厚约 1.5 毫米。种皮黄褐色，表面无粗网状纹，中央微呈半月形凹陷，凹陷内近平坦，其余部分密布点状小凹穴，沿背面边缘具 3 条波状脊棱，中棱粗，边棱细。种脐位于种子腹面较尖的一端，裂口状，其上常覆有白色种柄，外突。种子横切面细长条形；胚白色，环状弯曲；胚乳丰富，淡黄色（图 2-320）。

分布：原产于印度。现分布于世界热带及亚热带地区；我国各地有栽培或野生。

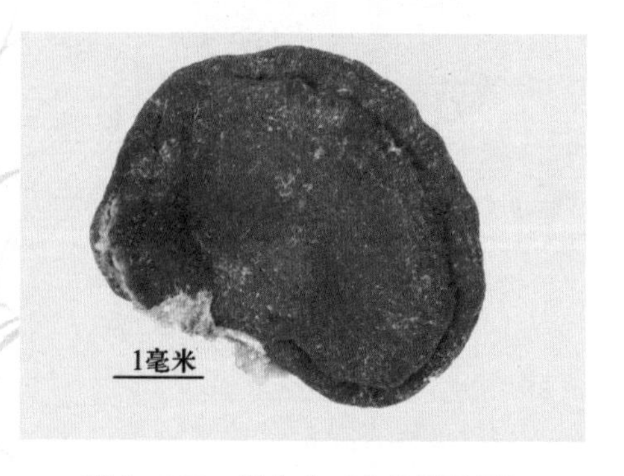

图 2-320　洋金花（白花曼陀罗）

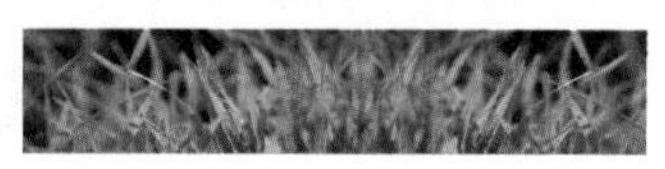

2. 曼陀罗 *Datura stramonium* L.

种子圆状肾形，两侧略扁平，背面厚圆拱形，腹面较薄，平或略凹入。种皮灰褐色至黑色，表面具明显粗网纹和密布不规整浅凹，长 3.5～4.0 毫米，宽 2.5～3.5 毫米。种脐位于腹侧下，长三角形，凹陷，有时具白色残留物（图 2-321）。

分布：原产于墨西哥。广泛分布于世界温带至热带地区；我国各地均有分布。

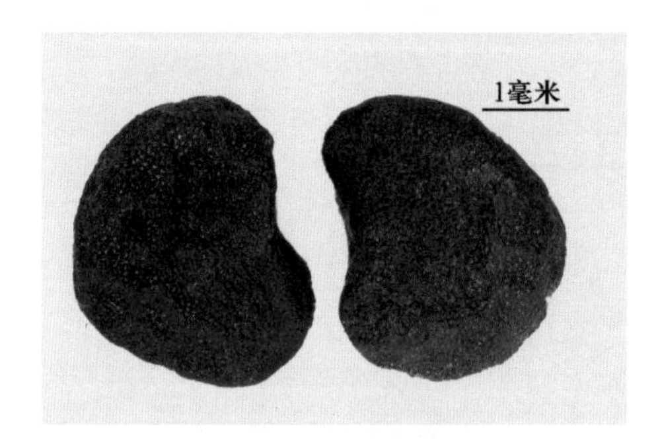

图 2-321　曼陀罗

二、天仙子属 *Hyoscyamus*

天仙子 *Hyoscyamys niger* L.

蒴果长卵圆状，长约 1.5 厘米，直径约 1.2 厘米，褐色；外包宿存的花萼，成熟时上部周裂 2 室，内含多数种子。种子宽肾状近圆形，两侧扁平；长 1.2～1.5 毫米，宽约 1 毫米，厚约 0.5 毫米；灰黄色或黄褐色，无光泽。表面密被蜂窝状小凹穴和明显隆起的细网纹，网纹小瘤状黑点，周缘齿状波纹形，背面宽圆稍厚，腹面近平截渐薄，近基部有嘴状突起；两平面中央微凹，波纹形。种脐位于腹部下方稍突出的尖嘴顶端，呈圆口状，内凹。胚呈环状卷曲，胚乳丰富（图 2-322）。

分布：我国华北、西北、西南、华东地区，以及欧洲、亚洲北部和西部、非洲北部和印度。

图 2-322　天仙子

三、枸杞属 *Lycium*

枸杞 *Lycium chinense* Mill.

种子半圆状或阔椭圆状肾形，扁平；黄色。长 2.5～3.0 毫米，宽 2.1 毫米。表面粗糙，密布颗粒状或短杆状略呈同心状排列的瘤突，背侧圆形拱出，腹侧平直，中部或者下部具小凹缺。种脐位于凹缺处，在隆起的胚根下端，微突（图 2-323）。

分布：我国大部分地区，以及朝鲜、日本和蒙古国东部。

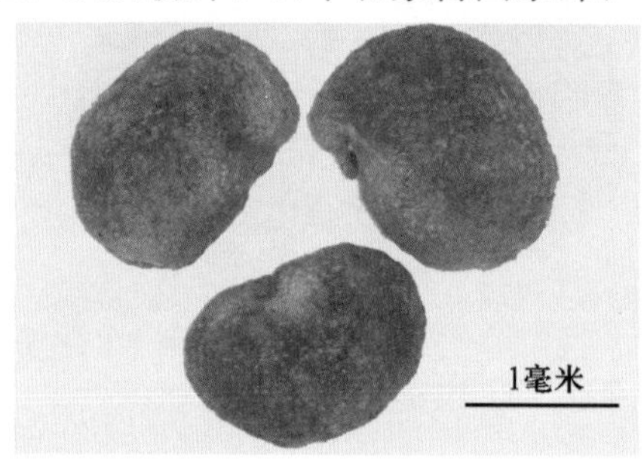

图 2-323　枸　杞

四、碧冬茄属 *Petunia*

碧冬茄 *Petunia hybrida* Vilm

种子不规则球形，多面体状（众多种子相挤压所致）；棕褐色；直径 0.5 毫米。表面具大孔网纹，网壁色较深。种脐较小，位于腹侧略突起，圆形（图 2-324）。

分布：常逸为野生，我国各地均有栽培。

图 3-324　碧冬茄

五、酸浆属 *Physalis*

1. 酸浆 *Physalis alkekengi* L.

种子肾状圆形，极扁平；鲜黄色；长约 2.1 毫米，宽约 1.9 毫米个。表面密布弯曲的

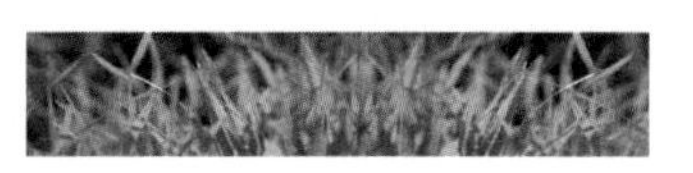

波状凸纹。背侧拱起；腹侧稍凹入。种脐位于侧面凹缺处，长卵状条形，暗黄色，种皮革质，含丰富油质胚乳（图 2－325）。

分布：我国除西藏外各地区，以及朝鲜、日本。

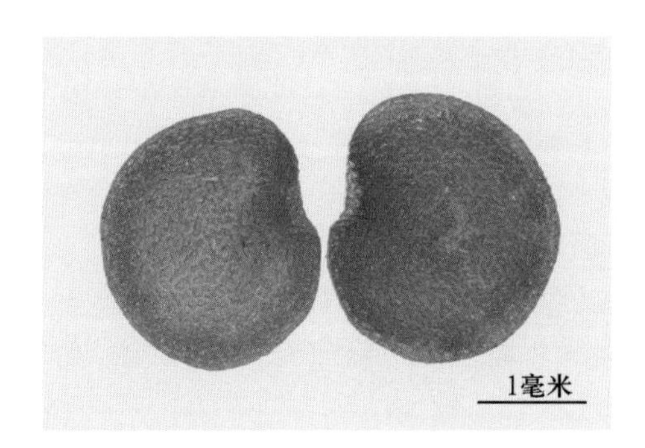

图 2－325　酸　浆

2. 毛酸浆 *Physalis pubescens* L.

种子肾形至半月形，扁平；黄褐色至深橘黄色；长近 2 毫米，宽 1.4 毫米。表面网状粗糙，边缘网壁网眼明显，中央网眼四角形，网壁突出，形成众多突起，较模糊的网状轮廓。背侧弓曲；腹侧近平直。种脐位于腹侧边缘，裂缝状，色有时较深（图 2－326）。

分布：原产于美洲。分布于我国长江以南地区，我国北方有引种栽培。

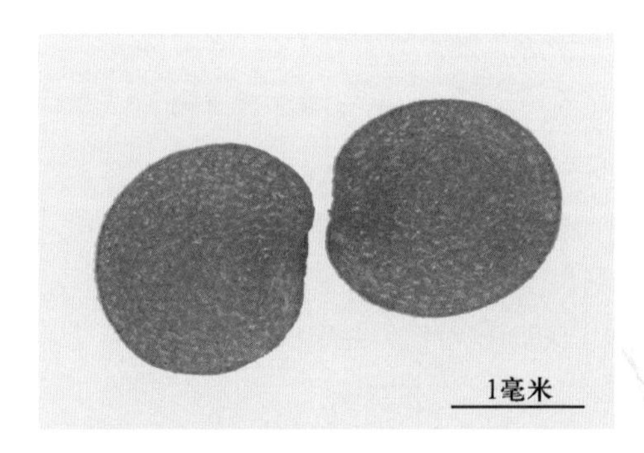

图 2－326　毛酸浆

六、茄属 *Solanum*

分种检索表

1. 种子黑色至深褐色，表面凸凹不平布满蜂窝状网穴，网眼深 ………………………… 刺萼龙葵
1. 种子表面非上述形态 …………………………………………………………………… 2
2. 种子表面具浅网纹、皱褶状网纹或突起状网纹 ……………………………………… 3
2. 种子表面不具上述网纹，表面颗粒状或较平滑 ……………………………………… 6
3. 种子肾形，淡黄色，表面具突起状浅网纹 …………………………………………… 蒜芥茄
3. 种子非肾形 ………………………………………………………………………………… 4
4. 种子淡黄色至淡褐色，不规则倒卵形，表面具胶质膜，水溶去胶质膜后可见浅网状纹，顶端圆，基部

渐尖并变薄 …………………………………………………………………………………… 龙葵

4. 种子黄褐色至红褐色，非上述形态……………………………………………………………… 4

5. 种子黄褐色，盘状，卵形、宽卵形、宽椭圆形、近圆形，偶呈扁平的C形，表面具波浪形网纹，种脐位于种子腹面基部，线形 ……………………………………………………………………………… 刺茄

5. 种子黄褐色至红褐色，圆形至长圆形，表面具皱褶状纹，局部似呈网纹，种脐位于近腹面基部，缝状 ……………………………………………………………………………………………………… 黄果茄

6. 种子黄色至淡黄色，长2～3毫米，倒卵形，有光泽，表面颗粒状瘤突……………………… 北美刺龙葵

6. 种子暗棕色，长2.5～4.0毫米，较圆，两侧压扁，表面较平滑，细颗粒质，有小孔穴 … 银毛龙葵

1. 北美刺龙葵 *Solanum carolinense* L.

种子成熟时为黄色至橘色，倒卵形，扁平，有光泽；长2～3毫米。表面有岛状瘤突皱纹。种脐位于腹侧基部边缘，略内凹，椭圆形，周围颜色较浅略白，中央颜色较周围稍深（图2-327）。

分布：美国、加拿大、巴西、克罗地亚、挪威、格鲁吉亚、孟加拉国、日本、印度等。

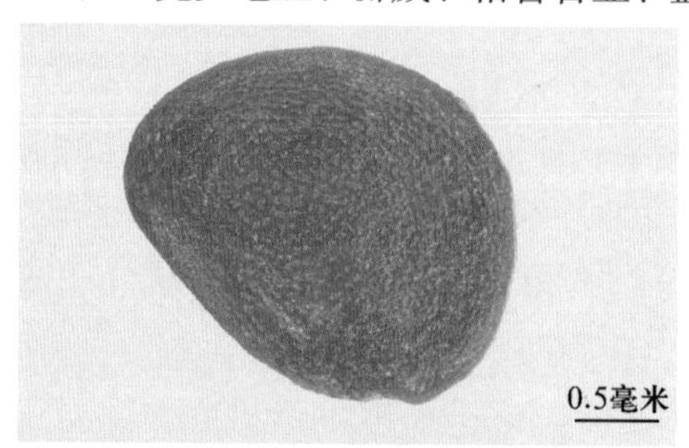

图2-327　北美刺龙葵

2. 银毛龙葵 *Solanum elaeagnifolium* Cay.

种子暗棕色，较圆，两侧压扁，表面具细小颗粒和细皱纹，并分布有不均匀的细小微穴陷，外缘细皱纹花样状规律同心排列；直径2.5～4.0毫米。种脐位于腹侧基部，上宽下窄，椭圆形，略内凹具灰白色膜。种脐上端较圆，闭合，下端细长状两端开裂，周缘具较厚突出的棱脊，棱脊皱纹状（图2-328）。

分布：原产于南北美洲。现分布在美国、阿根廷、巴西、智利、印度、南非、澳大利亚等国家和地区。

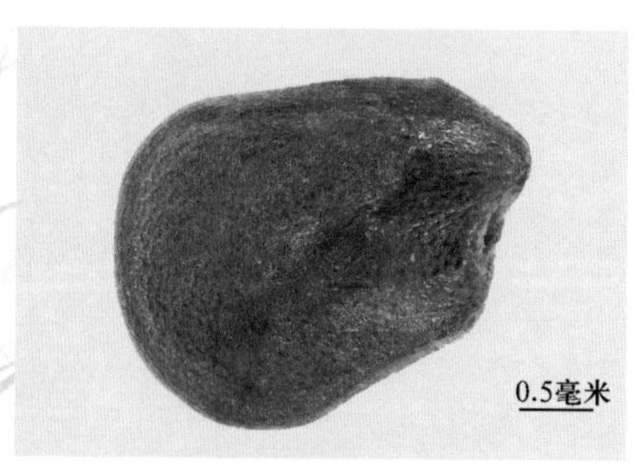

图3-328　银毛龙葵

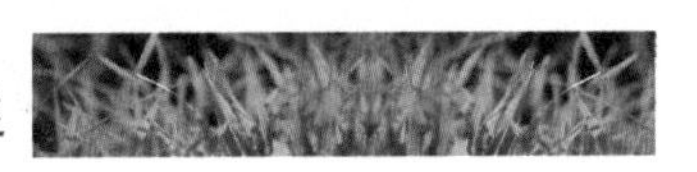

3. 龙葵 *Solanum nigrum* L.

种子表面具胶质膜，水溶去胶质膜后可见网状纹。种子长 1.7～2.0 毫米，宽 1.2～1.5 毫米。浅黄色或浅褐色，不规则倒卵形，扁平，顶端圆，基部渐尖并变薄。表面密布略隆起细网纹及浅凹入的细网眼，网纹为白色，内凹网眼为浅黄色或浅褐色；种脐位于腹侧基部边缘，为 1 闭合的线，白色（图 2－329）。

分布：我国各地均有分布；广泛分布于欧洲、亚洲、美洲的温带至热带地区。

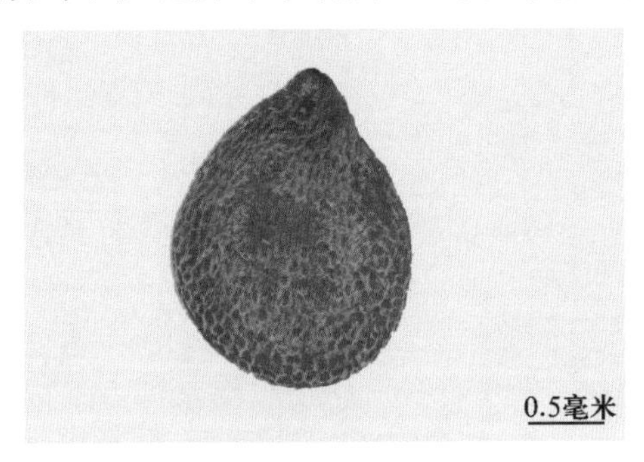

图 2－329 龙 葵

4. 刺萼龙葵 *Solanum rostratum* Dunal.

种子深褐色至黑色，不规则阔卵形或卵状肾形，厚扁平状；长 1.8～2.6 毫米，宽 2.0～3.2 毫米，厚 1.0～1.2 毫米。表面凹凸不平并布满蜂窝状凹坑，周缘凸凹不平；背面弓形；背侧缘和顶端稍厚，有明显的脊棱；腹面近平截或中拱，近腹面的基部变薄；下部具凹缺，胚根突出。种脐位于缺刻处，正对胚根尖端，洞穴状，近圆形，深凹入（图 2－330）。

分布：原产于新热带区北美洲和美国西南部。现分布于加拿大、墨西哥、俄罗斯、韩国、南非、澳大利亚等国家和地区。

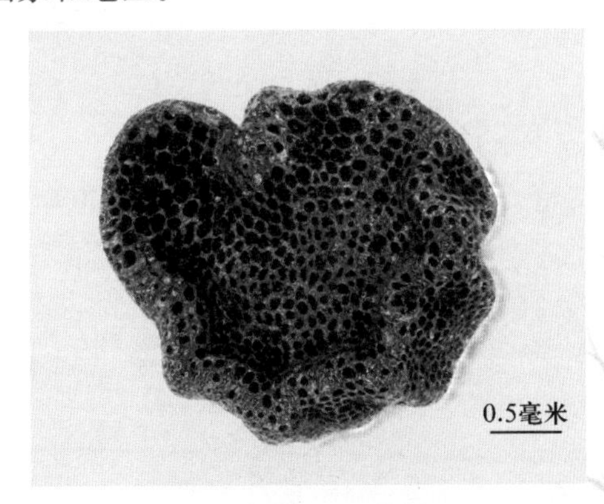

图 2－330 刺萼龙葵

5. 蒜芥茄 *Solanum sisymbriifolium*

种子淡黄色，扁平肾形，背面圆形，腹侧稍平或微凹，表面具网纹和稍凹入的网格，网纹和网格均为白色，每个网格内有白色纤维交织状网格；长 2.5 毫米，宽 2 毫米。种脐位于种子腹面内凹处，较平，淡黄色（图 2－331）。

分布：原产于南美。我国广东、昆明有栽培。

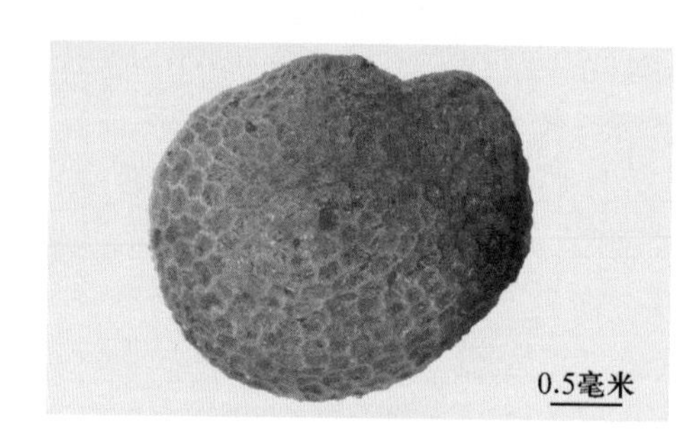

图 2-331　蒜芥茄

6. 刺茄 *Solanum torvum* Swartz

种子盘状，卵形、宽卵形、宽椭圆形、近圆形，偶呈扁平的C形；长2.0～3.0毫米，宽1.5～2.0毫米，厚0.3～0.6毫米；种子黄褐色。表面具波浪形网纹，有粗网纹及小穴形成的细网纹，细网纹呈颗粒状突起。种子背侧缘和顶端有明显的棱脊，横切面长椭圆形。种脐线形，长0.5～0.8毫米，位于种子腹面基部，平或略内凹，闭合或部分开裂呈1小圆孔（图2-332）。

分布：亚洲东南热带地区，现世界各地均有栽培。

图 2-332　刺　茄

7. 黄果茄 *Solanum xanthocaroum* Schrad et Wendl.

种子圆形至长圆形，扁平；黄褐色至红褐色；长2毫米，宽1.8毫米。表面具皱褶纹，同心排列，局部形成不清晰网，有时覆盖泡沫质物。背面圆形；腹侧稍平或微凹。种脐位于微凹内，梭形凹陷，白色（图2-333）。

分布：我国湖北、四川、云南、海南及台湾，以及亚洲热带、非洲东部地区。

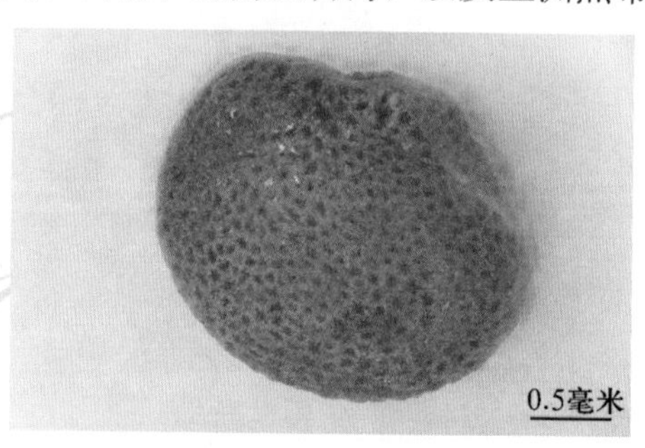

图 2-333　黄果茄

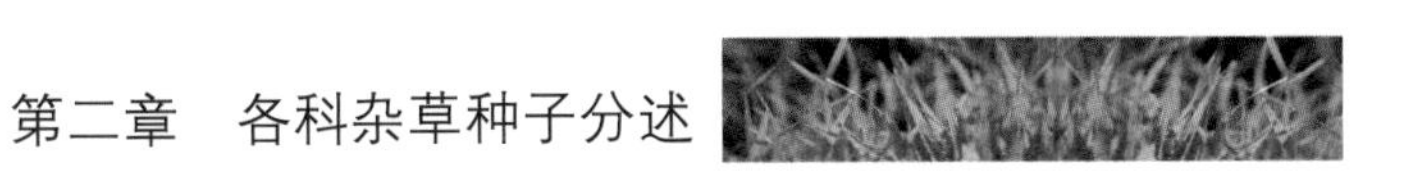

第四十八节 伞形科 Umbelliferae

本科果实为双悬果，呈卵形、圆心形、长圆形至椭圆形，果实通常裂成2个分生果，很少不裂，种子实为双悬果的分果瓣。果实顶部有盘状或短圆锥状的花柱基；果实表面平滑或有毛、皮刺、瘤状突起，背面多隆起，具数条纵棱；腹面平或微凹，中部具沟槽或心皮柄残余，通常5条主棱（1条背棱，2条中棱，2条侧棱）明显或突起，棱间有沟槽，有时沟槽处略突起发展为次棱4条，很少主棱和次棱（共9条）全部发育；棱槽中和合生面通常有纵向的油管1至多条。胚乳的腹面平直、凸出或凹入。伞形科种子的分类主要依据果实形状、压扁方式与程度、果皮结构、胚乳横剖面形态以及油管的分布与数目等。

分种检索表

1. 悬果长圆形，细长，果顶具长喙，长5～15毫米，宽1～2毫米，喙长2～7毫米 …………… 牧人针
1. 悬果顶端仅具短喙……………………………………………………………………………… 2
2. 果实表面被刺、刺状突起……………………………………………………………………… 3
2. 果实表面不被刺………………………………………………………………………………… 6
3. 果实卵形，两侧扁平，合生面强烈收缩，胚乳腹面深陷，其两侧边缘向内卷成带状的环，主棱通常有3排粗糙的刺，次棱通常有1排与主棱相同的刺 ……………………………………………… 刺果芹
3. 果实合生面非强烈收缩………………………………………………………………………… 4
4. 分果瓣狭长椭圆形，平凸状，背面隆起，具4条突出的粗大纵脊，脊上具粗大棘刺，粗脊间具线状细棱，棱上具细刺；腹面平坦，中央具纵沟；顶端具短喙，基部平截 ……………………… 宽叶高加利
4. 分果瓣半椭圆形，但非上述形状………………………………………………………………… 5
5. 分果瓣表面有4条明显的次棱，纵棱呈翅状，棱上有短沟刺 …………………………… 野胡萝卜
5. 分果瓣表面有3条纵棱，纵棱线状，棱间密布稍短的弯钩刺 …………………………… 小窃衣
6. 分果瓣阔卵形，瓢状，背具6条纵棱，棱间具1条曲折或波状起伏的油管 ……………………… 芫荽
6. 分果瓣不同上述，背腹压扁或两侧压扁………………………………………………………… 7
7. 分果瓣5条果棱发育均匀，呈明显线形、棒状或翅状…………………………………………… 8
7. 果棱发育不均匀，侧棱发达 ……………………………………………………………………… 13
8. 果棱呈翅状………………………………………………………………………………………… 9
8. 果棱不呈翅状 …………………………………………………………………………………… 10
9. 果实长圆形，果棱窄翅状，呈三角形，齿萼细小，三角形，分生果横切面半圆形，棱槽有油管2～3，合生面4～6 ……………………………………………………………………………… 迷果芹
9. 果实宽椭圆形，果棱宽翅状，木栓质，萼齿无，分生果横切面近半圆形，每棱槽内有1个油管，合生面的两侧各有1个 ……………………………………………………………………………… 蛇床
10. 果棱线形，分果瓣平凸状………………………………………………………………………… 11
10. 果棱呈棒状……………………………………………………………………………………… 12
11. 分果瓣椭圆状矩形，长2.2毫米，宽0.8毫米……………………………………………… 大阿米芹
11. 分果瓣卵圆形，长3毫米，宽2毫米，每棱槽内油管1，合生面油管2；胚乳腹面平直 … 皱叶欧芹

12. 分果瓣长 5.5 毫米，宽 1 毫米，分生果横切面近圆形……………………………… 鸭儿芹属
12. 分果瓣长 3.5～4.0 毫米，宽 2.0～2.5 毫米，分生果横切面近五边形…………………… 黑柴胡
13. 果实稍背腹压扁，侧棱较宽发达……………………………………………………………… 14
13. 果实稍背腹压扁，侧棱较窄…………………………………………………………………… 17
14. 果实长圆形，背棱不明显，萼齿卵形………………………………………………………… 硬阿魏
15. 果实椭圆形、广椭圆形，背棱明显…………………………………………………………… 16
16. 背棱钝圆，侧棱宽翅状，萼齿无……………………………………………………………… 白芷
16. 背棱线形，侧棱狭翅状，萼齿不明显………………………………………………………… 莳萝
17. 双悬果椭圆形，背棱突起棒状，分生果横剖面近半圆形，棱槽内油管 1，合生面油管 2；胚乳腹面平直，萼齿三角形………………………………………………………………………………… 防风
17. 双悬果近球形，密被软毛，果棱有木栓质翅，分生果横剖面扁椭圆形，油管较多，连成 1 圈；胚乳腹面略凹陷……………………………………………………………………………………… 北沙参

一、阿米芹属 *Ammi*

大阿米芹 *Ammi majus* L.

双悬果长圆形至矩圆形，心皮柄 2 裂达基部。分果瓣椭圆状矩形，平凸状，略弯曲；暗褐色；长 2.2 毫米，宽约 0.8 毫米。表面颗粒状粗糙；背面隆起，具 5 条淡黄色纵棱，棱间有暗褐色隆起纵脊；腹面稍弯入，中央具纵沟；果顶端具喙状柱头残基；基部钝圆（图 2-334）。

分布：欧洲、亚洲、非洲热带地区；我国有引种。

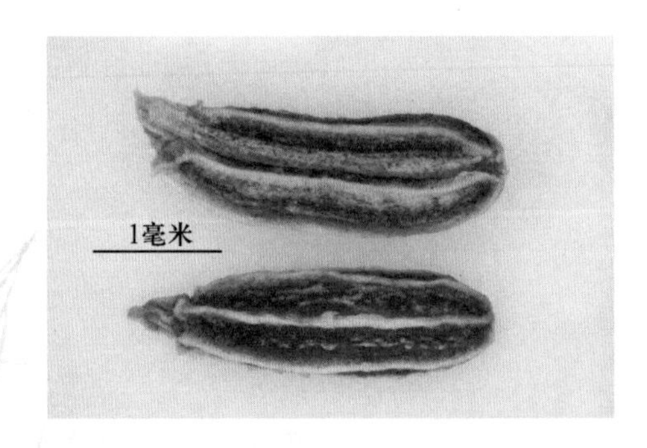

图 3-334　大阿米芹

二、莳萝属 *Anethum*

莳萝 *Anethum graveolens* L.

分生果卵状椭圆形，顶端略尖，有花柱残基；基部有时有小果柄，背部扁压状，灰褐色；3 条背棱细但明显突起，侧棱呈狭翅状，灰白色，长 3～5 毫米，宽 2～2.5 毫米；每棱槽内油管 1，合生面油管 2；胚乳腹面平直（图 2-335）。

分布：原产于欧洲南部。现世界各地广泛栽培，我国有栽培。

图 2-335　莳　萝

三、当归属 *Angelica*

白芷 *Angelica dahurica*（Fisch. ex Hoffm.）Benth. et Hook

果实椭圆形，黄棕色，有时带紫色；长 4～7 毫米，宽 4～6 毫米。表面光滑无毛，背棱和中棱隆起，钝圆，侧棱呈宽翅状，较果体狭，宽约 1.3 毫米；果体横切面为狭长椭圆形，棱槽中有油管 1，合生面油管 2。胚乳的形状呈椭圆形，背面隆起，腹面微凹。花柱基短圆锥状（图 2-336）。

分布：我国东北及华北等地区。

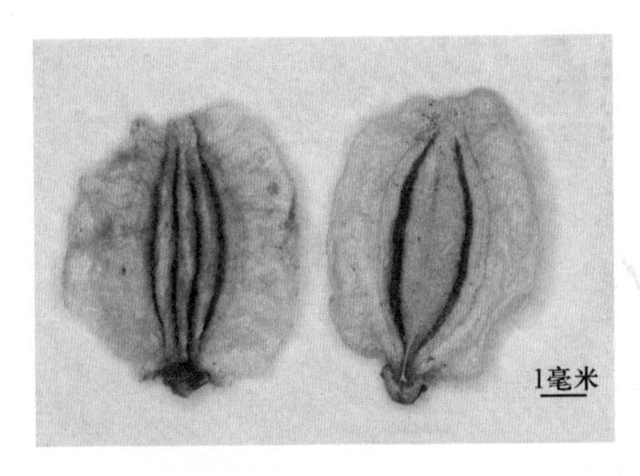

图 2-336　白　芷

四、柴胡属 *Bupleurum*

黑柴胡 *Bupleurum smithii* Wolff

双悬果卵形，棕黑色，长 3.5～4.0 毫米，宽 2.0～2.5 毫米。分果瓣表面平滑，背棱、侧棱均棒状，棱薄，脊略微突出，狭翼状，分生果横切面为五边形；每棱槽内油管 3，合生面油管 4；胚乳合生面近圆形，腹面平直，背面隆起，花柱基扁盘状，萼齿不明显（图2-337）。

分布：我国河北、山西、陕西、河南、青海、甘肃和内蒙古等地区。

图 2－337　黑柴胡

五、高加利属 *Caucalis*

宽叶高加利 *Caucalis latifolia* L.

双悬果黄褐色，长 6～10 毫米，宽 2～4 毫米（不计刺长），狭长椭圆形或椭圆形；先端具短喙状尖突，易折断。基部截形，表面粗糙，背面隆起，具 4 条粗大纵脊棱；脊上具粗大锐尖棘刺，长约 2 毫米，粗脊棱间具线状细棱，棱上具细刺；腹面平坦，中央具 1 纵沟槽；果实横切面四棱形，具 6 个棕黄色油管，背面与侧面的 4 个油管与纵棱的维管束相间排列，另 2 个油管位于沟槽两侧面并相靠近；胚极小，胚乳丰富，两边缘内卷（图 2－338）。

分布：地中海地区、北美和亚洲西南部等地。

图 2－338　宽叶高加利

六、蛇床属 *Cnidium*

蛇床 *Cnidium monnieri*（L.）Cuss.

果实椭圆状球形，分果瓣阔椭圆形，一面平，一面凸；黄褐色；长 2～3 毫米，宽 1.2～2.0 毫米。表面粗糙，5 条果棱发达均扩展呈翅状，同形，常木质化；分生果的横切

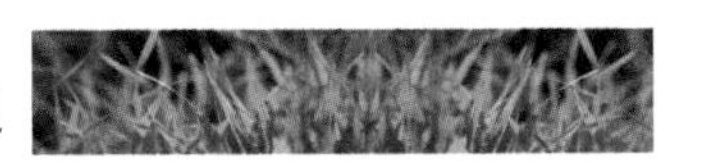

面近半圆形（横剖面近五角形），每棱槽内有 1 个油管，合生面的两侧各有 1 个。花柱基圆锥状（图 2－339）。

分布：我国各地区，以及朝鲜、北美和俄罗斯等。

图 2－339　蛇　床

七、芫荽属 *Coriandrum*

芫荽 *Coriandrum sativum* L.

果实圆球形，外果皮坚硬，光滑，背面主棱及相邻的次棱明显；分果瓣阔卵形，瓢状；黄色至黄褐色；长 4 毫米，宽 3 毫米。背面拱圆，具 6 条纵棱，棱间具 1 条略隆起、曲折或波状起伏的油管；腹面内凹如瓢状，具 2 条弧形油管，中间具隆起脊。顶端具锥形的花柱残基，其下部具宿存萼齿或萼齿残痕；基端圆。胚乳腹面凹陷（图 2－340）。

分布：原产于欧洲。世界各地均有栽培。

图 2－340　芫　荽

八、鸭儿芹属 *Cryptotaenia*

鸭儿芹 *Cryptotaenia japonica* Hassk.

分果瓣半柱状长椭圆形；深褐色至黑褐色；长 4～6 毫米，宽约 1 毫米。表面粗糙，具纵纹。背面隆起，具 5 条黄褐色钝圆光滑的棱，腹面平直或略内弯，中间具 1 条纵沟，沟两侧各有 1 条黄褐色稍细的纵棱。顶端具长而尖的圆锥状花柱基；基部钝圆。横剖面近圆形，合生面略收缩，胚乳腹面平直，每棱槽内油管 1～3，合生面油管 4（图 2－341）。

分布：我国大部分地区，以及朝鲜、日本和俄罗斯远东地区。

图 2-341 鸭儿芹

九、胡萝卜属 *Daucus*

野胡萝卜 *Daucus carota* L.

双悬果椭圆形。分果瓣半椭圆形，长 3～4 毫米，宽 1.4～2.0 毫米，背面拱形，表面有 4 条明显的次棱，扩大成翅，翅上有短钩刺，主棱不明显。每棱槽内有油管 1，合生面油管 2；胚乳腹面略凹陷或近平直；心皮柄不分裂或顶端 2 裂。残存花柱头状，果皮黄白色（图 2-342）。

分布：我国部分地区，以及欧洲及东南亚地区。

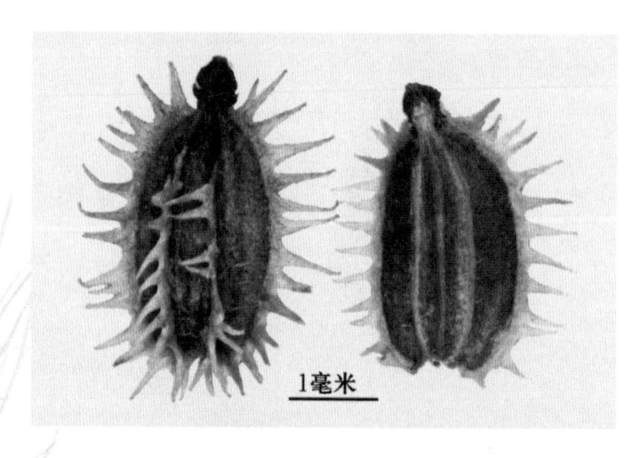

图 2-342 野胡萝卜

十、阿魏属 *Ferula*

硬阿魏 *Ferula bungeana* Kitagawa

分生果广椭圆形，背腹扁压，黄褐色，长 10～15 毫米，宽 4～6 毫米。果棱线形突起，侧棱翅状；每棱槽中有油管 1，合生面油管 2；心皮柄 2 裂至基部，花柱基圆锥状，边缘增宽，稍呈浅裂波状（图 2-343）。

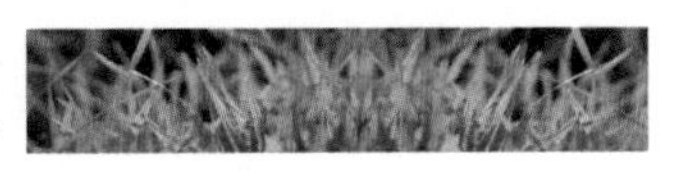

分布：我国黑龙江、吉林、辽宁、内蒙古、河北、河南、山西、陕西、甘肃、宁夏等地区。

图 2-343　硬阿魏

十一、茴香属 *Foeniculum*

茴香 *Foeniculum vulgare* Mill.

双悬果长椭圆形，长 4～8 毫米，分果常稍弯曲，接合面平坦且较宽。主棱 5 条，隆起，横切面呈五边形，背面的四边约等长。果皮表面呈黄绿色或淡黄色；尖锐或圆钝；每棱槽内油管 1，合生面油管 2；胚乳腹面平直；心皮柄 2 裂至基部。残存，花柱基棕色突起（图 2-344）。

分布：原产于地中海地区。我国各地区均有栽培。

图 2-344　茴　香

十二、珊瑚菜属 *Glehnia*

珊瑚菜 *Glehnia littoralis* Fr. Schmidt ex Miq.

双悬果圆球形或倒广卵形，长 6～13 毫米，宽 6～10 毫米。密被棕色长柔毛及绒毛，果棱有木栓质翅，分生果横剖面扁椭圆形，有 5 个棱角，合生面平坦，油管较多，连成 1

圈，胚乳腹面略凹陷。花柱基短圆锥状（图 2－345）。

分布：我国山东、河北、辽宁、内蒙古等地区。

图 2－345 珊瑚菜

十三、欧芹属 *Petroselinum*

欧芹 *Petroselinum crispum*（Mill.）Nym.

分果瓣卵圆形，侧面稍扁压，平凸状；黄褐色至褐色；长 2～3 毫米，宽约 2 毫米。表面粗糙；背部显著隆起，具 5 条淡黄色突出的纵棱，棱间呈褐色，稍隆起；腹面稍内弯或平坦，中央具纵沟槽，槽中央具纵棱。果顶略尖，顶端具残存花柱，短喙状；基部钝圆。每棱槽内油管 1，合生面油管 2；胚乳腹面平直（图 2－346）。

分布：原产于地中海地区。我国有引种栽培。

图 2－346 欧 芹

十四、防风属 *Saposhnikovia*

防风 *Saposhnikovia divaricata*（Trucz.）Schischk.

双悬果狭椭圆形或椭圆形，背部扁压，深褐色和黑褐色条形相间，长 4.2～5.7 毫米，宽 2～3 毫米，表面粗糙，具小瘤。分生果有明显隆起的背棱 5 条，侧棱不呈狭翅状，腹面中部褐色，具中棱，周边淡黄色，顶端尖，有时柱头宿存，基部圆，在棱槽内各有油管

1，合生面有油管2。胚乳腹面平坦（图2－347）。

分布：我国黑龙江、吉林、辽宁、内蒙古、河北、甘肃、宁夏、陕西、山东、山西等地区，以及蒙古国。

图2－347　防　风

十五、针果芹属 *Scandix*

牧人针 *Scandix pectenveneris* L.

双悬果细而长，长圆状线形，果喙伸长，长于果体数倍，果长5～15毫米，宽1～2毫米；果体具4棱，顶端有长2～7毫米的长喙，扁平，通常向背面弯曲，有时扭曲状；果体褐色，表面具纵脊棱，黄褐色，棱间棕褐色，表面粗糙，乌暗无光泽。背面稍隆起，腹面内凹呈深V形。果实横切面五角状卵圆形；胚很小；胚乳丰富，白色（图2－348）。

分布：原产于地中海地区。美国、新加坡有分布。

图2－348　牧人针

十六、迷果芹属 *Sphallerocarpus*

迷果芹 *Sphallerocarpus gracilis*（Bess.）K. Pol.

果实椭圆状长圆形，棕黄色，稍两侧压扁，合生面收缩。分果瓣长4～7毫米，宽1～2毫米，表面粗糙不平；背面微弓曲，具果棱5条，明显突起，呈波状；腹面较平稍弯入，中央具纵沟1条，分生果的横切面为半圆形。花柱基短圆锥状（图2－349）。

分布：我国黑龙江、吉林、辽宁、河北、山西、内蒙古、甘肃、新疆、青海等地区，以及蒙古国、俄罗斯。

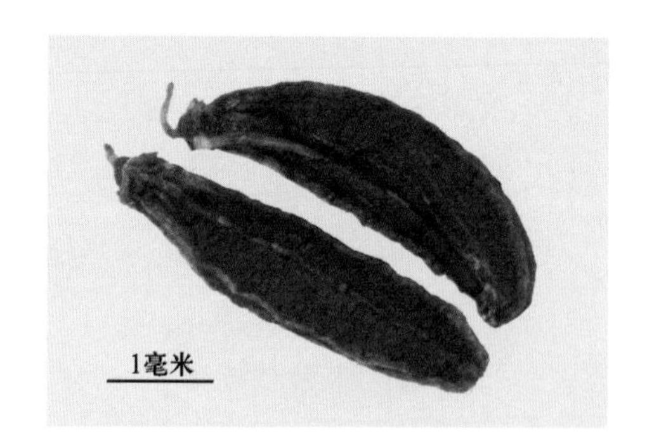

图 2－349　迷果芹

十七、窃衣属 *Torilis*

小窃衣（破子草）*Torilis japonica*（Houtt.）DC.

双悬果成熟后分开，分果瓣长椭圆形；灰黄色或深褐色；长约 3.5 毫米，宽约 2 毫米。背面具 3 纵脉，脉间具 3 行密集的钩状刺，皮刺基部阔展，粗糙；淡黄色；腹面凹陷成沟，沟下部具隆起棱（为心皮柄残余）。胚乳腹面凹陷，每棱槽有油管 1（图 2－350）。

分布：我国各地区，以及欧洲、非洲北部及亚洲其他温带地区。

图 2－350　小窃衣（破子草）

十八、刺果芹属 *Turgenia*

刺果芹 *Turgenia latifolia*（L.）Hoffm.

果卵形，长 7～9 毫米，宽 4～5 毫米；果实两侧扁平，合生面强烈收缩，主棱通常有 3 排粗糙的刺，次棱有 1 排与主棱相同的刺，棱槽内油管单一，有时 2 条，合生面 2 条；胚乳腹面深陷，两侧边缘向内卷呈带状的环（图 2－351）。

分布：我国新疆（塔城），以及中欧、俄罗斯、西亚至克什米尔等国家和地区。

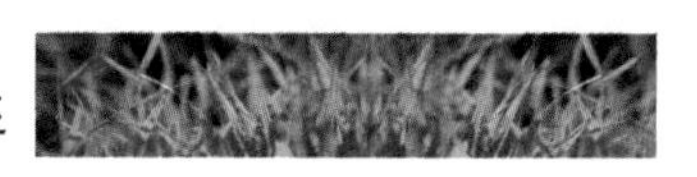

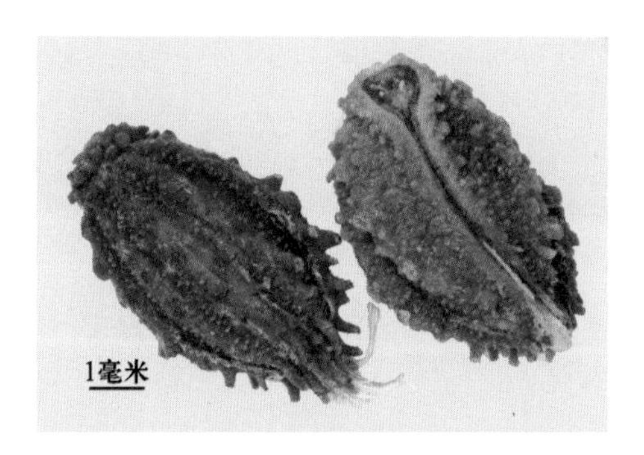

图 2-351　刺果芹

第四十九节　荨麻科 Urticaceae

本科果实为瘦果，有时为肉质核果状，常包被于宿存的花被内。种子具直生胚，胚乳常为油质或缺。

一、荨麻属 *Urtica* L.

麻叶荨麻 *Urtica cannabina* L.

瘦果阔卵形，稍扁，双凸；污黄色至淡棕黄色；长 2～4 毫米，宽约 1.5 毫米。表面细颗粒质，略显粗糙，有明显或不明显的褐色红点。边缘具窄翅状厚边。顶端钝尖，具灰色丘状花柱残基；基端钝圆，中间不突出。果脐位于基端，椭圆形，深陷或呈孔状（图 2-352）。

分布：我国东北、华北、西北地区，以及日本、蒙古国和欧洲。

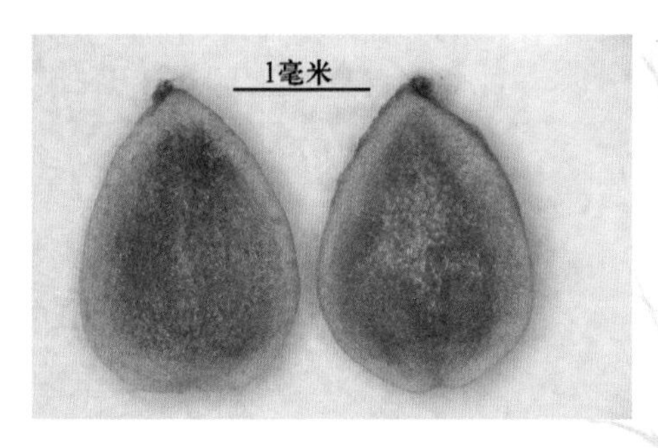

图 2-352　麻叶荨麻

第五十节　马鞭草科 Verbenaceae

本科果实为核果或小坚果，成熟时不开裂，内含 1 粒种子；或为蒴果，成熟时 2～4

瓣裂，内含种子数粒。种子胚直生，具少量胚乳或无胚乳。

分种检索表

1. 果实为蒴果，分果瓣具窄翅，背面不具多条纵棱 …………………………………… 蒙古莸
1. 果实为小坚果，分果瓣不具窄翅，背面具多条纵棱………………………………………… 2
2. 小坚果长 2 毫米，红褐色，背面具 3～5 条纵棱，仅有少数横棱连接…………………… 马鞭草
2. 小坚果长 3 毫米，黑褐色，背面具 7 条纵棱，上部具较多横棱连结成网 ……………… 细叶美女樱

一、莸属 *Caryopteris*

蒙古莸 *Caryopteris mongholica* Bunge

蒴果椭圆状球形，无毛，成熟时裂成 4 个具窄翅的果瓣，矩圆状扁三棱形，长 4～6 毫米，宽 3 毫米，果体褐色，果翅黄褐色，表面稍皱；蒙古莸种子小，千粒重仅 12 克（图 2－353）。

分布：我国内蒙古、山西、陕西、甘肃等地区，以及蒙古国。

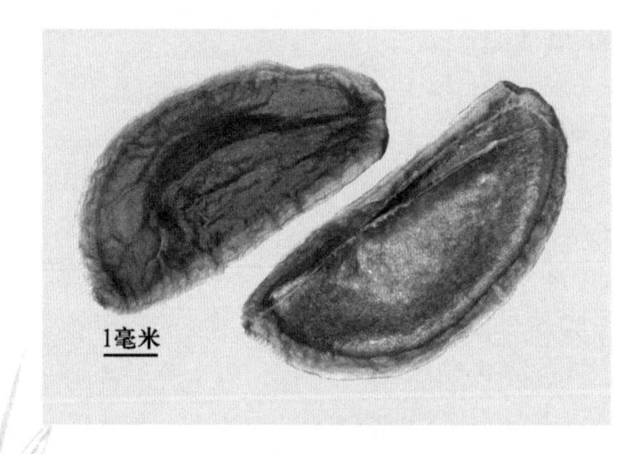

图 2－353　蒙古莸

二、美女樱属 *Glandularia*

细叶美女樱 *Glandularia tenera*（Spreng.）Cabrera

小坚果短柱形，三面体；黄褐色；长约 4 毫米，宽近 1.2 毫米。表面粗糙。背面隆起，具 7 条纵棱，于上部 1/3 处具数条横棱连成网；腹面由隆起纵脊分成 2 个斜面，具密集的虫卵状白色或褐色粒状物；顶端向腹面倾斜，略呈舌状；基部截形，于腹面内陷。果脐位于腹面基部内陷处，突出，黄褐色（图 2－354）。

分布：原产于巴西、秘鲁、乌拉圭等地。现世界各地广泛栽培，我国各地也有引种栽培。

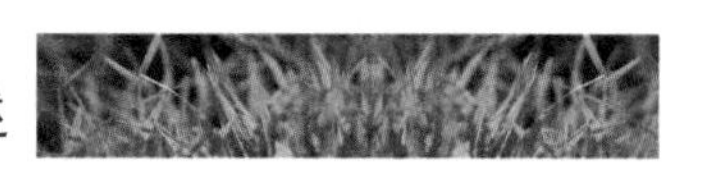

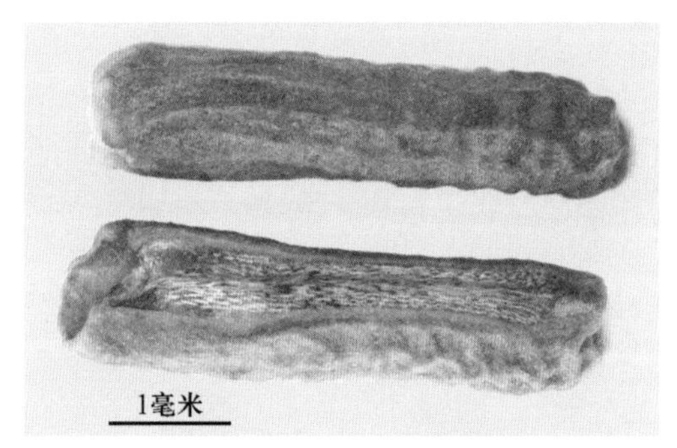

图 2-354　细叶美女樱

三、马鞭草属 *Vebena*

马鞭草 *Verbena officinalis* L.

小坚果长矩圆形，三面体；红褐色；长约 2 毫米，宽 0.8 毫米。表面较粗糙。背面隆起，具 3～5 条纵肋，边缘和顶端有横棱相连；腹面由纵脊分成 2 个侧面，具稠密的虫卵状白色粒状物；顶端钝圆；基端平截，两侧具窄翅状棱。种脐位于基端腹面，突出，白色或淡黄色（图 2-355）。

分布：我国大部分地区，以及亚洲西部和南部、热带地区的美洲和欧洲。

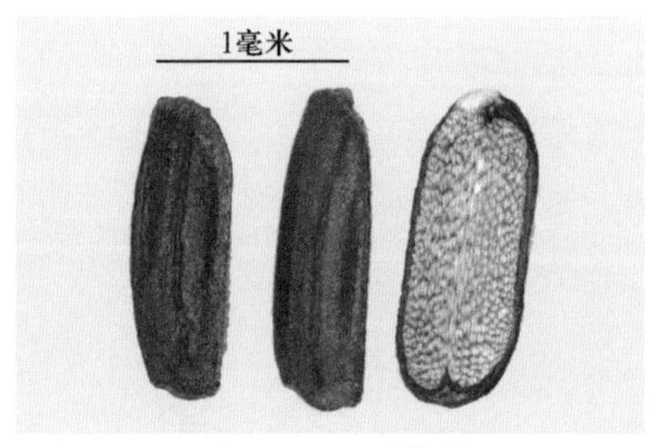

图 2-355　马鞭草

第五十一节　堇菜科 Violaceae

本科果实为具有弹力的蒴果，成熟时 3 瓣开裂或胞背开裂，或为浆果；种子倒卵形或近球形，种皮质硬，有光泽；顶端为截平的合点区，基部腹侧内凹，具种脐；种脐与合点间为棱状脐条。

堇菜属 *Viola*

早开堇菜 *Viola prionantha* Bunge

种子阔倒卵形；黄褐色；长 1.8 毫米，宽 1.1 毫米。表面具黄色和褐色相嵌斑纹；背面圆；腹面具淡黄色的脐条，上达种子顶端截平的合点区，下连种脐，有时脐条隆起部分脱落而留下宽痕。种脐位于腹面下端凹入处，椭圆形，覆以海绵质块状种阜。长为种子的1/4以下（图2-356）。

分布：我国黑龙江、辽宁、甘肃、江苏、吉林、宁夏、山东、云南、内蒙古、山西、安徽、湖北、陕西、河南、河北等地，以及俄罗斯、朝鲜。

图2-356 早开堇菜

第五十二节 蒺藜科 Zygophyllaceae

本科果实为蒴果，稀为核果状的浆果，成熟时室间或室背开裂，或分裂为分果，种子多数；种子胚直立或稍弯曲，种子有少量胚乳或无胚乳。

分属检索表

1. 果实为分果，由数个不开裂的分果瓣组成，常具针刺 …………………… 蒺藜属
1. 果实非上述形态，为蒴果或浆果状蒴果 …………………… 2
2. 蒴果近球形，具3～5棱翅，棱翅较宽，不开裂 …………………… 霸王属
2. 蒴果或浆果状蒴果球形、椭圆形、圆柱形、矩圆形等，具窄翅或无翅具棱 ………… 驼蹄瓣属

一、霸王属 *Sarcozygium*

霸王 *Sarcozygium xanthoxylon* Bunge

蒴果近球形，长18～40毫米，长宽近相等（连翅在内）。通常有3宽翅，偶有4翅或5翅，一般3室，每室含1枚种子；种子长肾形，长6～8毫米，宽2～4毫米，黑褐色；种子表面粗糙，其上有许多褶皱形成不规则多皱状，密被黄褐色颗粒状突起。背侧稍拱凸，腹侧稍内凹，两端稍钝尖。种脐位于腹侧（图2-357）。

分布：我国内蒙古、甘肃、青海、新疆、西藏等地区，以及蒙古国。

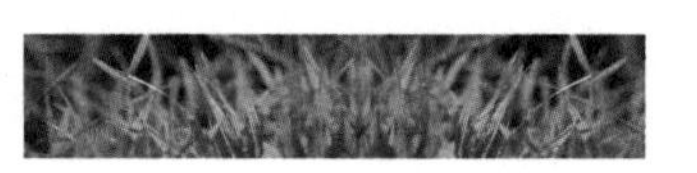

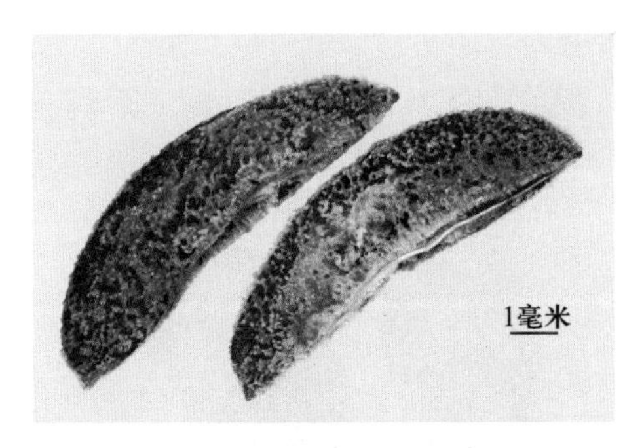

图 2-357　霸　王

二、蒺藜属 *Tribulus*

蒺藜 *Tribulus terrestris* L.

果实较硬，无毛或被毛，果体呈凹凸不平五角形，直径 7～12 毫米；由 5 个分果瓣组成，呈放射状排列，成熟时分离；每个分果瓣呈斧形，长 3～6 毫米；背部黄绿色，厚而弓拱，有纵棱及多数小刺，并有对称的长刺和短刺各 1 对，突起两侧面压扁粗糙，具若干凸棱和浅棱呈网纹，灰白色。每分果有种子 2～3 枚，种子卵状三角形（图 2-358）。

分布：我国各地区，以及世界温带地区。

图 2-358　蒺　藜

三、驼蹄瓣属 *Zygophyllum*

驼蹄瓣 *Zygophyllum fabago* L.

蒴果矩圆形或圆柱形，长 2.0～3.5 厘米，宽 4～5 毫米，5 棱。内含种子多数。种子倒卵形至 D 形，强烈压扁，长 3.4～5.9 毫米，宽 1.6～3.9 毫米，厚约 1.0 毫米，表面覆盖着起泡外表皮，表皮灰白色至黄白色，种子呈半透明红色，背侧拱凸，腹侧稍内凹，两端不等大，一端宽、圆钝，一端窄、稍钝尖。种脐位于腹侧（图 2-359）。

分布：我国内蒙古西部、甘肃河西走廊、青海和新疆，以及中亚、伊朗、伊拉克、叙利亚等地。

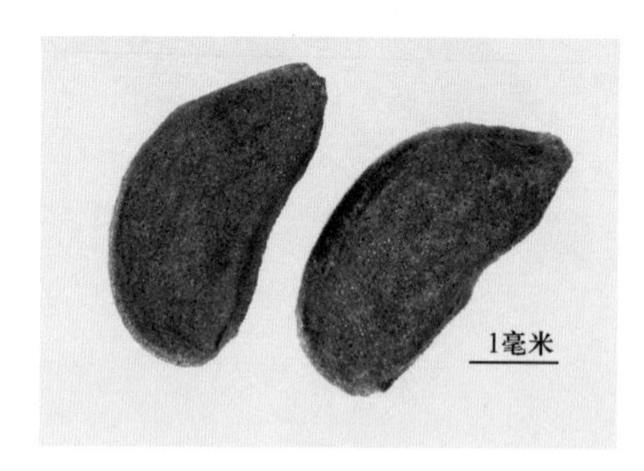

图 2-359　驼蹄瓣

名 词 解 释

B

胞果：也称“囊果”，由 2～3 心皮合生而成，内含 1 粒或数粒种子，果皮不紧包种子。成熟时开裂或不开裂，常见于藜科及苋科部分植物的果实。

苞片：为一种叶状或鳞片状的结构，通常位于 1 朵花或禾本科 1 个小穗的基部。

背面：指与果脐或种脐相对的一面。

C

翅果：单粒种子的果实，果皮一边或周边向外延伸成翅。

E

萼筒：由数个萼片以不同程度相互连合在一起，形成合萼，合萼下端的连合部分称为萼筒。

F

分果瓣（爿）：果实由 2 个或 2 个以上的心皮发育而成，成熟时彼此分离的果瓣，每果瓣内含 1 粒种子；或 2 心皮形成 2 个悬垂的果实，总称为双悬果。每个分果又称为分果瓣或悬果瓣，常见于锦葵科、伞形科植物。

腹面：指着生果脐或种脐的一面。

G

蓇葖果：由单心皮或离生心皮发育形成的果实，果皮较厚，单室，内含种子 1 粒或多籽。成熟时，果实仅沿 1 个缝线开裂，如萝藦等。

果脐：果实成熟时，从果柄上脱落后留下的一个痕迹。

果实：在被子植物中，由子房或花的其他部分参与下发育形成的有性繁殖器官。

冠毛：指菊科的连萼瘦果顶端常有的一簇毛，有的呈芒状，有的呈鳞片状。

H

合点（内脐）：指胚珠受精后，珠被、珠心基部与珠柄汇合的部位称为合点，也是珠柄维管束进入胚囊的位置。多着生于种脐的附近或种脊上，呈一小而色深的区域，常见于豆科植物。

核果：由单心皮或多心皮合生而成，外果皮薄，中果皮肉质或纤维质，内果皮坚硬、木质，形成坚硬的果核，每核内含 1 粒种子。

横切面：指对果实或种子与果脐或种脐相平衡而切开的面。

横纹：指果实或种子表面横向的皱纹。

喙：一般指雌蕊发育成果实时，子房顶端形成一尖头状突起，呈鸟嘴状。

J

基盘：特指禾本科小花基部一坚硬增厚或外突的部分。

荚果：由单心皮发育而成，成熟时，一般沿着背缝线和腹缝线开裂或不开裂，或横断成节荚，多见于豆科植物果实。

假种皮：某些植物种子外覆盖的一层特殊结构。常由珠柄、珠托或胎座发育而成，多为肉质，色彩鲜艳。

坚果：果皮坚硬、革质，不开裂，由 2 个或多个心皮组成，通常 1 室，内含种子 1 粒。

浆果：外果皮薄，中果皮和内果皮肉质多汁，成熟时不开裂，内含 1 粒或数粒种子，常见于茄科植物的果实。

角果：由 2 心皮合生而成，中间有一假隔膜，将子房分隔成假 2 室。成熟时，沿腹缝线自下而上开裂，常见于十字花科植物果实。

节荚：指果实在种子之间缢缩成节，当成熟时，每一节在收缩部分横断成节荚，常见于豆科植物果实。

M

芒：指禾本科的颖或稃片上的脉伸长呈刚毛状物。

N

囊果：见胞果。

内稃：指禾本科小穗上小花外面具有 2 片苞片，在外的苞片称为外稃，包着的内部苞片称为内稃。

内胚乳：见胚乳。

内子叶：又称为“盾片”，指禾本科植物种子内的子叶。

P

盘花果：见心花果。

胚：为种子内未发育的幼小植物，一般由胚根、胚轴、胚芽、子叶 4 个部分组成。

胚根：位于胚轴的基部，为未发育的初生根，种子萌发后，发育成地下部分。

胚乳：也称内胚乳，是被子植物胚囊中 2 个极核受精后发育而成的营养组织。

胚珠：指种子植物具包被的大孢子囊，胚珠受精后发育成种子。

Q

脐沟：为种脐中间的一条纵沟。

脐条：见种脊。

S

瘦果：指由 1 个至数个心皮构成的内含 1 粒种子的果实。成熟时果皮易与种皮分离，果实小形、干燥、果皮坚硬、不开裂，如毛茛 1 心皮、向日葵 2 心皮、荞麦 3 心皮。

双悬果：是由 2 心皮合生雌蕊发育而成，果实成熟后心皮分离成 2 个分果。每个分果的一端连接于果轴顶端而下垂，即双双悬挂在果柄上端；每个分果内各含 1 粒种子，常见于伞形科植物果实。

蒴果：由 2 个或 2 个以上心皮合生形成的心皮果，内含种子多数。成熟时有各种不同的开裂方式，如室背开裂（百合）、室间开裂（马兜铃）、室轴开裂（曼陀罗）、盖裂（天仙子）、孔裂（罂粟、虞美人）、齿裂（石竹属）等。

穗轴：穗状花序或穗形总状花序着生小穗的轴。

T

条状纹：果实或种子表面略呈平行的条纹。

凸起：指果实或种子由表面高起或膨大。

突起：指果实或种子的外围向外长凸。

W

外稃：特指禾本科小穗上小花的外苞片，参见内稃。

外胚乳：种子在形成和发育过程中，胚珠的珠心、珠被组织不被完全吸收而消失，残留部分发育形成的一种具补充胚乳作用的附属储藏组织，包于胚和胚乳外围，为种皮与胚乳之间富含淀粉的薄壁细胞群。是胚乳的一种，是内胚乳的反义词。

X

膝曲：指杆节或芒作关节状弯曲。

下位刚毛：指莎草科植物的花，其花被退化成刚毛，位于果实的基部。

小核果：与核果相似，由多数心皮构成。发育后，每个心皮形成 1 小单果，称为小核果。

小坚果：与坚果相似，由 2 个心皮构成。通常每心皮发育成 1 个果实称小坚果，或每心皮分裂为 2，形成 4 个小坚果，每个果实内含 1 粒种子。

小穗：构成禾本科花序的基本单位，每枚小穗含 1 朵至多朵小花。每朵小花内有雌蕊和雄蕊，外面由内、外稃所包被，并连同基端的内、外颖片所组成。

小穗轴：每个小穗基部连接小花和颖片的短轴，在小穗轴上着生 1 朵至多朵小花。

小穗轴节间：指在小穗轴上，2 颖片与小花，小花与小花之间的一段短轴。

心花果（盘花果）：由花序中央的管状花序发育而成的果实，见菊科植物。

Y

衣领状环：也称衣领环，指瘦果顶端1圈窄而直立的衣领状突起物，常见于菊科植物。

硬毛：直或稍弯曲而糙硬的毛，或指禾本科植物小穗之下的不育枝条亦称刚毛。

颖果：果皮与种皮愈合且不易分离的籽实。常见于禾本科的籽实。

颖片：特指禾本科植物小穗基部的苞片。

圆锥花序：主花轴分枝，每个分枝均为总状花序，故称复总状花序，又因整个花序形如圆锥，又称圆锥花序，如燕麦的花序。

晕环：指种脐周围一个明显的环。

晕轮：指种脐周围一颜色稍深、近圆形或圆形的环面，但不明显成环，是菟丝子属植物种子所特有的。

Z

种阜：在种子的一端近种脐部分，有1个由外种皮延生而成的海绵状突起，如铁苋菜。

种脊：又称脐条、种脉，是指种脐到合点之间隆起的1条颜色较深的脊棱线，是倒生、半倒生胚珠从珠柄通到合点的维管束遗迹。多见于豆科植物种子。

种瘤：胚珠受精后，外珠被的某些细胞扩大或增殖所形成的瘤状物，通常分布在种脐上或种脐附近或种脊上。多见于豆科植物种子上。

种脐：种子成熟时，从种柄脱落下来后留下的痕迹。

种子：是种子植物的胚珠受精后发育而成的结构，一般由种皮、胚和胚乳等组成。胚是种子中最主要的部分，萌发后长成新的个体。胚乳含有营养物质。

总苞：由多数苞片密集生在1朵花或1花序的基部或愈合包着花序。常见于菊科或伞形科的一些植物。

纵脊棱：指果实或种子表面纵向线状凸起。

纵切面：指果实与果脐或种子与种脐相垂直而切开的面。

髭毛：指禾本科燕麦属植物（如野燕麦等）小穗基盘上面的软毛。

子叶：为幼胚的叶子。双子叶植物有子叶2枚，单子叶植物的子叶仅为1枚。

主要参考文献

陈明忠，孙坤，张明理，等，2011. 国产藜科 14 种植物种皮微形态特征比较研究 [J]. 植物资源与环境学报，20（1）：1-9.

谷安琳，王宗礼，2009. 中国北方草地植物彩色图谱 [M]. 北京：中国农业科学技术出版社.

范晓虹，邵秀玲，徐晗，等.2016. 口岸外来杂草监测图谱 [M]. 北京：中国科学技术出版社.

范伟功，柴燕，薛光华，1997. 新疆十字花科部分杂草种于微形态的研究 [J]. 新疆大学学报（自然科学版）（3）：69-75.

关广清，张玉茹，孙国友，等，2000. 杂草种子图鉴 [M]. 北京：科学出版社.

郭琼霞，1998. 杂草种子彩色图鉴 [M]. 北京：中国农业出版社.

郭琼霞，2014. 重要检疫性杂草鉴定、化感与风险分析 [M]. 北京：科学出版社.

黄华，郭水良，强胜，2003. 中国境内外来杂草的特点危害及其综合治理对策 [J]. 农业环境科学学报，22（4）：509-512.

李霞霞，张钦弟，朱珣之，2017. 近十年入侵植物紫茎泽兰研究进展 [J]. 草业科学，34（2）：283-292.

李扬汉，1995. 中国杂草志 [M]. 北京：中国农业出版社.

李振宇，解焱，2002. 中国外来入侵种 [M]. 北京：中国林业出版社.

刘金欣，潘敏，张改霞，等，2016. 基于 ITS2 序列的中药材桔梗种子 DNA 条形码鉴定 [J]. 世界科学技术—中医药现代化，18（2）：174-178.

强胜，2018. 中国杂草生物学研究的新进展 [J]. 杂草学报，36（2）：1-9.

万方浩，郭建英，张峰，等，2009. 中国生物入侵研究 [M]. 北京：科学出版社.

万方浩，郭建英，王德辉，2002. 中国外来入侵生物的危害与管理对策 [J]. 生物多样性，10（1）：119-125.

王凯，2009. 杂草在城市景观中的生态价值与应用 [J]. 山东林业科技（4）：99-100.

王树昌，吕勇，于晓玲，2017. 杂草的价值及防控技术研究进展 [J]. 安徽农业科学，45（36）：149-153.

韦颖，2012.105 种常用药用植物果实、种子性状与显微鉴别特征研究 [D]. 北京：中国中医科学院.

吴海荣，钟国强，胡学难，等，2008. 浅析我国新颁布进境检疫杂草名录的特点 [J]. 植物检疫（4）：231-233.

夏国军，李晓峰，2007. 杂草的特征・防治及利用 [J]. 安徽农业学报，35（34）：11134-11136.

冼晓青，王瑞，郭建英，等，2018. 我国农林生态系统近 20 年新入侵物种名录分析 [J]. 植物保护，44（5）：168-175.

徐海根，强胜，韩正敏，等，2004. 中国外来入侵物种的分布与传入途径分析 [J]. 生物多样性，12（6）：626-638.

徐晗，李振宇，廖芳，等，2014. 苋属杂草种子形态学研究 [J]. 植物检疫，28（2）：33-38.

徐瑛，沈蔚列，张慧丽，等，2016. 一品红亚属杂草 DNA 条形码的筛选研究 [J]. 植物检疫，30（1）：31-35.

徐振华，2012. 浅析检疫性杂草在我国的危害及其防治对策［J］安徽农学通报，18（1）：105－107.

徐正浩，陈再廖，林云彪，等，2011. 浙江入侵植物及防治［M］. 杭州：浙江大学出版社.

燕玲，宛涛，乌云，2000. 蒙古高原葱属植物种皮微形态研究［J］. 内蒙古农业大学学报（自然科学版）（1）：91—95.

杨逢建，张衷华，王文杰，等，2007. 八种菊科外来植物种子形态与生理生化特征的差异［J］. 生态学报（2）；442－449.

杨雪莹，宋炳轲，裴黎，等，2015. 植物物证的 DNA 条形码鉴定分析［J］. 中国法医学杂志，30（2）：189－190.

衣艳君，2005，我国外来杂草的研究进展与展望［J］. 国土与自然资源研究（1）：83－85.

印丽萍，2018. 中国进境植物检疫性有害生物——杂草卷［M］. 北京：中国农业出版社.

印丽萍，颜玉树，1997. 杂草种子图鉴［M］. 北京：中国农业科技出版社.

于文涛，吴薇，虞赟，等，2016. 检疫性杂草匍匐矢车菊的学名考证［J］. 植物保护，42（5）：131－133.

赵一之，赵利清，2014. 内蒙古维管植物检索表［M］. 北京：科学出版社.

赵一之，赵利清，曹瑞，2019. 内蒙古植物志（1－6）第三版［M］. 呼和浩特：内蒙古人民出版社.

中国高等植物彩色图鉴编委会，2016. 中国高等植物彩色图鉴 1－9（卷）［M］. 北京：科学出版社.

中国农田杂草原色图谱委员会，1990. 中国农田杂草原色图谱［M］. 北京：农业出版社.

中文名索引

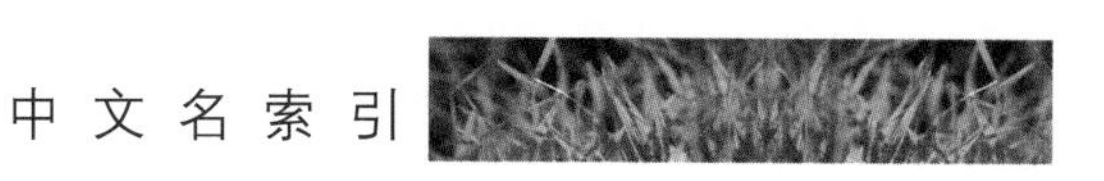

图书在版编目（CIP）数据

杂草种子彩色图鉴 / 袁淑珍编著 . —北京：中国农业出版社，2022.2
ISBN 978-7-109-25245-5

Ⅰ. ①杂… Ⅱ. ①袁… Ⅲ. ①杂草—草籽—鉴定—图集 Ⅳ. ①S451-64

中国版本图书馆 CIP 数据核字（2019）第 032313 号

中国农业出版社出版
地址：北京市朝阳区麦子店街 18 号楼
邮编：100125
责任编辑：杨桂华 廖 宁
责任校对：沙凯霖
印刷：北京中科印刷有限公司
版次：2022 年 2 月第 1 版
印次：2022 年 2 月北京第 1 次印刷
发行：新华书店北京发行所
开本：787mm×1092mm 1/16
印张：14.5
字数：330 千字
定价：268.00 元
